Creo 认证工程师成长之路丛书

Creo 3.0 速成宝典
（配全程视频教程）

明济国　编著

电子工业出版社
Publishing House of Electronics Industry
北京·BEIJING

内 容 简 介

本书是系统学习 Creo 3.0 软件的速成宝典书籍,介绍了 Creo 3.0 软件核心功能模块,其内容包括 Creo 3.0 的安装、软件配置、二维草图的设计、零件设计、钣金设计、曲面设计、装配设计、工程图设计、模具设计和数控加工等,各功能模块都配有大量综合实例供读者进一步深入学习和演练。

本书以"全面、速成、简洁、实用"为指导,讲解由浅入深,内容清晰简明、图文并茂,在内容安排上,书中结合大量的范例对 Creo 3.0 软件各个模块中一些抽象的概念、命令、功能和应用技巧进行讲解,所使用的范例或综合实例均为一线真实产品,这样的安排能使读者较快地进入工作实战状态;在写作方式上,本书紧贴 Creo 3.0 软件的真实界面进行讲解,使读者能够直观、准确地操作软件,从而提高学习效率。本书讲解所使用的模型和应用案例覆盖了不同行业和领域,具有很强的实用性和广泛的适用性。本书附带 1 张多媒体 DVD 教学光盘,制作了与本书全程同步的语音视频文件,含 288 个 Creo 应用技巧和具有针对性实例的语音教学视频,时长达 13 小时(781 分钟)。光盘还包含本书所有的素材源文件和已完成的实例文件。

本书可作为工程技术人员的 Creo 自学教程和参考书,也可供大专院校机械专业师生作为教学参考。

未经许可,不得以任何方式复制或抄袭本书之部分或全部内容。
版权所有,侵权必究。

图书在版编目(CIP)数据

Creo3.0 速成宝典/明济国编著.—北京:电子工业出版社,2016.4
(Creo 认证工程师成长之路丛书)
配全程视频教程
ISBN 978-7-121-26462-7

Ⅰ. ①C… Ⅱ. ①明… Ⅲ. ①计算机辅助设计—应用软件—工程师—资格考试—自学参考资料
Ⅳ. TP391.72

中国版本图书馆 CIP 数据核字(2015)第 142258 号

策划编辑:管晓伟
责任编辑:管晓伟　　特约编辑: 王欢 等
印　　刷:三河市华成印务有限公司
装　　订:三河市华成印务有限公司
出版发行:电子工业出版社
　　　　　北京市海淀区万寿路 173 信箱　邮编:100036
开　　本:787×1092　1/16　印张:23　字数:552 千字
版　　次:2016 年 4 月第 1 版
印　　次:2016 年 4 月第 1 次印刷
定　　价:59.90 元(含多媒体 DVD 光盘 1 张)

凡所购买电子工业出版社图书有缺损问题,请向购买书店调换。若书店售缺,请与本社发行部联系,联系及邮购电话:(010)88254888。
质量投诉请发邮件至 zlts@phei.com.cn,盗版侵权举报请发邮件至 dbqq@phei.com.cn。
服务热线:(010)88258888。

前　　言

　　Creo 是由美国 PTC 公司推出的一款功能强大的机械三维 CAD/CAM/CAE 软件系统，涵盖了产品从概念设计、工业造型设计、三维模型设计、分析计算、动态模拟与仿真、工程图输出，到生产加工的全过程，应用范围涉及汽车、机械、航空航天、造船、通用机械、数控加工、医疗、玩具和电子等诸多领域。Creo 3.0 构建于 Creo 2.0 的成熟技术之上，新增了许多功能，使其技术水平又上了一个新的台阶。

　　编写本书的目的是帮助众多读者快速学会 Creo 3.0 的核心功能模块，满足读者实际产品设计和制造的需求。本书是系统学习 Creo 3.0 软件的速成宝典书籍，其特色如下。

- ◆ **内容全面、实用**。涵盖了产品的零件设计（含曲面、钣金设计）、装配设计、工程图设计、模具设计和数控加工等核心功能模块。
- ◆ **实战案例丰富**。由于书的纸质容量有限，所以随书光盘中存放了大量的范例或实例教学视频（全程语音讲解），这些范例或综合实例均为一线真实产品，这样的安排可以迅速提高读者的实战水平，同时也提高了本书的性价比。
- ◆ **便于读者快速学习**。书中结合大量的案例对 Creo 3.0 软件各个模块中一些抽象的概念、命令、功能和应用技巧进行讲解，所使用的案例均为一线真实产品；采用 Creo 3.0 中真实的对话框、操控板和按钮等进行讲解，使初学者能够直观、准确地操作软件，这些特点都有助于读者快速学习和掌握 Creo 3.0 这一设计利器。
- ◆ **附加值极高**。本书附带 1 张多媒体 DVD 教学光盘，制作了大量 Creo 应用技巧和具有针对性实例的语音教学视频，时长达 13 小时（781 分钟），可以帮助读者轻松、高效地学习。

　　本书由明济国编著，参加编写的人员还有刘青、赵楠、王留刚、仝蕊蕊、崔广雷、付元灯、曹旭、吴立荣、姚阿普、李海峰、邵玉霞、石磊、吕广凤、石真真、刘华腾、张连伟、邵欠欠、邵丹丹、王展、赖明江、刘义武、刘晨。本书已经过多次审校，但仍不免有疏漏之处，恳请广大读者予以指正。

　　电子邮箱：bookwellok@163.com　　　咨询电话：010-82176248，010-82176249。

编　者

本 书 导 读

为了能够更好地学习本书的知识，读者应仔细阅读下面的内容。

【写作软件蓝本】

本书采用的写作蓝本是 Creo 3.0 版。

【写作计算机操作系统】

本书使用的操作系统为 64 位的 Windows 7，系统主题采用 Windows 经典主题。

【光盘使用说明】

为了使读者方便、高效地学习本书，特将本书中所有的练习文件、素材文件、已完成的实例、范例或案例文件、软件的相关配置文件和视频语音讲解文件等按章节顺序放入随书附带的光盘中，读者在学习过程中可以打开相应的文件进行操作、练习和查看视频。

本书附带多媒体 DVD 教学光盘 1 张，建议读者在学习本书前，先将光盘中的所有内容复制到计算机硬盘的 D 盘中。

在光盘的 creoxc3 目录下共有两个子目录。

（1）work 子文件夹：包含本书全部已完成的实例、范例或案例文件。

（2）video 子文件夹：包含本书讲解中所有的视频文件（全程语音讲解），学习时，直接双击某个视频文件即可播放。

光盘中带有"ok"扩展名的文件或文件夹表示已完成的实例、范例或案例。

【本书约定】

- ◆ 本书中有关鼠标操作的简略表述说明如下。
  - 单击：将鼠标指针移至某位置处，然后按一下鼠标的左键。
  - 双击：将鼠标指针移至某位置处，然后连续快速地按两次鼠标的左键。
  - 右击：将鼠标指针移至某位置处，然后按一下鼠标的右键。
  - 单击中键：将鼠标指针移至某位置处，然后按一下鼠标的中键。
  - 滚动中键：只是滚动鼠标的中键，而不是按下中键。
  - 选择（选取）某对象：将鼠标指针移至某对象上，单击以选取该对象。

- 拖移某对象：将鼠标指针移至某对象上，然后按下鼠标的左键不放，同时移动鼠标，将该对象移动到指定的位置后再松开鼠标的左键。

◆ 本书中的操作步骤分为"任务"和"步骤"两个级别，说明如下。
- 对于一般的软件操作，每个操作步骤以 步骤01 开始。例如，下面是草绘环境中绘制矩形操作步骤的表述。
  - ☑ 步骤01 单击 ⌐ 按钮。
  - ☑ 步骤02 在绘图区某位置单击，放置矩形的第一个角点，此时矩形呈"橡皮筋"样变化。
  - ☑ 步骤03 单击 XY 按钮，再次在绘图区某位置单击，放置矩形的另一个角点。此时，系统即在两个角点间绘制一个矩形，如图 4.7.13 所示。
- 每个"步骤"操作视其复杂程度，其下面可含有多级子操作。例如，步骤01 下可能包含（1）、（2）、（3）等子操作，（1）子操作下可能包含①、②、③等子操作，①子操作下可能包含 a）、b）、c）等子操作。
- 对于多个任务的操作，则每个"任务"冠以 任务01、任务02、任务03 等，每个"任务"操作下则包含"步骤"级别的操作。
- 由于已建议读者将随书光盘中的所有文件复制到计算机硬盘的 D 盘中，所以书中在要求设置工作目录或打开光盘文件时，所述的路径均以"D:"开始。

目 录

第1章 Creo 3.0 基础入门 1
  1.1 Creo 3.0 应用详解 1
  1.2 Creo 3.0 软件的安装与启动 1
    1.2.1 Cero 3.0 的安装过程 1
    1.2.2 软件的启动 4
  1.3 Creo 3.0 用户界面 5
    1.3.1 用户界面简介 5
    1.3.2 用户界面的定制 7
  1.4 Creo 3.0 鼠标基本操作 10
  1.5 Creo 3.0 文件基本操作 10
    1.5.1 设置工作目录 10
    1.5.2 文件的新建 11
    1.5.3 文件的打开 13
    1.5.4 保存文件 14
    1.5.5 关闭与拭除文件 17
    1.5.6 删除文件 19

第2章 二维草图设计 20
  2.1 草图设计入门 20
    2.1.1 草图用户界面介绍 20
    2.1.2 草图工具命令介绍 20
  2.2 草图绘制工具 21
    2.2.1 直线 21
    2.2.2 中心线 22
    2.2.3 矩形 23
    2.2.4 圆 23
    2.2.5 圆弧 24
    2.3.6 圆角 24
    2.3.7 倒角 25
    2.3.8 样条曲线 25
    2.3.9 点 25
  2.3 草图的编辑 25
    2.3.1 操纵草图 25
    2.3.2 删除草图 29
    2.3.3 修剪草图 29
    2.3.4 制作拐角 29
    2.3.5 分割草图 30
    2.3.6 镜像草图 30
    2.3.7 复制/粘贴 30
    2.3.8 将草图对象转化为构造线 31

2.4 草图几何约束 31
2.4.1 添加几何约束 31
2.4.2 显示/移除约束 32
2.5 草图尺寸约束 33
2.5.1 添加尺寸约束 33
2.5.2 修改尺寸 37
2.5.3 修改整个截面 39
2.5.4 锁定尺寸 40
2.6 草图检查工具 41
2.6.1 封闭图形检查 41
2.6.2 开放端点加亮检查 42
2.6.3 几何重叠检查 42
2.6.4 特征要求检查 43

第3章 二维草图设计综合实例 44
3.1 二维草图设计综合实例一 44
3.2 二维草图设计综合实例二 45
3.3 二维草图设计综合实例三 45

第4章 零件设计 47
4.1 零件设计基础入门 47
4.2 模型树 48
4.2.1 概述 48
4.2.2 模型树用户界面 48
4.2.3 模型树的基本操作 49
4.3 拉伸特征 50
4.3.1 概述 50
4.3.2 创建拉伸特征 50
4.4 面向对象的操作 65
4.4.1 查看对象信息与关联性 65
4.4.2 删除对象 65
4.4.3 对象的隐藏与显示控制 66
4.4.4 模型的显示样式 66
4.4.5 模型的视图定向 68
4.5 旋转特征 70
4.5.1 概述 70
4.5.2 创建旋转特征 70
4.6 倒圆角特征 72
4.6.1 一般倒圆角 73
4.6.2 完全倒圆角 74
4.7 倒角特征 74
4.8 基准特征 76
4.8.1 基准平面 76
4.8.2 基准轴 80
4.8.3 基准点 82
4.8.4 基准坐标系 86
4.9 孔特征 87
4.10 修饰螺纹 90

4.11	加强筋特征	92
4.12	抽壳特征	93
4.13	拔模特征	94
4.14	扫描特征	97
4.15	螺旋扫描特征	100
4.16	混合特征	102
4.17	变换操作	104
4.17.1	镜像	104
4.17.2	平移	105
4.17.3	旋转	106
4.18	特征阵列	106
4.18.1	尺寸阵列	107
4.18.2	轴阵列	109
4.18.3	填充阵列	110
4.18.4	曲线阵列	112
4.18.5	删除阵列	113
4.19	特征的编辑与操作	113
4.19.1	特征的重命名	113
4.19.2	编辑参数	114
4.19.3	编辑定义截面	115
4.19.4	特征重排序	116
4.19.5	特征的隐含与取消隐含	117
4.19.6	解决特征生成失败	118
4.20	层操作	122
4.20.1	概述	122
4.20.2	设置图层	122
4.20.3	图层可视性设置	125
4.20.4	系统自动创建层	126

第5章 零件设计综合实例 ... 127

5.1	零件设计综合实例一	127
5.2	零件设计综合实例二	128
5.3	零件设计综合实例三	129
5.4	零件设计综合实例四	129
5.5	零件设计综合实例五	129
5.6	零件设计综合实例六	130
5.7	零件设计综合实例七	130
5.8	零件设计综合实例八	131
5.9	零件设计综合实例九	131

第6章 曲面设计 ... 133

6.1	曲面设计基础入门	133
6.1.1	曲面设计概述	133
6.1.2	显示曲面网格	133
6.2	曲线线框设计	134
6.2.1	草绘曲线	134
6.2.2	经过点的曲线	134
6.2.3	从方程创建曲线	135

		6.2.4 复制曲线	136
		6.2.5 相交曲线	137
		6.2.6 投影曲线	138
		6.2.7 修剪曲线	139
		6.2.8 偏移曲线	140
		6.2.9 包络曲线	142
	6.3	曲线的分析	143
		6.3.1 曲线上点信息分析	143
		6.3.2 曲线的半径分析	144
		6.3.3 曲线的曲率分析	145
	6.4	简单曲面	146
		6.4.1 拉伸曲面	146
		6.4.2 旋转曲面	146
		6.4.3 填充曲面	147
	6.5	高级曲面	148
		6.5.1 边界混合	148
		6.5.2 扫描混合	149
		6.5.3 可变截面扫描	153
	6.6	曲面的编辑	154
		6.6.1 偏移曲面	154
		6.6.2 复制曲面	157
		6.6.3 修剪曲面	158
		6.6.4 延伸曲面	159
		6.6.5 合并曲面	160
	6.7	曲面的分析	162
		6.7.1 半径分析	162
		6.7.2 曲率分析	163
		6.7.3 反射分析	164
	6.8	曲面实体化操作	165
		6.8.1 曲面加厚	165
		6.8.2 曲面实体化	166
		6.8.3 替换面	167
第7章	曲面设计综合实例		**169**
	7.1	曲面设计综合实例一	168
	7.2	曲面设计综合实例二	169
	7.3	曲面设计综合实例三	170
	7.4	曲面设计综合实例四	170
	7.5	曲面设计综合实例五	171
	7.6	曲面设计综合实例六	171
第8章	**钣金设计**		**173**
	8.1	钣金设计基础入门	173
	8.2	**基础钣金特征**	173
		8.2.1 拉伸钣金壁	173
		8.2.2 平整钣金壁	174
		8.2.3 平整附加壁	175
		8.2.4 法兰附加壁	177

8.2.5 钣金止裂槽 180
　　　8.2.6 钣金切除 183
　8.3 钣金的折弯与展开 185
　　　8.3.1 钣金折弯 185
　　　8.3.2 钣金展平 186
　　　8.3.3 钣金的折弯回去 188
　8.4 将实体转换成钣金件 189
　8.5 高级钣金特征 191
　　　8.5.1 延伸钣金壁 191
　　　8.5.2 合并钣金壁 191
　　　8.5.3 钣金成形 196

第9章 钣金设计综合实例 198
　9.1 钣金设计综合实例一 198
　9.2 钣金设计综合实例二 200
　9.3 钣金设计综合实例三 201

第10章 装配设计 202
　10.1 装配设计基础入门 202
　　　10.1.1 装配设计用户界面 202
　　　10.1.2 装配约束 203
　10.2 装配设计一般过程 208
　　　10.2.1 装配第一个零件 208
　　　10.2.2 装配其余零件 211
　10.3 高级装配技术 215
　　　10.3.1 复制零件 215
　　　10.3.2 允许假设装配 216
　10.4 阵列装配 218
　　　10.4.1 参考阵列 218
　　　10.4.2 尺寸阵列 219
　10.5 编辑装配体中的零件 220
　10.6 装配干涉检查 221
　10.7 简化装配 222
　10.8 分解装配 225
　10.9 测量与分析 230
　　　10.9.1 测量距离 230
　　　10.9.2 测量角度 232
　　　10.9.3 测量曲线长度 233
　　　10.9.4 测量面积 234
　　　10.9.5 分析模型的质量属性 235

第11章 装配设计综合实例 237

第12章 工程图设计 242
　12.1 工程图设计基础入门 242
　12.2 设置工程图国标环境 245
　12.3 新建工程图 247
　12.4 工程图视图的创建 249
　　　12.4.1 基本视图 249

                12.4.2　全剖视图 ... 253
                12.4.3　半剖视图 ... 254
                12.4.4　旋转剖视图 ... 255
                12.4.5　阶梯剖视图 ... 256
                12.4.6　破断视图 ... 257
                12.4.7　局部视图 ... 259
                12.4.8　局部剖视图 ... 260
                12.4.9　局部放大视图 ... 261
        12.5　工程图视图操作 ... 263
                12.5.1　删除视图 ... 263
                12.5.2　移动视图与锁定视图 ... 263
                12.5.3　视图显示模式 ... 264
        12.6　工程图的标注 ... 266
                12.6.1　尺寸标注 ... 266
                12.6.2　基准特征标注 ... 270
                12.6.3　几何公差标注 ... 272
                12.6.4　表面粗糙度标注 ... 275
                12.6.5　注释文字 ... 277

第13章　工程图设计综合实例 ... 279

第14章　模具设计 ... 280
  14.1　概述 ... 280
  14.2　Creo 3.0 模具设计流程 ... 280
        14.2.1　新建一个模具文件 ... 281
        14.2.2　建立模具模型 ... 282
        14.2.3　设置收缩率 ... 286
        14.2.4　创建模具分型曲面 ... 288
        14.2.5　创建模具元件的体积块 ... 290
        14.2.6　抽取模具元件 ... 291
        14.2.7　生成浇注件 ... 292
        14.2.8　定义模具开启 ... 293
        14.2.9　模具文件的有效管理 ... 297
        14.2.10　关于模具的精度 ... 299
  14.3　分型面设计 ... 300
        14.3.1　一般分型面的设计 ... 300
        14.3.2　采用阴影法设计分型面 ... 302
        14.3.3　采用裙边法设计分型面 ... 304

第15章　模具设计综合实例 ... 309

第16章　数控加工与编程 ... 316
  16.1　数控加工基础入门 ... 316
        16.1.1　概述 ... 316
        16.1.2　数控加工用户界面 ... 316
  16.2　Creo 数控加工一般过程 ... 317
        16.2.1　新建一个数控模型文件 ... 318
        16.2.2　创建制造模型 ... 319
        16.2.3　制造设置 ... 322

	16.2.4	设置加工方法	325
	16.2.5	演示刀具轨迹	328
	16.2.6	加工仿真	328
	16.2.7	切减材料	329
	16.2.8	遮蔽体积块	330
16.3	铣削加工		331
	16.3.1	平面铣削	331
	16.3.2	轮廓铣削	336
	16.3.3	腔槽加工	340
	16.3.4	曲面铣削	343
	16.3.5	钻孔加工	349

第17章 数控加工与编程综合实例 354

第 1 章　Creo 3.0 基础入门

1.1　Creo 3.0 应用详解

Creo 是美国参数技术公司（PTC）旗下的一款 CAD/CAM/CAE 一体化的三维软件。Creo 以参数化著称，是参数化技术的最早应用者，在目前的三维造型软件领域中占据重要地位。Creo 作为当今世界机械 CAD/CAE/CAM 领域的新标准而得到业界的认可和推广，是现今主流的 CAD/CAM/CAE 软件之一，特别是在国内产品设计领域中占据重要位置。

Creo 软件中创建的三维模型是一种全参数化的三维模型。"全参数化"有三个层面的含义，即特征截面几何的全参数化、零件模型的全参数化以及装配体模型的全参数化。零件模型、装配模型、制造模型和工程图之间是全相关的，也就是说，工程图的尺寸被更改以后，其父零件模型的尺寸也会相应更改；反之，零件、装配或制造模型中的任何改变，也可以在其相应的工程图中反映出来。

1.2　Creo 3.0 软件的安装与启动

1.2.1　Creo 3.0 的安装过程

1．（一）查找计算机（服务器）的网卡号

在安装 Creo 3.0 之前，必须合法地获得 PTC 公司的软件使用许可证，这是一个文本文件，该文件是根据用户计算机（或服务器，也称为主机）上的网卡号赋予的，具有唯一性。下面以 Windows 7 操作系统为例，说明如何查找计算机的网卡号。

步骤 01　选择 Windows 的 [开始] ➡ [所有程序] ➡ [附件] ➡ [命令提示符] 命令。

步骤 02　在 C:\>提示符下，输入 ipconfig /all 命令并按 Enter 键，即可获得计算机网卡号。图 1.2.1 中的 00-24-1D-52-27-78 即为网卡号。

2．（二）软件的安装

单机版的 Creo 3.0（中文版）在各种操作系统下的安装过程基本相同，下面仅以 Windows7 为例，说明其安装过程。

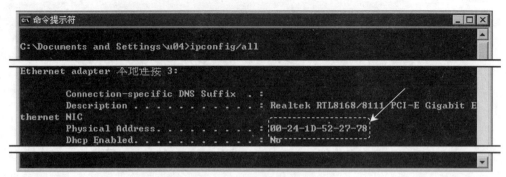

图 1.2.1 获得网卡号

任务 01 进入安装简介

步骤 01 首先将合法获得的 Creo 3.0 的许可证文件 ptc_licfile.dat 复制到计算机中的某个位置，例如 C:\Program Files\Creo3_license\ptc_licfile.dat。

步骤 02 Creo 3.0 软件有一张安装光盘，先将安装光盘放入光驱内（如果已将系统安装文件复制到硬盘上，可双击系统安装目录下的 setup.exe 文件），等待片刻后，会出现图 1.2.2 所示的系统安装提示。

步骤 03 在"选择任务"选项卡中选中"安装或添加新软件"单选项 安装或添加新软件，在该对话框中单击 下一步(N) 按钮。

图 1.2.2 系统安装提示

步骤 04 系统弹出图 1.2.3 所示的对话框，在该对话框中进行下列操作。

（1）选中 我接受软件许可协议(A) 单选项。

（2）单击 下一步(N) 按钮。

第 1 章 Creo 3.0 基础入门

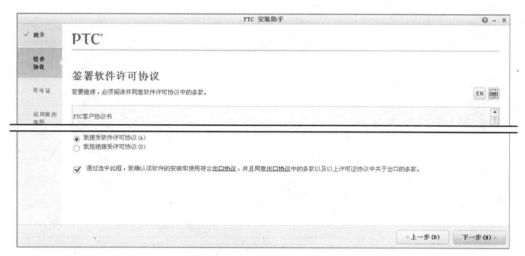

图 1.2.3 接受软件许可协议

任务 02 安装许可证项目

步骤 01 在系统弹出的图 1.2.4 所示的对话框中，将许可文件 C:\Program Files\Creo3_license\ptc_licfile.dat 拖放到图 1.2.5 所示的地方。

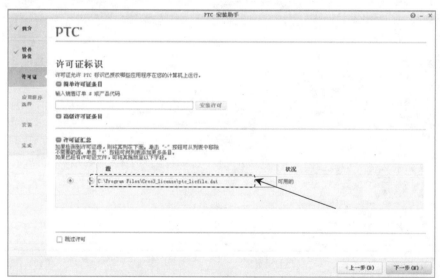

图 1.2.4 安装许可证

步骤 02 单击 下一步(N) 按钮。

任务 03 安装应用程序

步骤 01 在系统弹出的"安装应用程序"对话框中设置图 1.2.5 所示的参数。

步骤 02 单击 安装 按钮。

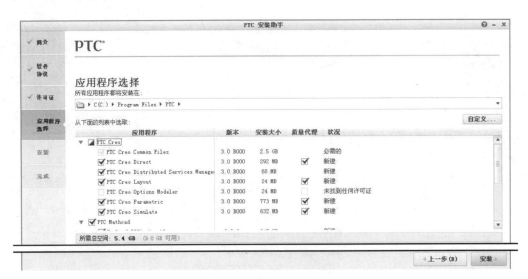

图 1.2.5　安装应用程序

任务 04 安装

步骤 01 此时系统弹出图 1.2.6 所示的"安装"对话框。

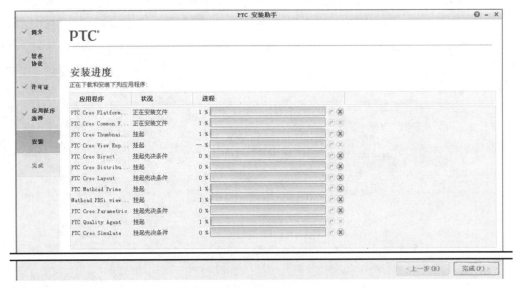

图 1.2.6　系统安装提示

步骤 02 过一段时间后，系统安装完成，弹出"安装完成"对话框；在此对话框中单击 完成 按钮即可。

1.2.2　软件的启动

一般来说，有两种方法可启动并进入 Creo 3.0 软件环境。

方法一：双击 Windows 桌面上的 Creo 3.0 软件快捷图标。
方法二：从 Windows 系统的"开始"菜单进入 Creo 3.0，操作方法如下。

步骤01 单击 Windows 桌面左下角的 开始 按钮。

步骤02 依次选择 ▶ 所有程序 ➡ PTC Creo ➡ PTC Creo Parametric 3.0 B000
命令，系统便进入 Creo 3.0 软件环境。

1.3 Creo 3.0 用户界面

1.3.1 用户界面简介

在学习本节时，首先打开目录 D:\creoxc3\work\ch01.03.01 下的 DIG_HAND.prt 文件。

Creo 3.0 用户界面包括快速访问工具栏、标题栏、功能区、视图控制工具条、消息区、智能选取栏、图形区及导航选项卡区，如图 1.3.1 所示。

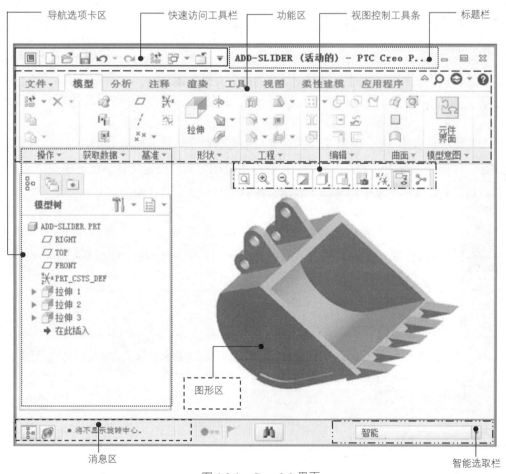

图 1.3.1 Creo 3.0 界面

1. 导航选项卡区

导航选项卡包括三个页面选项："模型树或层树"、"文件夹浏览器"和"收藏夹"。

- "模型树"中列出了活动文件中的所有零件及特征，并以树的形式显示模型结构，根对象（活动零件或组件）显示在模型树的顶部，其从属对象（零件或特征）位于根对象之下。例如，在活动装配文件中，"模型树"列表的顶部是组件，组件下方是每个元件零件的名称；在活动零件文件中，"模型树"列表的顶部是零件，零件下方是每个特征的名称。若打开多个 Creo 3.0 模型，则"模型树"只反映活动模型的内容。
- "文件夹浏览器"类似于 Windows 的"资源管理器"，用于浏览文件。
- "收藏夹"用于有效组织和管理个人资源。

2. 快速访问工具栏

快速访问工具栏中包含新建、保存、修改模型和设置 Creo 3.0 环境的一些命令。快速访问工具栏为快速进入命令及设置工作环境提供了极大的方便，用户可以根据具体情况定制快速访问工具栏。

3. 标题栏

标题栏显示了当前的软件版本以及活动的模型文件名称。

4. 功能区

功能区中包含"文件"下拉菜单和命令选项卡。命令选项卡显示了 Creo 3.0 中所有的功能按钮，并以选项卡的形式进行分类。用户可以根据需要自己定义各功能选项卡中的按钮，也可以自己创建新的选项卡，将常用的命令按钮放在自定义的功能选项卡中。

 用户会看到有些菜单命令和按钮处于非激活状态（呈灰色，即暗色），这是因为它们目前还没有处在发挥功能的环境中。一旦它们进入有关的环境，便会自动激活。

5. 视图控制工具条

图 1.3.2 所示的视图控制工具条是将"视图"功能选项卡中部分常用的命令按钮集成到了一个工具条中，以便随时调用。

图 1.3.2 视图控制工具条

6. 图形区

Creo 3.0 各种模型图像的显示区。

7. 消息区

在用户操作软件的过程中，消息区会实时地显示与当前操作相关的提示信息等，以引导用户的操作。消息区有一个可见的边线，将其与图形区分开，若要增加或减少可见消息行的数量，可将鼠标指针置于边线上，按住鼠标左键，将鼠标指针移动到所期望的位置。

消息分为五类，分别以不同的图标提醒：

    ➪ 提示   ※ 信息   ⚠ 警告   🗙 出错   ❌ 危险

8. 智能选取栏

智能选取栏也称为过滤器，主要用于快速选取某种所需要的要素（如几何、基准等）。

1.3.2 用户界面的定制

工作界面的定制步骤如下。

步骤01 进入定制工作对话框。选择"文件"下拉菜单中的  命令，即可进入"PTC Creo Parametric 选项"对话框，如图 1.3.3 所示。

步骤02 窗口设置。在"PTC Creo Parametric 选项"对话框中单击 窗口设置 区域，即可进入软件窗口设置界面。在此界面中可以进行导航选项卡的设置、模型树的设置、浏览器设置、辅助窗口设置以及图形工具栏设置等，如图 1.3.4 所示。

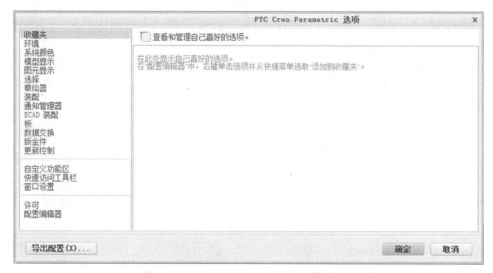

图 1.3.3 "PTC Creo Parametric 选项"对话框

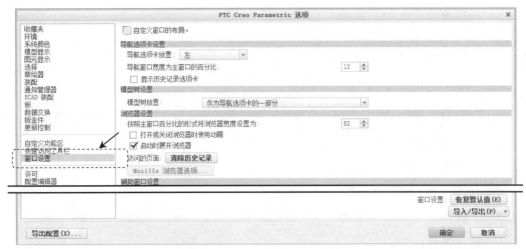

图 1.3.4 "窗口设置"界面

步骤 03 快速访问工具栏设置。在"PTC Creo Parametric 选项"对话框中单击 快速访问工具栏 区域,即可进入快速访问工具栏设置界面,如图 1.3.5 所示。在此界面中可以定制快速访问工具栏中的按钮,具体操作方法如下。

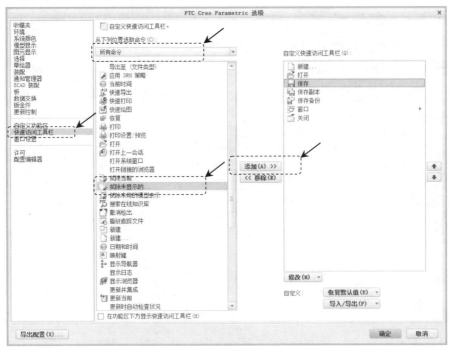

图 1.3.5 "快速访问工具栏"设置界面

(1)在"PTC Creo Parametric 选项"对话框的 从下列位置选取命令(C): 下拉列表中选择 所有命令 选项。

（2）在命令区域中选择 ![] 选项，然后单击 ![添加(A)>>] 按钮。

（3）单击对话框右侧的 ![↓] 和 ![↑] 按钮，可以调整添加的按钮在快速访问工具栏中的位置。

步骤04 功能区设置。在"PTC Creo Parametric 选项"对话框中单击 ![自定义功能区] 区域，即可进入功能区设置界面。在此界面中可以设置功能区各选项卡中的按钮，并可以创建新的用户选项卡，如图 1.3.6 所示。

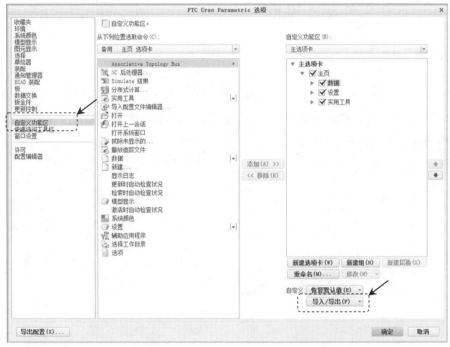

图 1.3.6 "自定义功能区"设置界面

步骤05 导出/导入配置文件。在"PTC Creo Parametric 选项"对话框中单击 ![导入/导出(P)] 按钮，在图 1.3.7 所示的菜单中选择 ![导出所有功能区和快速访问工具栏自定义] 选项，系统弹出"导出"对话框；单击 ![保存] 按钮，可以将界面配置文件"creo_parametric_customization.ui"导出到当前工作目录中。

图 1.3.7 "导出/导入"菜单

1.4 Creo 3.0 鼠标基本操作

用鼠标可以控制图形区中的模型显示状态。

- ◆ 滚动鼠标中键滚轮，可以缩放模型：向前滚，模型缩小；向后滚，模型变大。
- ◆ 按住鼠标中键，移动鼠标，可旋转模型。
- ◆ 先按住键盘上的 Shift 键，然后按住鼠标中键，移动鼠标可移动模型。

1.5 Creo 3.0 文件基本操作

1.5.1 设置工作目录

由于 Creo 3.0 软件在运行过程中将大量的文件保存在当前目录中，并且也常常从当前目录中自动打开文件，为了更好地管理 Creo 3.0 软件中大量有关联的文件，应特别注意。在进入 Creo 后，开始工作前最要紧的事情是"设置工作目录"。其操作过程如下。

步骤01 选择下拉菜单 文件 → 管理会话(M) → 选择工作目录(W) 更改工作目录。 命令。

步骤02 在弹出的图 1.5.1 所示的"选取工作目录"对话框中选择"D:"。

图 1.5.1 "选取工作目录"对话框

步骤03 查找并选取目录 creo-course。

步骤04 单击对话框中的 确定 按钮。

完成上述操作后，目录 D:\creo-course 即变成工作目录，而且目录 D:\creo-course 也变成当前目录，将来文件的创建、保存、自动打开和删除等操作都将在该目录中进行。

在本书中，如果未加说明，所指的"工作目录"均为 D:\creo-course 目录。

 进行下列操作后，双击桌面上的 Creo 3.0 图标进入 Creo 3.0 软件系统，即可自动切换到指定的工作目录。

（1）右击桌面上的 Creo 3.0 图标，在弹出的快捷菜单中选择 属性(R) 命令。

（2）图 1.5.2 所示的"PTC Creo Parametric 3.0 属性"对话框被打开，单击该对话框中的 快捷方式 选项卡，然后在 起始位置(S) 文本框中输入 D:\creo-course，并单击 确定 按钮。

图 1.5.2 "PTC Creo 3.0 Parametric 属性"对话框

设置好启动目录后，每次启动 Creo 3.0 软件，系统自动在启动目录中生成一个名为"trail.txt"的文件。该文件是一个后台记录文件，它记录了用户从打开软件到关闭期间的所有操作记录。读者应注意保护好当前启动目录的文件夹，如果启动目录文件夹丢失，系统会将生成的后台记录文件放在桌面上。

1.5.2 文件的新建

准备工作：将目录 D:\ creoxc3\work\ch01.05.02 设置为工作目录。在本书后面的章节中，每次新建或打开一个模型文件（包括零件、装配件等）之前，都应首先将工作目录设置正确。

新建一个零件模型文件的操作步骤如下。

步骤01 在工具栏中单击"新建"按钮 （或选择下拉菜单 文件(F) ➡ 新建(N)... 命令，此时系统弹出图 1.5.3 所示的"新建"对话框。

步骤02 选择文件类型和子类型。在对话框中选中 类型 选项组中的 ⊙ □ 零件 ，选中 子类型 选项组中的 ⊙ 实体 单选项。

步骤03 输入文件名。在 名称 文本框中输入文件名 slide。

◆ 每次新建一个文件时，Creo 3.0 都会显示一个默认名。如果要创建的是零件，则默认名的格式是 prt 后跟一个序号（如 prt0001），以后再新建一个零件时，序号自动加 1。

◆ 在 公用名称 文本框中可输入模型的公共描述，在一般设计中不对此进行操步骤04 选取模板。取消 □ 使用默认模板 复选框来取消使用默认模板，然后单击对话框中的 确定 按钮，系统弹出图 1.5.4 所示的"新文件选项"对话框，在"模板"选项组中选取 PTC 公司提供的公制实体零件模型模板 mmns_part_solid（如果用户所在公司创建了专用模板，则可用 浏览... 按钮找到该模板），然后单击 确定 按钮，系统进入零件的创建环境。

为了使通用性更强，在本书后面各个 Creo 3.0 模块（包括零件、装配件、工程制图、钣金件和模具设计）的介绍中，无论是范例介绍还是章节练习，当新建一个模型时（包括零件模型、装配体模型和模具制造模型），如未加注明，都是取消选中 □ 使用缺省模板 复选框，而使用 PTC 公司提供的以 mmns 开始的公制模

图 1.5.3 "新建"对话框

图 1.5.4 "新文件选项"对话框

关于模板及默认模板的说明如下。

◆ Creo 3.0 的模板分为两种类型：模型模板和工程图模板。模型模板又可以分为零件模型模板、装配模型模板和模具模型模板等。

◆ Creo 3.0 为其中各类模型分别提供了两种模板：一种是公制模板，以 mmns 开始，使用公制度量单位；一种是英制模板，以 inlbs 开始，使用英制单位（如图 1.5.4 所示，图中有系统提供的零件模型的两种模板）。

◆ 用户可以根据个人或公司的具体需要，对模板进行更详细的定制，并可以在配置文件 config.pro 中将这些模板设置成默认模板。

1.5.3 文件的打开

进入 Creo 3.0 软件后，假设要打开名称为 add-slider 的模型文件，其操作过程如下。

步骤01 设置工作目录。选择下拉 文件 → 管理会话 → 选择工作目录(W)/更改工作目录 命令，在弹出的"选取工作目录"对话框中将工作目录设置到 D:\creoxc3\work\ch01.05.03。

步骤02 单击工具栏中的 按钮（或选择下拉菜单 文件 → 打开(O) 命令），系统会弹出图 1.5.5 所示的"文件打开"对话框。

图 1.5.5 "文件打开"对话框

步骤03 在文件列表中选择要打开的文件名 add-slider.prt，然后单击 打开 按钮，即可打开文件。双击文件名也可打开文件。

"文件打开"对话框中有关按钮的说明如下。

- ◆ 如果要列出当前进程中（内存中）的文件，单击按钮 在会话中。
- ◆ 如果要列出"桌面"中的文件，单击按钮 桌面。
- ◆ 如果要列出"我的文档"中的文件，单击按钮 我的文档。
- ◆ 如果要列出当前工作目录中的文件，单击按钮 工作目录。
- ◆ 如果要列出"网上邻居"中的文件，单击按钮 网上邻居。
- ◆ 如果要列出"系统格式"中的文件，单击按钮 系统格式。
- ◆ 如果要列出"用户格式"中的文件，单击按钮 用户格式。
- ◆ 如果要列出收藏夹中的文件，单击"收藏夹"按钮 收藏夹。
- ◆ 单击"后退"按钮 ，可以返回到刚才打开的目录。
- ◆ 单击"前进"按钮 ，与单击"后退"按钮的结果相反。

- 单击"刷新"按钮，刷新当前目录中的内容。
- 在 搜索 文本框中输入文件的名称，系统可以根据输入文件的名称，快速从当前目录中过滤当前目录中的文件。
- 单击 组织 按钮，出现图 1.5.6 所示的选项菜单，可选取相应命令。
- 单击 视图 按钮，出现图 1.5.7 所示的选项菜单，文件可按简单列表或详细列表显示。
- 单击 工具 按钮，出现图 1.5.8 所示的选项菜单，可选取相应命令。
- 单击 按钮，可打开上下文相关帮助。
- 单击 预览 按钮，可预览要打开的文件。
- 单击 文件夹树 按钮，可打开文件夹的树列表。
- 单击 类型 列表框中的 按钮，可从弹出的"类型"列表中选取某种文件类型，这样"文件列表"中将只显示该种文件类型的文件。
- 单击 打开表示... 按钮，可打开模型的简化表示。
- 单击 取消(C) 按钮，放弃打开文件操作。

图 1.5.6 "组织"菜单　　　　图 1.5.7 "视图"菜单

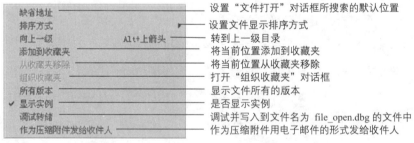

图 1.5.8 "工具"菜单

1.5.4 保存文件

步骤01 单击工具栏中的 按钮（或选择下拉菜单 文件(F) ➡ 保存(S) 命令），系统弹出图 1.5.9 所示的对话框，文件名出现在 模型名称 文本框中。

步骤02 单击 确定 按钮。如果不进行保存操作，单击 取消 按钮。

第 1 章 Creo 3.0 基础入门

在 Creo 3.0 中保存文件时,建议用户不要在这里修改文件名

图 1.5.9 "保存对象"对话框

 如图 1.5.9 所示,保存模型文件时,建议用户使用现有名称,如果要修改文件的名称,可选择下拉菜单 文件(F) ➡ 重命名(R) 命令来实现。

1. "保存"

关于"保存"文件的几点说明如下。

◆ 如果从进程中(内存)删除对象或退出 Creo 3.0 而不保存,则会丢失当前进程中的所有更改。

◆ Creo 3.0 在磁盘上保存模型对象时,其文件名格式为"对象名.对象类型.版本号"。例如,创建模型 slide,第一次保存时的文件名为 slide.prt.1,再次保存时版本号自动加 1,这样在磁盘中保存对象时,不会覆盖原有的对象文件。

◆ 新建对象将保存在当前工作目录中;如果是打开的文件,保存时,将存储在原目录中。如果 override_store_back 设置为 no(默认设置),而且没有原目录的写入许可,同时又将配置选项 save_object_in_current 设置为 yes,则此文件将保存在当前目录。

2. "保存副本"

选择下拉菜单 文件(F) ➡ 另存为(A) ➡ 保存副本(A)... 命令,系统弹出图 1.5.10 所示的"保存副本"对话框,可保存一个文件的副本。

图 1.5.10 "保存副本"对话框

关于保存文件副本的几点说明如下。

- ◆ "保存副本"的作用是保存指定对象文件的副本,可将副本保存到同一目录或不同的目录中。无论哪种情况,都要给副本命名一个新的(唯一)名称,即使在不同的目录中保存副本文件,也不能使用与原始文件名相同的文件名。

- ◆ "保存副本"对话框允许 Creo 3.0 将文件输出为不同格式,以及将文件另存为图像(图 1.5.10),这也许是 Creo 3.0 设置 保存副本(A)... 命令的一个很重要的原因,也是与文件"备份"命令的主要区别所在。

- ◆ 在图 1.5.10 所示的对话框中单击按钮 后,显示可用对象菜单,也可选择 选取... 命令以显示"选取"对话框,并在对象上选取装配元件作为"源模型"。

3. "备份"

选择下拉菜单 文件(F) ➡ 另存为(A)▶ ➡ 保存备份(B) 命令,可对一个文件进行备份。

关于文件备份的几点说明如下。

- ◆ 可将文件备份到不同的目录。
- ◆ 在备份目录中备份对象的修正版,重新设置为 1。
- ◆ 必须有备份目录的写入许可,才能进行文件的备份。
- ◆ 如果要备份装配件、工程图或制造模型,Creo 3.0 在指定目录中保存其所有从属文件。
- ◆ 如果装配件有相关的交换组,备份该装配件时,交换组不保存在备份目录中。
- ◆ 如果备份模型后对其进行更改,然后再保存此模型,则变更将被保存在备份目录中。

4. 文件"重命名"

选择下拉菜单 文件 → 管理文件(F) → 重命名 命令，可对一个文件进行重命名，如图 1.5.11 所示。

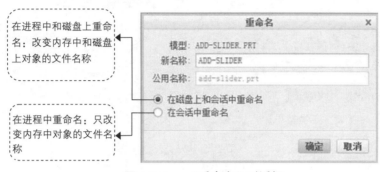

图 1.5.11 "重命名"对话框

关于文件"重命名"的几点说明如下。
- ◆ "重命名"的作用是修改模型对象的文件名称。
- ◆ 如果重命名磁盘上的文件，然后根据先前的文件名打开模型（不在内存中），则会出现错误。例如，在装配件中不能找到零件。
- ◆ 如果从非工作目录中检索某对象，并重命名此对象，然后保存，它将保存到对其进行检索的原目录中，而不是当前的工作目录中。

1.5.5 关闭与拭除文件

1. 从内存中拭除未显示的对象

每次选择下拉菜单 文件(F) → 保存(S) 命令保存对象时，系统都创建对象的一个新版本，并将它写入磁盘。系统对存储的每一个版本连续编号（简称版本号）。例如，对于零件模型文件，其格式为 slide.prt.1、slide.prt.2 和 slide.prt.3 等。

- ◆ 这些文件名中的版本号（1、2、3 等），只有通过 Windows 操作系统的窗口才能看到，在 Creo 3.0 中打开文件时，在文件列表中则看不到这些版本号。
- ◆ 如果在 Windows 操作系统的窗口中还是看不到版本号，可进行如下操作：在 Windows 窗口中选择下拉菜单 工具(T) → 文件夹选项(O)... 命令（图 1.5.12），在"文件夹选项"对话框的 查看 选项卡中取消选中 □隐藏已知文件类型的扩展名 （图 1.5.13）。

图 1.5.12 "工具"下拉菜单

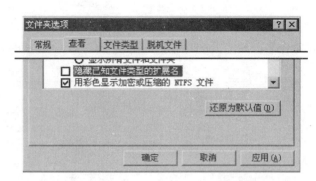
图 1.5.13 "文件夹选项"对话框

如果选择下拉菜单 文件 ➡ 关闭(C) 命令关闭一个窗口，窗口中的对象便不在图形区显示,但只要工作区处于活动状态,对象仍保留在内存中,这些对象称为"未显示的对象"。

选择下拉菜单 文件 ➡ 管理会话(M) ➡ 拭除未显示的 命令后,系统弹出图 1.5.14 所示的"拭除未显示的"对话框,在该对话框中列出未显示对象,单击 确定 按钮,所有的未显示对象将从内存中拭除,但它们不会从磁盘中删除。当参考未显示对象的装配件或工程图仍处于活动状态时,系统不能拭除该未显示对象。

2. 从内存中拭除当前对象

第一种情况:如果当前对象为零件、格式和布局等类型时,选择下拉菜单 文件 ➡ 管理会话(M) ➡ 拭除当前 命令后,系统弹出图 1.5.15 所示的"拭除确认"对话框,单击 是 按钮,当前对象将从内存中拭除,但它们不会从磁盘中删除。

第二种情况:如果当前对象为装配、工程图和模具等类型,选择下拉菜单 文件 ➡ 管理会话(M) ➡ 拭除当前 命令后,系统弹出"拭除"对话框,选取要拭除的关联对象后,再单击 确定 按钮,则当前对象及选取的关联对象将从内存中被拭除。

图 1.5.14 "拭除未显示的"对话框

图 1.5.15 "拭除确认"对话框

1.5.6 删除文件

1. 删除文件的旧版本

使用 Creo 3.0 软件创建模型文件时（包括零件模型、装配模型和制造模型等），在最终完成模型的创建后，可将模型文件的所有旧版本删除。

选择下拉菜单 文件 ➡ 管理文件(F) ▶ ➡ 删除旧版本 命令后，系统弹出图 1.5.16 所示的对话框，单击 ✓ 按钮（或按 Enter 键），系统就会将对象的除最新版本外的所有版本删除。

例如：假设零件（文件名为 readjust.prt）已经完成，选择下拉菜单 文件 ➡ 管理文件(F) ▶ ➡ 删除旧版本 命令，即可删除其旧版本文件。

2. 删除文件的所有版本

在设计完成后，可将没有用的模型文件的所有版本删除。

选择下拉菜单 文件 ➡ 管理文件(F) ▶ ➡ 删除所有版本 命令后，系统弹出图 1.5.17 所示的警告对话框，单击 是(Y) 按钮，系统就会删除当前对象的所有版本。如果选择删除的对象是族表的一个实例，则实例和普通模型都不能被删除；如果选择删除的对象是普通模型，则将删除此普通模型。

图 1.5.16 "删除文件的旧版本"对话框

图 1.5.17 "删除所有确认"对话框

第 2 章 二维草图设计

2.1 草图设计入门

2.1.1 草图用户界面介绍

草图设计环境是用户创建二维草图的工作环境,通过在草图设计环境中建立二维草图,并在草图中各个图元之间添加约束来限制它们的位置和尺寸,就可以生成具有准确大小的三维实体或曲面。因此,建立二维草图是建立三维实体或曲面的基础。

要进入草图设计环境,必须选择一个草图基准面,也就是要确定新草图在三维空间的放置位置。它可以是系统默认的三个基准面,也可以选择模型表面作为草图基准面,还可以创建一个新的基准面作为草图基准面。

在介绍二维草图设计之前,先介绍一下 Creo 3.0 软件草图中经常使用的术语。

- 图元:指截面几何的任意元素(如直线、中心线、圆弧、圆、椭圆、样条曲线、点或坐标系等)。
- 参考:指创建特征截面或轨迹时,所参考的图元。
- 尺寸:图元大小、图元间位置的度量。
- 约束:定义图元间的位置关系。约束定义后,其约束符号会出现在被约束的图元旁边。例如,可以约束两条直线垂直,完成约束后,垂直的直线旁边会出现一个垂直约束符号。约束符号显示为橙色。

2.1.2 草图工具命令介绍

进入草绘环境后,屏幕上会出现草绘时所需要的各种工具按钮,其中常用工具按钮及其功能注释,如图 2.1.1 所示。

图 2.1.1 中各区域的工具按钮的简介如下。

- 设置 区域:设置草绘栅格的属性、图元线条样式等。
- 获取数据 区域:导入外部草绘数据。
- 操作 区域:对草图进行复制、粘贴、剪切、删除、切换图元构造和转换尺寸等。
- 基准 区域:绘制基准中心线、基准点以及基准坐标系。

- 草绘 区域：绘制直线、矩形、圆等实体图元以及构造图元。
- 编辑 区域：镜像、修剪、分割草图，调整草图比例和修改尺寸值。
- 约束 ▼ 区域：添加几何约束。
- 尺寸 ▼ 区域：添加尺寸约束。
- 检查 ▼ 区域：检查开放端点、重复图元和封闭环等。

图 2.1.1 "草绘"选项卡

2.2 草图绘制工具

若要进行草绘，应首先从草绘环境的工具栏按钮区或 草绘(S) 下拉菜单中选取一个绘图命令，由于工具栏的命令按钮简明而快捷，所以推荐优先使用。

2.2.1 直线

方法一：按两点——通过两点来创建直线，其一般操作步骤如下。

步骤01 在 草绘 选项卡中单击"线"命令按钮 ∧ 线 ▼ 中的 ▼ ，再单击 ∧ 线链 按钮。

还有一种方法进入直线绘制命令：
- 在绘图区右击，从弹出的快捷菜单中选择 ∧ 线链 命令。

步骤02 单击直线的起始位置点，此时可看到一条"橡皮筋"线附着在鼠标指针上。

步骤03 单击直线的终止位置点，系统便在两点间创建一条直线，并且在直线的终点处出现另一条"橡皮筋"线。

步骤04 重复步骤 步骤03 ，可创建一系列连续的线段。

步骤 05 单击鼠标中键,结束直线的创建。

- 在草绘环境中,单击"撤销"按钮 可撤销上一个操作,单击"重做"按钮 可重新执行被撤销的操作。这两个按钮在草绘环境中十分有用。
- Creo 3.0 具有尺寸驱动功能,即图形的大小随着图形尺寸的改变而改变。

方法二:直线相切——通过与两个图元相切来创建直线,其一般操作步骤如下。

步骤 01 单击"直线"按钮 中的 ,再单击 按钮。

也可以选择下拉菜单 草绘(S) → 线(L) ▶ → 直线相切(T) 命令。

步骤 02 在第一个圆或弧上单击一点,此时可观察到一条始终与该圆或弧相切的"橡皮筋"线附着在鼠标指针上。

步骤 03 在第二个圆或弧上单击与直线相切的位置点,此时便产生一条与两个圆(弧)相切的直线段。

步骤 04 单击鼠标中键,结束相切直线的创建。

2.2.2 中心线

Creo 3.0 提供两种中心线创建方法,分别是创建两点中心线和创建两点几何中心线。一般两点中心线是用来作为做图辅助线使用的;两点几何中心线是作为一个旋转特征的中心轴,或作为截面内的对称中心线来使用的。下面介绍创建方法。

方法一:创建两点中心线。

步骤 01 单击 基准 区域中的 中心线 按钮。

或者选择下拉菜单 草绘(S) → 线(L) ▶ → 中心线(C) 命令;或者在绘图区右击,从弹出的快捷菜单中选择 中心线(C) 命令。

步骤 02 在绘图区的某位置单击,一条中心线附着在鼠标指针上。

步骤 03 在另一位置点单击,系统即绘制一条通过此两点的"中心线"。

方法二:创建两点几何中心线。

创建两点几何中心线的方法和创建两点中心线的方法完全一样,此处不再介绍。

2.2.3 矩形

方法一:创建 2 点矩形。

步骤 01 在 [草绘] 选项卡中单击按钮 [矩形▼] 中的 ▼,然后再单击 [拐角矩形] 按钮。

步骤 02 在绘图区的某位置单击,放置矩形的一个角点,然后将该矩形拖至所需大小。

步骤 03 再次单击,放置矩形的另一个角点。此时,系统即在两个角点间绘制一个矩形。

方法二:创建斜矩形。

步骤 01 单击按钮 [矩形▼] 中的 ▼,然后再单击 [斜矩形] 按钮。

步骤 02 在绘图区的某位置单击,放置斜矩形的一个角点,然后拖动鼠标确定斜矩形的倾斜角度,并单击左键定义斜矩形的长度,最后拖动鼠标并单击左键定义斜矩形的高度。

步骤 03 此时,完成斜矩形的创建。

方法三:创建平行四边形。

步骤 01 单击按钮 [矩形▼] 中的 ▼,然后再单击 [平行四边形] 按钮。

步骤 02 在绘图区的某位置单击,放置平行四边形的一个角点,然后拖动鼠标确定平行四边形其中一个边的长度,并单击,最后拖动鼠标并单击定义平行四边形的另外一个边的长度及斜度。

步骤 03 此时,完成平行四边形的创建。

2.2.4 圆

方法一:中心/点——通过选取中心点和圆上一点来创建圆。

步骤 01 单击"圆"命令按钮 [圆▼] 中的 [圆心和点]。

步骤 02 在某位置单击,放置圆的中心点,然后将该圆拖至所需大小并单击,完成该圆的创建。

方法二:同心圆。

步骤 01 单击"圆"命令按钮 [圆▼] 中的 [同心]。

步骤 02 选取一个参考圆或一条圆弧边来定义圆心。

步骤 03 移动鼠标指针,将圆拖至所需大小并单击,然后单击鼠标中键。

方法三:三点圆。

步骤 01 单击"圆"命令按钮 [圆▼] 中的 [3点]。

步骤 02 在绘图区任意位置单击三个点,然后单击鼠标中键,完成该圆的创建。

2.2.5 圆弧

共有四种绘制圆弧的方法。

方法一：点/终点圆弧——确定圆弧的两个端点和弧上的一个附加点来创建一个三点圆弧。

步骤01 单击"圆弧"命令按钮 弧 中的 3点/相切端。

步骤02 在绘图区某位置单击，放置圆弧一个端点；在另一位置单击，放置另一端点。

步骤03 此时移动鼠标指针，圆弧呈"橡皮筋"样变化，单击确定圆弧上的一点。

方法二：同心圆弧。

步骤01 单击"圆弧"命令按钮 弧 中的 同心。

步骤02 选取一个参考圆或一条圆弧边来定义圆心。

步骤03 将圆拉至所需大小，然后在圆上单击两点以确定圆弧的两个端点。

方法三：圆心/端点圆弧。

步骤01 单击"圆弧"命令按钮 弧 中的 圆心和端点。

步骤02 在某位置单击，确定圆弧中心点，然后将圆拉至所需大小，并在圆上单击两点以确定圆弧的两个端点。

方法四：创建与三个图元相切的圆弧。

步骤01 单击"圆弧"命令按钮 弧 中的 3 相切。

步骤02 分别选取三个图元，系统便自动创建与这三个图元相切的圆弧。

在第三个图元上选取不同的位置点，则可创建不同的相切圆弧。

2.2.6 圆角

步骤01 单击"圆角"命令按钮 圆角 中的 圆形修剪。

步骤02 分别选取两个图元（两条边），系统便在这两个图元间创建圆角，并将两个图元裁剪至交点。

倒圆角对象中有圆弧时，系统不会自动裁剪图元。

2.2.7 倒角

Creo 3.0 新增了绘制倒角的命令，并提供了两种创建方法。下面介绍倒角的创建方法。

方法一：在两个图元间创建倒角并创建构造线延伸。

方法二：在两个图元间创建一个倒角。

步骤01 单击"倒角"命令按钮 倒角 中的 倒角 。

步骤02 分别选取两个图元（两条边），系统便在这两个图元间创建倒角，并创建延伸构造线。

◆ 创建倒角的第二种方法是单击"倒角"命令按钮 倒角 中的 倒角修剪 ，其操作步骤与方法一完全一样，不同的是创建完倒角后系统不会创建延伸构造线。

◆ 倒角的对象可以是直线，也可以是圆弧，还可以是样条曲线。

2.2.8 样条曲线

样条曲线是指通过任意多个中间点的平滑曲线。

步骤01 单击"样条曲线"按钮 样条 。

步骤02 单击一系列点，可观察到一条"橡皮筋"样条曲线附着在鼠标指针上。

步骤03 单击鼠标中键，结束样条曲线的绘制。

2.2.9 点

在设计管路和电缆布线时，创建点对工作十分有帮助。

步骤01 选择下拉菜单 草绘(S) → 点 按钮。

步骤02 在绘图区的某位置单击以放置该点。

点和几何点的区别：点是指用于草绘环境中的参考点；几何点是基准点。

2.3 草图的编辑

2.3.1 操纵草图

1. 直线的操纵

Creo 3.0 提供了图元操纵功能，可方便地旋转、拉伸和移动图元。

操纵 1 的操作流程：在绘图区，把鼠标指针 移到直线上，按下左键不放，同时移动鼠标（此时鼠标指针变为 ），此时直线以远离鼠标指针的那个端点为圆心转动（图 2.3.1b）；达到绘制意图后，松开鼠标左键。

操纵 2 的操作流程：在绘图区，把鼠标指针 移到直线的某个端点上，按下左键不放，同时移动鼠标，此时会看到直线以另一端点为固定点伸缩或转动（图 2.3.2b）；达到绘制意图后，松开鼠标左键。

2. 圆的操纵

操纵 1 的操作流程：把鼠标指针 移到圆的边线上，按下左键不放，同时移动鼠标，此时会看到圆在变大或缩小（图 2.3.3b）；达到绘制意图后，松开鼠标左键。

操纵 2 的操作流程：把鼠标指针 移到圆心上，按下左键不放，同时移动鼠标，此时会看到圆随着指针一起移动（图 2.3.4b）；达到绘制意图后，松开鼠标左键。

图 2.3.1　直线的操纵 1　　　图 2.3.2　直线的操纵 2　　　图 2.3.3　圆的操纵 1　　　图 2.3.4　圆的操纵 2

3. 圆弧的操纵

操纵 1 的操作流程：把鼠标指针 移到圆弧上，按下左键不放，同时移动鼠标，此时会看到圆弧半径变大或变小（图 2.3.5b）；达到绘制意图后，松开鼠标左键。

操纵 2 的操作流程：把鼠标指针 移到圆弧的某个端点上，按下左键不放，同时移动鼠标，此时会看到圆弧以另一端点为固定点旋转，并且圆弧的包角也在变化（图 2.3.6b）；达到绘制意图后，松开鼠标左键。

操纵 3 的操作流程：把鼠标指针 移到圆弧的圆心点上，按下左键不放，同时移动鼠标，此时圆弧以某一端点为固定点旋转，并且圆弧的包角及半径也在变化（图 2.3.7b）；达到绘制意图后，松开鼠标左键。

操纵 4 的操作流程：单击圆心，然后把鼠标指针 移到圆心上，按下左键不放，同时移动鼠标，此时圆弧随着指针一起移动（图 2.3.7b）；达到绘制意图后，松开鼠标左键。

图 2.3.5　圆弧的操纵 1　　　　　图 2.3.6　圆弧的操纵 2　　　　　图 2.3.7　圆弧的操纵 3 和 4

4. 样条曲线的操纵

操纵 1 的操作流程（图 2.3.8）：把鼠标指针 移到样条曲线的某个端点上，按下左键不放，同时移动鼠标，此时样条曲线以另一端点为固定点旋转，同时大小也在变化；达到绘制意图后，松开鼠标左键。

操纵 2 的操作流程（图 2.3.9）：把鼠标指针 移到样条曲线的中间点上，按下左键不放，同时移动鼠标，此时样条曲线的拓扑形状（曲率）不断变化；达到绘制意图后，松开鼠标左键。

图 2.3.8 样条曲线的操纵 1

图 2.3.9 样条曲线的操纵 2

5. 样条曲线的编辑

样条曲线的编辑包括增加插入点、创建控制多边形、显示曲线曲率、创建关联坐标系和修改各点坐标值等。下面说明其操作步骤。

步骤01 单击 编辑 区域的 修改 按钮。

步骤02 选取图 2.3.10 所示的样条曲线，此时在屏幕下方出现图 2.3.11 所示的"样条修改"操控板。修改方法如以下几种。

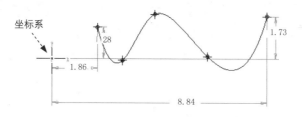
图 2.3.10 样条曲线

◆ 在"样条修改"操控板中单击 点 按钮，然后单击样条曲线上的相应点，可以显示并修改该点的坐标值（相对坐标或绝对坐标），如图 2.3.11 所示。

◆ 在操控板中单击 拟合 按钮，可以对样条曲线的拟合情况进行设置，如图 2.3.11 所示。

◆ 在操控板中单击 文件 按钮，并选取相关联的坐标系（图 2.3.10 所示的坐标系），就可形成相对于此坐标系的该样条曲线上所有点的坐标数据文件。

◆ 在操控板中单击 按钮，可创建控制多边形，如图 2.3.12 所示。如果已经创建了控制多边形，单击此按钮则可删除创建的控制多边形。

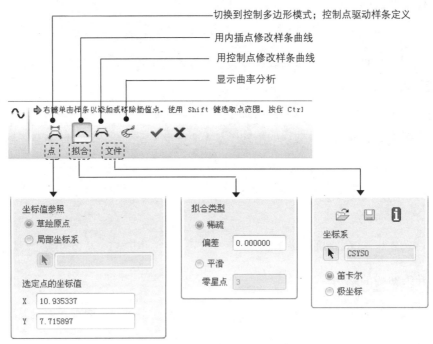

图 2.3.11 "样条修改"操控板

- 在操控板中单击 ⌒ 或 ⌒ 按钮,用于显示内插点(图 2.3.10)或控制点(图 2.3.12)。
- 在操控板中单击 按钮,可显示样条曲线的曲率分析图(图 2.3.13),同时,操控板上会出现图 2.3.14 所示的"调整曲率"对话框,通过滚动 比例 滚轮可调整曲率线的长度,通过滚动 密度 滚轮可调整曲率线的数量。
- 在样条曲线上需要增加点的位置右击,选择 添加点 命令,便可在该位置增加一个点。

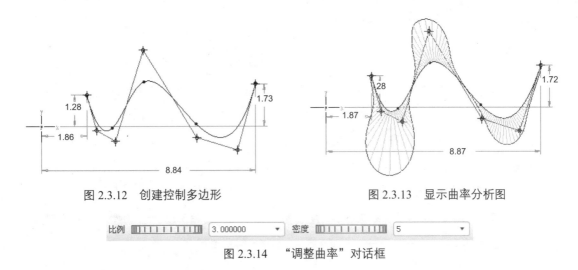

图 2.3.12 创建控制多边形   图 2.3.13 显示曲率分析图

图 2.3.14 "调整曲率"对话框

当样条曲线以内插点的形式显示时，需在样条曲线上需要增加点的位置右击才能弹出 添加点 命令；当样条曲线以控制点的形式显示时，需在控制点连成的直线上右击才能弹出 添加点 命令。

◆ 在样条曲线上右击需要删除的点，选择 删除点 命令，便可将该点从样条曲线中删除。

步骤03 单击 ✓ 按钮，完成编辑。

2.3.2 删除草图

步骤01 在绘图区单击或框选（框选时要框住整个图元）要删除的图元（可看到被选中的图元变红）。

步骤02 按键盘上的 Delete 键，所选图元即被删除。也可采用下面两种方法删除图元。

◆ 右击，在弹出的快捷菜单中选择 删除(D) 命令。

◆ 在 操作 下拉菜单中选择 删除 命令。

2.3.3 修剪草图

步骤01 单击 草绘 功能选项卡 编辑 区域中的 按钮。

步骤02 单击图 2.3.15a 所示草图右侧部分为要去掉的图元，草图修剪结果如图 2.3.15b 所示。

2.3.4 制作拐角

步骤01 单击 草绘 功能选项卡 编辑 区域中的 按钮。

步骤02 依次单击图 2.3.16a 所示相交图元上要保留的一侧，制作拐角操作结果如图 2.3.16b 所示。

 如果所选两图元不相交，则系统将对其进行延伸，并将线段修剪至交点。

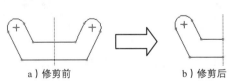

图 2.3.15 修剪草图

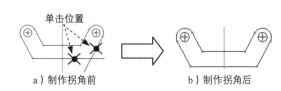

图 2.3.16 制作拐角

2.3.5 分割草图

步骤01 单击 草绘 功能选项卡 编辑 区域中的 按钮。

步骤02 单击一个要分割的图元，如图 2.3.17 所示。系统在单击处断开了图元。

图 2.3.17 分割草图

2.3.6 镜像草图

步骤01 在绘图区单击或框选要镜像的图元。

步骤02 单击 草绘 功能选项卡 编辑 区域中的 按钮。

步骤03 系统提示选取一个镜像中心线，选择图 2.3.18 所示的中心线（如果没有可用的中心线，则可用绘制中心线的命令绘制一条中心线。这里要特别注意的是，基准面的投影线看上去像中心线，但它并不是中心线）。

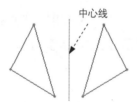

图 2.3.18 图元的镜像

2.3.7 复制/粘贴

步骤01 在绘图区单击或框选（框选时要框住整个图元）要复制的图元，如图 2.3.19 所示（可看到选中的图元变红）。

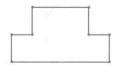

图 2.3.19 复制图元

步骤02 单击 草绘 功能选项卡 操作 区域中的 按钮，然后单击 按钮；再在绘图区单击一点以确定草图放置的位置，并弹出 粘贴 操控板。Creo 3.0 在复制截面的同时，还可对其进行比例缩放和旋转。

步骤 03　单击 ☑ 按钮，确认变化并退出。

2.3.8　将草图对象转化为构造线

Creo 3.0 中构造图元（构造线）的作用是作为辅助线（参考线），构造图元以虚线显示。草绘中的直线、圆弧和样条线等图元都可以转化为构造图元。下面以图 2.3.20 为例，说明其创建方法。

步骤 01　选择下拉菜单 文件 ─→ 管理会话(M) ─→ 选择工作目录(W) 更改工作目录. 命令，将工作目录设置至 D:\creoxc3\work\ch02.03.08。

步骤 02　选择下拉菜单 文件(F) ─→ 打开(O)... 命令，打开文件 construct.sec。

步骤 03　按住 Ctrl 键不放，依次选取图 2.3.20a 中的直线、圆和圆弧。

步骤 04　右击，在弹出的图 2.3.21 所示的快捷菜单中选择 构造 命令，被选取的图元就转换成构造图元。结果如图 2.3.20b 所示。

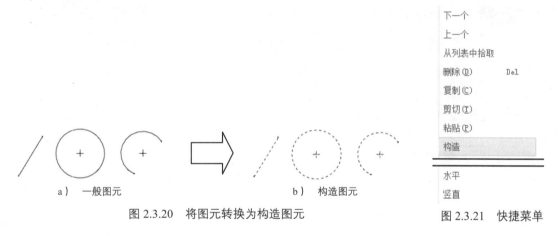

a）一般图元　　　　b）构造图元

图 2.3.20　将图元转换为构造图元　　　图 2.3.21　快捷菜单

2.4　草图几何约束

"草绘的约束"主要包括"几何约束"和"尺寸约束"两种类型。

按照工程技术人员的设计习惯，在草绘时或草绘后，希望对绘制的草图增加一些平行、相切、相等和共线等约束来帮助定位几何，Creo 3.0 系统可以很容易地做到这一点。下面对几何约束进行详细的介绍。

2.4.1　添加几何约束

下面以图 2.4.1 所示的相切约束为例，说明添加约束的步骤。

步骤01 单击 草绘 功能选项卡 约束 区域中的 按钮。

步骤02 系统在信息区提示 选择两图元使它们相切，分别选取图2.4.1a所示的直线和圆弧。此时系统按创建的约束更新截面，若要显示约束符号"T"可单击"约束显示"命令按钮 。添加相切约束的结果如图2.4.1b所示。

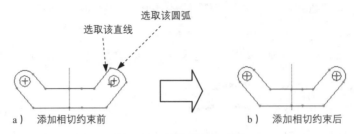

a) 添加相切约束前　　　　b) 添加相切约束后

图 2.4.1　图元的相切约束

如果想要删除约束，可单击要删除的约束的显示符号（如上例中的"T"）。右击，在快捷菜单中选择 删除(D) 命令（或按下 Delete 键），系统删除所选的约束。删除约束后，系统会自动增加一个约束或尺寸，来使截面图形保持全约束状态。

步骤03 重复步骤**步骤01**和**步骤02**，可创建其他的约束。

2.4.2　显示/移除约束

1. 约束的屏幕显示控制

在工具栏中单击 按钮，即可控制约束符号在屏幕中的显示/关闭。

2. 约束符号颜色含义

- 约束：显示为蓝色。
- 鼠标指针所在的约束：显示为淡绿色。
- 选定的约束（或活动约束）：显示为绿色。
- 锁定约束：放在一个圆中。
- 禁用约束：用一条直线穿过约束符号。

3. 各种约束符号列表

各种约束的显示符号如见表2.4.1所示。

表 2.4.1　约束符号列表

约束名称	约束显示符号
中点	✳
相同点	○
水平图元	H
竖直图元	V
图元上的点	—○— —
相切图元	T
垂直图元	⊥
平行线	∥₁
相等半径	在半径相等的图元旁，显示一个带下标的 R（如 R1、R2 等）
具有相等长度的线段	在等长的线段旁，显示一个带下标的 L（如 L1、L2 等）
对称	—┬—
图元水平或竖直排列	— — ┊
共线	═
"使用边"/"偏移使用边"	∿

2.5　草图尺寸约束

2.5.1　添加尺寸约束

在绘制截面的几何图元时，系统会及时自动地生成尺寸，这些尺寸称为"弱"尺寸，系统在创建和删除它们时并不给予警告，但用户不能手动删除，"弱"尺寸显示为灰色。用户还可以按设计意图增加尺寸以创建所需的标注布置，这些尺寸称为"强"尺寸。增加"强"尺寸时，系统自动删除多余的"弱"尺寸和约束，以保证截面的完全约束。在退出草绘环境之前，把截面中的"弱"尺寸变成"强"尺寸是一个很好的习惯，这样可确保系统在没有得到用户的确认前不会删除这些尺寸。

1. 标注线段长度

步骤01　单击 草绘 功能选项卡 尺寸▼ 区域中的 按钮。

步骤02　选取要标注的图元：单击位置 1 以选择直线（图 2.5.1）。

步骤03 确定尺寸的放置位置：在位置 2 单击鼠标中键（图 2.5.1），按 Esc 键结束标注。

说明：本书中的 按钮在后文中将简化为 |↔| 按钮。

2. 标注两条平行线间的距离

步骤01 单击 草绘 功能选项卡 尺寸▼ 区域中的 |↔| 按钮。

步骤02 分别单击位置 1 和位置 2 以选择两条平行线，中键单击位置 3 以放置尺寸（图 2.5.2），按 Esc 键结束标注。

图 2.5.1　线段长度尺寸的标注

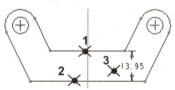
图 2.5.2　平行线距离的标注

3. 标注一点和一条直线之间的距离

步骤01 单击 草绘 功能选项卡 尺寸▼ 区域中的 |↔| 按钮。

步骤02 单击图 2.5.3 所示的圆心 1 以选取一点，再单击位置 2 以选择直线；中键单击位置 3 以放置尺寸（图 2.5.3），按 Esc 键结束标注。

4. 标注两点间的距离

步骤01 单击 草绘 功能选项卡 尺寸▼ 区域中的 |↔| 按钮。

步骤02 分别单击圆心 1 和圆心 2 以选择两点，中键单击位置 3 以放置尺寸（图 2.5.4），按 Esc 键结束标注。

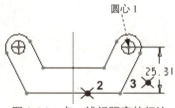
图 2.5.3　点、线间距离的标注

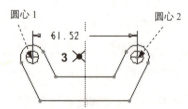
图 2.5.4　两点间距离的标注

5. 标注直径

步骤01 单击 草绘 功能选项卡 尺寸▼ 区域中的 |↔| 按钮。

步骤02 分别单击位置1和位置2以选择圆上两点,中键单击位置3以放置尺寸(图2.5.5);或者双击圆上的某一点,如位置1或位置2,然后中键单击位置3以放置尺寸,按Esc键结束标注。

 在草绘环境下不显示直径Φ符号。

6. 标注对称尺寸

步骤01 单击 草绘 功能选项卡 尺寸▼ 区域中的 |↔| 按钮。

步骤02 选择图2.5.6所示的圆心点,再选择对称中心线上的任意一点2,再次选择圆心点;中键单击位置3以放置尺寸,按Esc键结束标注。

7. 标注半径

步骤01 单击 草绘 功能选项卡 尺寸▼ 区域中的 |↔| 按钮。

步骤02 单击位置1选择圆弧上一点,中键单击位置2以放置尺寸(图2.5.7),按Esc键结束标注。

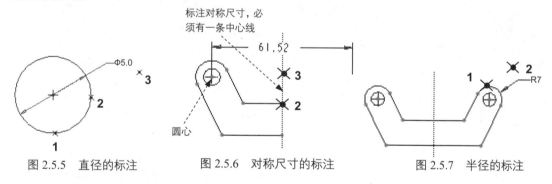

图2.5.5 直径的标注　　图2.5.6 对称尺寸的标注　　图2.5.7 半径的标注

8. 标注两条直线间的角度

步骤01 单击 草绘 功能选项卡 尺寸▼ 区域中的 |↔| 按钮。

步骤02 分别在两条直线上选择点1和点2;中键单击位置3以放置尺寸(锐角,如图2.5.8所示),或中键单击位置4以放置尺寸(钝角,如图2.5.9所示),按Esc键结束标注。

9. 标注圆弧角度

步骤01 单击 草绘 功能选项卡 尺寸▼ 区域中的 |↔| 按钮。

步骤02 分别选择弧的端点1、端点2及弧上一点3;中键单击位置4以放置尺寸,然后选中弧长尺寸,在弹出的快捷菜单中选择 转换为角度 命令,如图 2.5.10 所示,按 Esc 键结束标注。

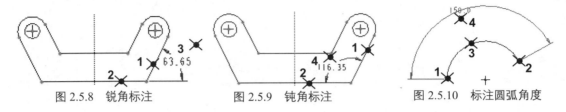

图 2.5.8　锐角标注　　　图 2.5.9　钝角标注　　　图 2.5.10　标注圆弧角度

10. 标注周长

下面以圆和矩形为例,介绍标注周长的一般方法。

方法一：标注圆的周长。

步骤01 单击 草绘 功能选项卡 尺寸 区域中的 按钮。

步骤02 此时系统弹出"选择"对话框,选择图 2.5.11a 所示的轮廓,单击"选择"对话框中的 确定 按钮;再选择图 2.5.11a 所示的尺寸,此时系统在图形中显示出周长尺寸,结果如图 2.5.11 b 所示。

 当添加周长尺寸后,系统将直径尺寸转变为一个变量尺寸,此时的变量尺寸是不能进行修改的。

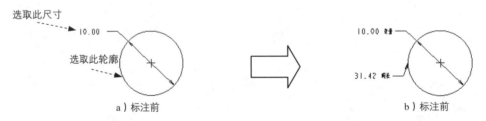

图 2.5.11　圆周长标注

方法二：标注矩形的周长。

步骤01 单击 草绘 功能选项卡 尺寸 区域中的 按钮。

步骤02 此时系统弹出"选择"对话框,按住 Ctrl 键,选择图 2.5.12a 所示的轮廓,单击"选择"对话框中的 确定 按钮;再选择图 2.5.12a 所示的尺寸,此时系统在图形中显示出周长尺寸,结果如图 2.5.12b 所示。

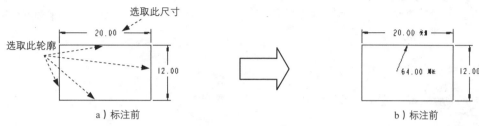

图 2.5.12 矩形周长标注

2.5.2 修改尺寸

1. 移动尺寸

步骤01 在工具栏中单击"选择"按钮 。

步骤02 单击要移动的尺寸文本；选中后，可看到尺寸变绿。

步骤03 按下左键并移动鼠标，将尺寸文本拖至所需位置。

2. 将"弱"尺寸转换为"强"尺寸

退出草绘环境之前，将截面中的"弱"尺寸加强是一个很好的习惯，那么如何将"弱"尺寸变成"强"尺寸呢？

操作方法如下。

步骤01 在绘图区选取要加强的"弱"尺寸（呈青色）。

步骤02 右击，在快捷菜单中选择 强(S) 命令（或者选择下拉菜单 编辑(E) ➡ 转换到(N) ➡ 强(S) 命令），此时可看到所选的尺寸由青色变为蓝色，说明已经完成转换。

◆ 在整个 Creo 3.0 软件中，每当修改一个"弱"尺寸值，或在一个关系中使用它时，该尺寸就自动变为"强"尺寸。
◆ 加强一个尺寸时，系统按四舍五入原则对其取整到系统设置的小数位数。

3. 控制尺寸的显示

可以用下列方法之一打开或关闭尺寸显示。

◆ 选择"文件"下拉菜单中的 文件▼ ➡ 选项 命令，系统弹出"Creo Parametric 选项"对话框；单击其中的 草绘器 选项，然后选中或取消选中 ☑显示尺寸 和 ☑显示弱尺寸 复选框，从而打开或关闭尺寸和弱尺寸的显示。

◆ 单击工具栏中的"尺寸显示"按钮 。

◆ 要禁用默认尺寸显示，需将配置文件 config.pro 中的变量 sketcher_disp_dimensions 设置为 no。

4. 修改尺寸值

有两种方法可修改标注的尺寸值。

方法一：

步骤01 单击中键，退出当前正在使用的草绘或标注命令。

步骤02 在要修改的尺寸文本上双击，打开图 2.5.13b 所示的尺寸修正框 2.22 。

步骤03 在尺寸修正框 2.22 中输入新的尺寸值（如 1.80）后，按 Enter 键完成修改，如图 2.5.13c 所示。

步骤04 重复步骤 步骤02 和 步骤03 ，修改其他尺寸值。

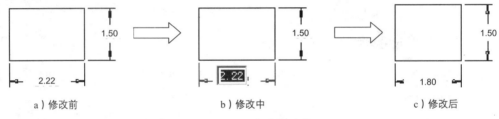

a）修改前　　　　　　　　b）修改中　　　　　　　　c）修改后

图 2.5.13　修改尺寸值

方法二：

步骤01 单击 草绘 功能选项卡 操作 ▼ 区域中的 ▶ 。

步骤02 单击要修改的尺寸文本，此时尺寸颜色变绿（按下 Ctrl 键可选取多个尺寸目标）。

步骤03 单击 草绘 功能选项卡 编辑 区域中的 ✎ 按钮，打开图 2.5.14 所示的"修改尺寸"对话框，所选取的每一个目标的尺寸值和尺寸参数（如 sd1、sd2 等 sd # 系列的尺寸参数）出现在"尺寸"列表中。

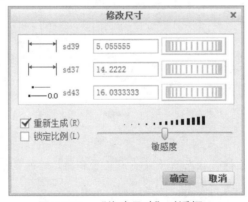

图 2.5.14　"修改尺寸"对话框

步骤04 在尺寸列表中输入新的尺寸值。

 也可以单击并拖移尺寸值旁边的旋转轮盘。要增加尺寸值，向右拖移；要减少尺寸值，则向左拖移。在拖移该轮盘时，系统会自动更新图形。

步骤05 修改完毕后，单击 ✓ 按钮，系统再生截面并关闭对话框。

5. 输入负尺寸

在修改线性尺寸时，可以输入一个负尺寸值，它会使几何改变方向。在草绘环境中，负号总是出现在尺寸旁边，但在"零件"模式中，尺寸值总以正值出现。

可以在"草绘器"设置界面中来指定尺寸值的默认小数位数。

步骤01 选择"文件"下拉菜单中的 文件▼ → 选项 命令，系统弹出"Creo Parametric 选项"对话框，单击其中的 草绘器 选项。

步骤02 在 精度和敏感度 区域中的 尺寸的小数位数: 文本框输入一个新值，单击 确定 按钮，系统接受该变化并关闭对话框。

 增加尺寸时，系统将数值四舍五入到指定的小数位数。

6. 替换尺寸

可以用新的尺寸替换草绘环境中现有的尺寸，以便使新尺寸保持原始的尺寸参数（sd#）。当要保留与原始尺寸相关的其他数据时（例如：在"草图"模式中添加了几何公差符号或额外文本），替换尺寸非常有用。

其操作方法如下。

步骤01 选中要替换的尺寸，右击，在弹出的快捷菜单中选择 替换(E) 命令，选取的尺寸即被删除。

步骤02 创建一个新的相应尺寸。

2.5.3 修改整个截面

在草绘环境中，单击 编辑(E) 区域的 旋转调整大小 按钮，可缩放或旋转整个截面，其操作步骤如下：

步骤01 选择 操作▼ 区域 选择 下拉列表中的 全部(A) 命令，系统将选取整个草绘截面。

步骤02 单击 编辑(E) 区域的 旋转调整大小 按钮，系统弹出"旋转调整大小"操控板，同时"缩放"、"旋转"和"平移"手柄出现在截面图上。

步骤03 在"移动和调整大小"操控板内，输入一个缩放值和一个旋转值，或者分别操纵手柄 ↘、↻、⊗ 进行缩放、旋转、移动操作。

步骤04 单击"旋转调整大小"操控板中的 ✓ 按钮。

2.5.4 锁定尺寸

在草绘截面中，选择一个尺寸（例如：在图 2.5.15 所示的草绘截面中，单击尺寸 3.4），再单击 草绘 功能选项卡 操作▼ 区域中的 选择▼ 按钮，在弹出的菜单中选择 切换锁定 选项，可以将尺寸锁定。注意：被锁定的尺寸将以橘黄色显示。当编辑、修改草绘截面时（包括增加、修改截面尺寸），非锁定的尺寸有可能被系统自动删除或修改其大小，而锁定后的尺寸则不会被系统自动删除或修改（但用户可以手动修改锁定的尺寸）。这种功能在创建和修改复杂的草绘截面时非常有用，作为一个操作技巧会经常被用到。

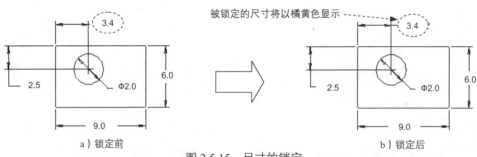

a）锁定前　　　　　　　　　　　　　　　b）锁定后

图 2.5.15　尺寸的锁定

- 当选取被锁定的尺寸并再次单击 草绘 功能选项卡 操作▼ 区域中的 选择▼ 按钮时，在弹出的菜单中选择 切换锁定 选项，此时该尺寸的颜色恢复到以前未锁定的状态。

- 选择锁定的尺寸后，右击，在弹出的快捷菜单中选择 解锁 选项，能解锁尺寸。

- 通过设置草绘器选项，可以控制尺寸的锁定。操作方法是：选择"文件"下拉菜单中的 文件▼ ➡ 选项 命令，系统弹出"Creo Parametric 选项"对话框，单击其中的 草绘器 选项，在 拖动截面时的尺寸行为 区域中选中 ☐ 锁定已修改的尺寸(L) 或 ☐ 锁定用户定义的尺寸(U) 复选框。

2.6 草图检查工具

Creo 3.0 提供了诊断草图的功能，包括诊断图元的封闭区域、开放区域、重叠区域以及诊断图元是否满足相应的特征要求。

2.6.1 封闭图形检查

"着色的封闭环"命令用预定义的颜色将图元中封闭的区域进行填充，非封闭的区域图元无变化。

下面举例说明"着色的封闭环"命令的使用方法。

步骤01 将工作目录设置至 D:\creoxc3\work\ch02.06.01，打开文件 sketch-diagnose-01.sec。

步骤02 选择命令。单击 草绘 功能选项卡 检查 ▼ 区域中的 按钮，系统自动在图 2.6.1 所示的圆内侧填充颜色。

图 2.6.1 着色的封闭环

◆ 当绘制的图形不封闭时，草图将无任何变化；若草图中有多个封闭环时，系统将在所有封闭的图形中填充颜色；如果用封闭环创建新图元，则新图元将自动着色显示；如果草图中存在几个彼此包含的封闭环，则最外侧的封闭环被着色，而内部的封闭环将不着色。

◆ 对于具有多个草绘器组的草绘，识别封闭环的标准可独立适用于各个组。所有草绘器组的封闭环的着色颜色都相同。

◆ 如果想设置系统默认的填充颜色，选择"文件"下拉菜单中的 文件 ➡ 选项 命令，在弹出的"Creo Parametric 选项"对话框中选择 系统颜色 选项，即可进入系统分颜色设置选截面；单击 ▶草绘器 折叠按钮，在 着色封闭环 选项的 按钮上单击，就可以在弹出的列表中选取各种系统设置的颜色。

步骤03 单击工具栏中的"着色的封闭环" 按钮，使其处于弹起状态，退出对封闭环的着色。

2.6.2 开放端点加亮检查

"加亮开放端点"命令用于检查图元中所有开放的端点,并将其加亮。

下面举例说明"加亮开放端点"命令的使用方法。

步骤01 将工作目录设置至 D:\creoxc3\work\ch02.06.02,打开文件 sketch-diagnose-02.sec。

步骤02 选择命令。单击 草绘 功能选项卡 检查 ▼ 区域中的 按钮,系统自动加亮图 2.6.2 所示的各个开放端点。

- 构造几何的开放端不会被加亮。
- 在"加亮开放端点"诊断模式中,所有现有的开放端均加亮显示。
- 如果用开放端创建新图元,则新图元的开放端自动着色显示。

步骤03 单击 草绘 功能选项卡 检查 ▼ 区域中的 按钮,使其处于弹起状态,退出对开放端点的加亮。

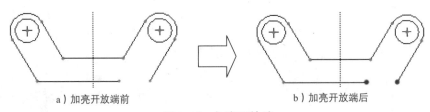

a)加亮开放端前　　　　　　b)加亮开放端后

图 2.6.2　加亮开放端

2.6.3 几何重叠检查

"重叠几何"命令用于检查图元中所有相互重叠的几何(端点重合除外),并将其加亮。

下面举例说明"重叠几何"命令的使用方法。

步骤01 将工作目录设置至 D:\creoxc3\work\ch02.06.03,打开文件 sketch-diagnose-03.sec。

步骤02 选择命令。单击 草绘 功能选项卡 检查 ▼ 区域中的 按钮,系统自动加亮图 2.6.3 所示的重叠的图元。

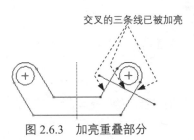

图 2.6.3　加亮重叠部分

- 加亮重叠几何 按钮不保持活动状态。
- 若系统默认的颜色不符合要求，可以选择"文件"下拉菜单中的 文件 → 选项 命令，在弹出的"Creo Parametric 选项"对话框中选择 系统颜色 选项；单击 ▼图形 按钮，在 ▼ 边突出显示 选项的 ▼ 按钮上单击，就可以在弹出的列表中选取各种系统设置的颜色。

2.6.4 特征要求检查

"特征要求"命令用于检查图元是否满足当前特征的设计要求。需要注意的是，该命令只能在零件模块的草绘环境中才可用。

下面举例说明"特征要求"命令的使用方法。

步骤 01 在零件模块的拉伸草绘环境中绘制图 2.6.4 所示的图形组。

步骤 02 选择命令。单击 草绘 功能选项卡 检查▼ 区域中的 按钮，系统弹出图 2.6.5 所示的"特征要求"对话框。

图 2.6.4 绘制的图形组

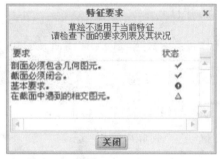

图 2.6.5 "特征要求"对话框

图 2.6.5 所示的"特征要求"对话框的"状态"列中各符号的说明如下。

- ✓——表示满足零件设计要求。
- ❶——表示不满足零件设计要求。
- △——表示满足零件设计要求，但是对草绘进行简单的改动就有可能不满足零件设计要求。

步骤 03 单击 关闭 按钮，对"特征要求"对话框中状态列表中带 ❶ 和 △ 的选项进行修改。由于在零件模块中才涉及修改，这里不再详细叙述。

第 3 章　二维草图设计综合实例

3.1　二维草图设计综合实例一

范例概述：

　　本范例主要介绍对已有草图的编辑过程，重点讲解用"修剪"、"延伸"的方法进行草图的编辑。图形如图 3.1.1 所示，其编辑过程如下。

图 3.1.1　范例 1

任务 01 打开草绘文件

将工作目录设置至 D:\creoxc3\work\ch03.01，打开文件 spsk2.sec。

任务 02 编辑草图

步骤 01 编辑草图前的准备工作：

（1）确认 按钮中的 显示尺寸 复选框处于取消选中状态（即尺寸显示关闭）。

（2）确认 按钮中的 显示约束 复选框处于取消选中状态（即约束显示关闭）。

步骤 02 修剪图元。

（1）单击 草绘 功能选项卡 编辑 区域中的 按钮。

（2）按住鼠标左键并拖动，可绘制图 3.1.2a 所示的路径，与此路径相交的部分被剪掉。

a）修剪图元前　　　　　　　　　　　　b）修剪图元后

图 3.1.2　修剪图元

步骤 03 制作拐角。

（1）单击 草绘 功能选项卡 编辑 区域中的 按钮。

（2）分别选取图 3.1.3a 中的线段 A 和线段 B，系统便对线段进行延伸以使两线段相交，并将线段修剪至交点。

图 3.1.3　延伸图元

3.2　二维草图设计综合实例二

范例概述：

本范例主要介绍草图的绘制、编辑和标注的过程，读者要重点掌握约束与尺寸的处理技巧，图形如图 3.2.1 所示。

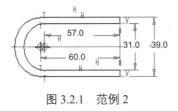

图 3.2.1　范例 2

本范例的详细操作过程请参见随书光盘中 video\ch03.02\文件下的语音视频讲解文件。模型文件为 D:\ creoxc3\work\ch03.02\spsk02.sec。

3.3　二维草图设计综合实例三

范例概述：

本范例主要介绍图 3.3.1 所示的截面草图的绘制过程，其中对截面草图各种约束的添加和相切圆弧的绘制是学习的重点和难点。本例绘制过程中应注意让草图尽可能较少变形，希望广大读者对本例认真领会和思考。

本范例的详细操作过程请参见随书光盘中 video\ch03.03\文件下的语音视频讲解文件。模型文件为 D:\ creoxc3\work\ch03.03\spsk03.sec。

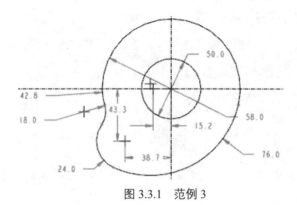

图 3.3.1 范例 3

第 4 章 零件设计

4.1 零件设计基础入门

一般来说，基本的三维模型是具有长、宽（或直径、半径等）和高的三维几何体。图4.1.1中列举了几种典型的基本模型，它们是由三维空间的几个面拼成的实体模型，这些面形成的基础是线，线构成的基础是点。要注意三维几何图形中的点是三维概念的点，也就是说，点需要由三维坐标系（如笛卡尔坐标系）中的X、Y、Z三个坐标值来定义。用CAD软件创建基本三维模型的一般过程如下。

（1）选取或定义一个用于定位的三维坐标系或三个垂直的空间平面，如图4.1.2所示。

（2）选定一个面（一般称为"草绘平面"），作为二维平面几何图形的绘制平面。

（3）在草绘面上创建形成三维模型所需的截面和轨迹线等二维平面几何图形。

（4）形成三维立体模型。

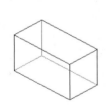  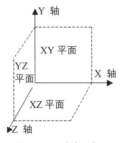

图 4.1.1　基本三维模型　　　　　　图 4.1.2　坐标系

> 三维坐标系其实是由三个相互垂直的平面——XY平面、XZ平面和YZ平面构成的（图4.1.2），这三个平面的交点就是坐标原点，XY平面与XZ平面的交线就是X轴所在的直线，XY平面与YZ平面的交线就是Y轴所在的直线，YZ平面与XZ平面的交线就是Z轴所在的直线。这三条直线按笛卡尔右手定则确定方向，就产生了X、Y和Z轴。

4.2 模型树

4.2.1 概述

图 4.2.1 所示为 Creo 3.0 的模型树，在新建或打开一个文件后，它一般会出现在屏幕的左侧，如果看不见这个模型树，可在导航选项卡中单击"模型树"标签 ；如果此时显示的是"层树"，可选择导航选项卡中的 ➡ 模型树(M) 命令。

模型树以树的形式显示当前活动模型中的所有特征或零件，在树的顶部显示根（主）对象，并将从属对象（零件或特征）置于其下。在零件模型中，模型树列表的顶部是零件名称，零件名称下方是每个特征的名称；在装配体模型中，模型树列表的顶部是总装配，总装配下是各子装配和零件，每个子装配下方则是该子装配中的每个零件的名称，每个零件名称的下方是零件的各个特征的名称。模型树只列出当前活动的零件或装配模型的特征级与零件级对象，不列出组成特征的截面几何要素（如边、曲面和曲线等）。例如，如果一个基准点特征包含多个基准点图元，模型树中只列出基准点特征标识。

如果打开了多个 Creo 3.0 窗口，则模型树内容只反映当前活动文件（即活动窗口中的模型文件）。

图 4.2.1 模型树

 选择模型树下拉菜单 中的 保存设置文件(S)... 命令，可将模型树的设置保存在一个.cfg 文件中，并可重复使用，以提高工作效率。

4.2.2 模型树用户界面

模型树的操作界面及各下拉菜单命令功能如图 4.2.2 所示。

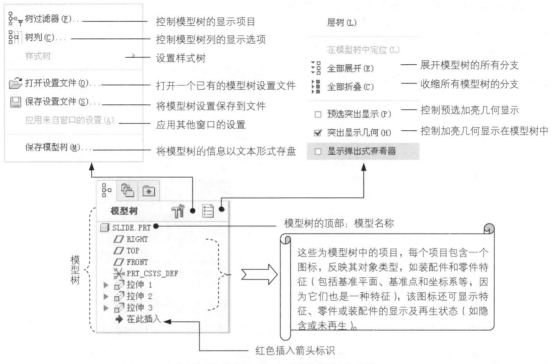

图 4.2.2　模型树操作界面及各下拉菜单命令功能

4.2.3　模型树的基本操作

1. 控制模型树中项目的显示

在模型树操作界面中，选择 ![] ➡ 树过滤器(F)...命令，系统弹出图 4.2.3 所示的"模型树项目"对话框，通过该对话框可控制模型中各类项目是否在模型树中显示。

2. 模型树的作用

（1）在模型树中选取对象。可以从模型树中选取要编辑的特征或零件对象。当要选取的特征或零件在图形区的模型中不可见时，此方法尤为有用。当要选取的特征和零件在模型中禁用选取时，仍可在模型树中进行选取操作。

 Creo 3.0 的模型树中不列出特征的草绘几何（图元），所以不能在模型树中选取特征的草绘几何。

（2）在模型树中使用快捷命令。右击模型树中的特征名或零件名，可打开一个快捷菜单，从中可选择相对于选定对象的特定操作命令。

图 4.2.3 "模型树项目"对话框

（3）在模型树中插入定位符。"模型树"中有一个带红色箭头的标识，该标识指明在创建特征时特征的插入位置。默认情况下，它的位置总是在模型树列出的所有项目的最后。可以在模型树中将其上下拖动，将特征插入到模型中的其他特征之间。将插入符移动到新位置时，插入符后面的项目将被隐含，这些项目将不在图形区的模型上显示。

4.3 拉伸特征

4.3.1 概述

拉伸特征是将截面草图沿着草绘平面的垂直方向拉伸而形成的，它是最基本且经常使用的零件建模工具选项。选取特征命令的方法如下。

单击 模型 选项卡下 形状▼ 区域的 拉伸(E) 按钮。

4.3.2 创建拉伸特征

准备工作：将目录 D:\creoxc3\work\ch04.03.02 设置为工作目录。在后面的章节中，每次新建或打开一个模型文件（包括零件、装配件等）之前，都应先将工作目录设置正确。

新建一个零件模型文件的操作步骤如下：

步骤01 在工具栏中单击"新建"按钮 （或选择下拉菜单 文件(F) ➡ 新建(N)... 命令），此时系统弹出图 4.3.1 所示的文件"新建"对话框。

步骤02 选择文件类型和子类型。在对话框中选中 类型 选项组中的 ● 零件 单选项，

选中 子类型 选项组中的 ●实体 单选项。

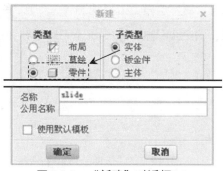

图 4.3.1 "新建"对话框

步骤03 输入文件名。在 名称 文本框中输入文件名 link_base。

步骤04 取消选中 □使用默认模板 复选框，然后单击对话框中的 确定 按钮，系统弹出图 4.3.2 所示的"新文件选项"对话框，在"模板"选项组中选取 PTC 公司提供的米制实体零件模型模板 mmns_part_solid （如果用户所在公司创建了专用模板，可用 浏览... 按钮找到该模板），然后单击 确定 按钮，系统立即进入零件的创建环境。

图 4.3.2 "新文件选项"对话框

1. 选取特征命令

单击 模型 选项卡下 形状▼ 区域的 拉伸(E)... 按钮。

2. 定义拉伸类型

在选择 拉伸 命令后，屏幕上方出现图 4.3.3 所示的"拉伸"特征操控板。在操控板中按下"实体特征类型"按钮（默认情况下，此按钮为按下状态）。

图 4.3.3　"拉伸"特征操控板

说明：利用拉伸工具，可以创建如下几种类型的特征。

- ◆ 实体类型：按下操控板中的"实体特征类型"按钮，可以创建实体类型的特征。在由截面草图生成实体时，实体特征的截面草图完全由材料填充，如图 4.3.4 所示。
- ◆ 曲面类型：按下操控板中的"曲面特征类型"按钮，可以创建一个拉伸曲面。在 Creo 3.0 中，曲面是一种没有厚度和重量的面，但通过相关命令操作可变成带厚度的实体。
- ◆ 薄壁类型：按下"薄壁特征类型"按钮，可以创建薄壁类型特征。在由截面草图生成实体时，薄壁特征的截面草图则由材料填充成均厚的环，环的内侧或外侧或中心轮廓线是截面草图，如图 4.3.5 所示。

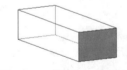　　　　　　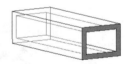

图 4.3.4　"实体"特征　　　　　　图 4.3.5　"薄壁"特征

- ◆ 切削类型：操控板中的"切削特征类型"按钮被按下时，可以创建切削特征。

一般来说，创建的特征可分为"正空间"特征和"负空间"特征。"正空间"特征是指在现有零件模型上添加材料，"负空间"特征是指在现有零件模型上去除材料，即切削。

如果"切削特征"按钮被按下，同时"实体特征"按钮也被按下，则用于创建"负空间"实体，即从零件模型中去除材料。当创建零件模型的第一个（基础）特征时，零件模型中没有任何材料，所以零件模型的第一个（基础）特征不可能是切削类型的特征，因而切削按钮是灰色的，不能选取。

如果"切削特征"按钮被按下，同时"曲面特征"按钮也被按下，则用于曲面的裁剪，即在现有曲面上裁剪掉正在创建的曲面特征。

如果"切削特征"按钮 被按下，同时"薄壁特征"按钮 及"实体特征"按钮 也被按下，则用于创建薄壁切削实体特征。

3. 定义截面草图

定义特征截面草图的方法有两种：第一是选择已有草图作为特征的截面草图，第二是创建新的草图作为特征的截面草图。本例中，介绍定义截面草图的第二种方法，操作过程如下。

步骤01 选取命令。单击图4.3.6所示的"拉伸"特征操控板中的 放置 按钮，再在弹出的界面中单击 定义 按钮，系统弹出图4.3.7所示的"草绘"对话框。

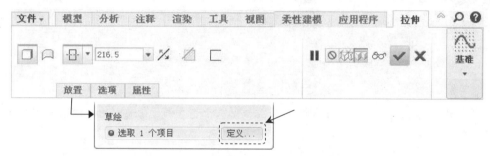

图4.3.6 "拉伸"特征操控板

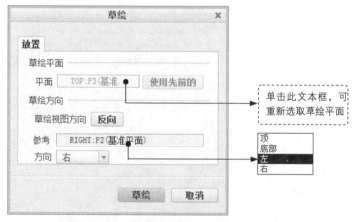

图4.3.7 "草绘"对话框

步骤02 定义截面草图的放置属性。

（1）定义草绘平面。

对草绘平面的概念和有关选项介绍如下。

◆ 草绘平面是特征截面或轨迹的绘制平面，可以是基准平面，也可以是实体的某个表面。

◆ 单击 使用先前的 按钮,意味着把先前一个特征的草绘平面及其方向作为本特征的草绘平面和方向。

选取 TOP 基准平面作为草绘平面,操作方法如下。

将鼠标指针移至图形区 TOP 基准平面的边线或 TOP 字符附近,在基准平面的边线外出现天蓝色加亮边线时单击,即可将 TOP 基准平面定义为草绘平面【此时"草绘"对话框中"草绘平面"区域的文本框中显示出"TOP:F2(基准平面)"】。

(2)定义草绘视图方向。采用模型中默认的草绘视图方向。

完成步骤 2 后,图形区中 TOP 基准平面的边线旁边会出现一个黄色的箭头(图 4.3.8),该箭头方向表示查看草绘平面的方向。如果要改变该箭头的方向,有以下三种方法。

方法一:在"草绘"对话框中单击 反向 按钮。

方法二:将鼠标指针移至该箭头上,单击。

方法三:将鼠标指针移至该箭头上,右击,在弹出的快捷菜单中选择 反向 命令。

(3)对草绘平面进行定向。

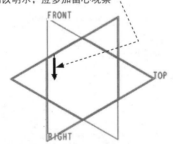

Creo 3.0 软件中有许多确定方向的地方,系统在图形区都会有相应的箭头加以明示,应多加留心观察

图 4.3.8 查看方向箭头

选取草绘平面后,还必须对草绘平面进行定向。定向完成后,系统即按所指定的定向方位来摆放草绘平面,并进入草绘环境。要完成草绘平面的定向,必须进行下面的操作。

指定草绘平面的参考平面,即指定一个与草绘平面相垂直的平面作为参考。"草绘平面的参考平面"有时简称为"参考平面"或"参考"。

指定参考平面的方向,即指定参考平面的放置方位,参考平面可以朝向显示器屏幕的 顶 部、底部、右 侧或 左 侧,如图 4.3.7 所示。

此例中,我们按如下方法定向草绘平面。

① 指定草绘平面的参考平面。完成草绘平面选取后,"草绘"对话框的 参照 文本框自动加亮,选取图形区中的 RIGHT 基准平面作为参考平面。

② 指定参考平面的方向。单击对话框中 方向 文本框后的 按钮,在弹出的图 4.3.9 所示的列表中选择 右 选项。完成这两步操作后,"草绘"对话框的显示如图 4.3.9 所示。

(4)单击对话框中的 草绘 按钮,系统进入草绘环境。

- 参考平面必须是平面,并且要求与草绘平面垂直。
- 如果参考平面是基准平面,则参考平面的方向取决于基准平面橘黄色侧面的朝向。
- 这里要注意图形区中的 TOP(顶)、RIGHT(右)和图 4.3.7 中的 顶 、 右 的区别。模型中的 TOP(顶)、RIGHT(右)是指基准平面的名称,该名称可以随意修改;图 4.3.7 中的 顶 、 右 是草绘平面的参考平面的放置方位。
- 为参考平面选取不同的方向,则草绘平面在草绘环境中的摆放就不一样。
- 完成步骤 2 操作后,当系统获得足够的信息时,系统将会自动指定草绘平面的参考平面及其方向(图 4.3.7),系统自动指定 TOP 基准平面作为参考,自动指定参考平面的放置方位为"左"。

单击 草绘 按钮后,系统进行草绘平面的定向,使其与屏幕平行,如图 4.3.10 所示。从图中可看到,FRONT 基准平面现在水平放置,并且 FRONT 基准平面的橘黄色一侧在底部。

图 4.3.9 "草绘"对话框

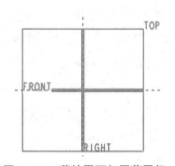

图 4.3.10 草绘平面与屏幕平行

步骤 03 创建特征的截面草图。

基础拉伸特征的截面草图如图 4.3.11 所示。下面以此为例介绍特征截面草图的一般创建步骤。

（1）定义草绘参考。本例采用系统默认的草绘参考。

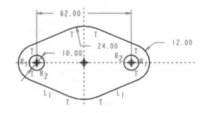

图 4.3.11　基础拉伸特征的截面草图

在用户的草绘过程中，Creo 3.0 会自动对图形进行尺寸标注和几何约束，但系统在自动标注和约束时，必须参考一些点、线、面，这些点、线、面就是草绘参考。进入 Creo 3.0 草绘环境后，系统将自动为草图的绘制及标注选取足够的草绘参考，如本例中，系统默认选取了 TOP 和 FRONT 基准平面作为草绘参考。

（2）设置草图环境，调整草绘区。

操作提示与注意事项。

◆ 除可以移动和缩放草绘区外，如果用户想在三维空间绘制草图或希望看到模型截面草图在三维空间的方位，可以旋转草绘区，方法是按住鼠标的中键，同时移动鼠标，可看到图形跟着鼠标旋转。旋转后，单击按钮 可恢复绘制草图平面与屏幕平行（有些鼠标的中键在鼠标的左侧，不在中间）。

◆ 如果用户不希望屏幕图形区中显示的东西太多，可以将网格、基准平面、坐标系等的显示关闭，这样图面显得更简洁。

（3）绘制截面草图并进行标注。

① 绘制截面几何图形的大体轮廓。使用 Creo 3.0 软件绘制截面草图，开始时没有必要很精确地绘制截面的几何形状、位置和尺寸，只需勾勒图 4.3.12 所示截面的大概形状即可。

操作提示与注意事项。

◆ 为了使草绘时的图形显示更简洁、清晰，并在勾勒截面形状的过程中添加必要的约束，建议在打开约束符号显示的同时关闭尺寸显示。方法如下。

● 单击"尺寸显示的开/关"按钮 ，使其处于弹起状态（即关闭尺寸显示）。

● 单击"约束显示的开/关"按钮 ，使其处于按下状态（即打开约束显示）。

② 添加必要的约束（图 4.3.12）。

③ 按下"尺寸显示的开/关"按钮 ，并将草图的尺寸移动至适当的位置。

④ 将符合设计意图的"弱"尺寸转换为"强"尺寸。

⑤ 改变标注方式，满足设计意图。

⑥ 将尺寸修改为设计要求的尺寸（图 4.3.12）。

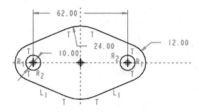

图 4.3.12　绘制的截面轮廓及标注

其操作提示与注意说明事项如下。

◆ 尺寸的修改往往安排在建立约束以后进行。

◆ 修改尺寸前要注意，如果要修改的尺寸的大小与设计目的尺寸相差太大，应该先用图元操纵功能将其"拖到"与目的尺寸相近，然后再双击尺寸，输入目的尺寸。

◆ 注意修改尺寸时的先后顺序，为防止图形变得很凌乱，应先修改对截面外观影响不大的尺寸。

⑦ 编辑、修剪多余的边线。

⑧ 将截面草图中的所有"弱"尺寸转换为"强"尺寸。

使用 Creo 3.0 软件，在完成特征截面草图后，将截面草图中剩余的所有"弱"尺寸转换为"强"尺寸，是一个好的习惯。

⑨ 分析当前截面草图是否满足拉伸特征的设计要求。单击 草绘(S) 选项卡下 检查▼ 区域的 按钮，系统弹出图 4.3.13 所示的"特征要求"对话框，从对话框中可以看出当前的草绘截面拉伸特征的设计要求。单击 关闭 按钮，以关闭"特征要求"对话框。

（4）单击"完成"按钮 ，完成拉伸特征截面草绘，退出草绘环境。

◆ 如果系统弹出图 4.3.14 所示的"未完成截面"错误提示，则表明截面不闭合或截面中有多余、重合的线段，此时可单击 否(N) 按钮，然后修改截面中的错误，完成修改后再单击按钮 。

◆ 绘制实体拉伸特征的截面时，应该注意如下要求。

- 截面必须闭合，截面的任何部位不能有缺口，如图 4.3.15a 所示。
- 截面的任何部位不能探出多余的线头，如图 4.3.15b 所示。
- 截面可以包含一个或多个封闭环，生成特征后，外环以实体填充，内环则为孔。环与环之间不能相交或相切，如图 4.3.15c 和图 4.3.15d 所示；环与环之间也不能有直线（或圆弧等）相连，如图 4.3.15e 所示。
◆ 曲面拉伸特征的截面可以是开放的，但截面不能有多于一个的开放环。

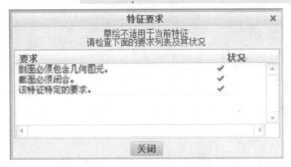

图 4.3.13 "特征要求"对话框

图 4.3.14 "未完成截面"错误提示

  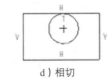

a) 有缺口　　　b) 有线头　　　c) 相交　　　d) 相切　　　e) 相连

图 4.3.15 实体拉伸特征的几种错误截面

4. 定义拉伸深度属性

步骤01 定义深度方向。采用模型中默认的深度方向。

 按住鼠标的中键并移动鼠标，可将草图从图 4.3.16 所示的状态旋转到图 4.3.17 所示的状态，此时在模型中可看到一个黄色的箭头，该箭头表示特征拉伸的方向；如果选取的深度类型为 （对称深度），该箭头的方向没有太大的意义；当为单侧拉伸时，应注意箭头的方向是否为将要拉伸的深度方向。要改变箭头的方向，有如下几种方法。

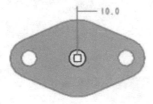 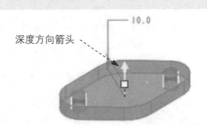

图 4.3.16 草绘平面与屏幕平行　　　图 4.3.17 草绘平面与屏幕不平行

方法一：在操控板中，单击深度文本框 216.5 后面的按钮。

方法二：将鼠标指针移至深度方向箭头上，单击。

方法三：将鼠标指针移至深度方向箭头附近，右击，选择 反向 命令。

方法四：将鼠标指针移至模型中的深度尺寸 216.5 上，右击，系统弹出图 4.3.18 所示的快捷菜单，选择 反向深度方向 命令。

图 4.3.18　深度快捷菜单

步骤 02 选取深度类型并输入其深度值。在图 4.3.19 所示的操控板中，选取深度类型（即"定值"）。

> 如图 4.3.19 所示，单击操控板中 按钮后的 按钮，可以选取特征的拉伸深度类型，各选项说明如下。

- 单击按钮（定值，以前的版本称为"盲孔"），可以创建"定值"深度类型的特征，此时特征将从草绘平面开始，按照所输入的数值（即拉伸深度值）向特征创建的方向一侧进行拉伸。

- 单击按钮（对称），可以创建"对称"深度类型的特征，此时特征将在草绘平面两侧进行拉伸，输入的深度值被草绘平面平均分割，草绘平面两边的深度值相等。

- 单击按钮（到选定的），可以创建"到选定的"深度类型的特征，此时特征将从草绘平面开始拉伸至选定的点、曲线、平面或曲面。

图 4.3.19　操控板

对其他几种深度选项的相关说明如下。

- 当在基础特征上添加其他特征时，还会出现下列深度选项。
  - （到下一个）：深度在零件的下一个曲面处终止。

- ● ▮▮（穿透）：特征在拉伸方向上延伸，直至与所有曲面相交。
- ● ▮▮（穿至）：特征在拉伸方向上延伸，直到与指定的曲面（或平面）相交。

◆ 使用"穿过"类选项时，要考虑下列规则。
- ● 如果特征要拉伸至某个终止曲面，则特征的截面草图的大小不能超出终止曲面（或面组）的范围。
- ● 如果特征应终止于其到达的第一个曲面，需使用 ▮▮（到下一个）选项，使用 ▮▮ 选项创建的伸出项不能终止于基准平面。
- ● 使用 ▮▮（到选定的）选项时，可以选择一个基准平面作为终止面。
- ● 如果特征应终止于其到达的最后曲面，需使用 ▮▮（穿透）选项。
- ● 穿过特征没有与伸出项深度有关的参数，修改终止曲面可改变特征深度。

◆ 对于实体特征，可以选择以下类型的曲面为终止面。
- ● 零件的某个表面，它不必是平面。
- ● 基准面，它不必平行于草绘平面。
- ● 一个或多个曲面组成的面组。
- ● 在以"装配"模式创建特征时，可以选择另一个元件的几何作为 ▮▮ 选项的参考。
- ● 用面组作为终止曲面，可以创建与多个曲面相交的特征，这对创建包含多个终止曲面的阵列非常有用。

◆ 图 4.3.20 显示了拉伸的有效深度选项。

图 4.3.20　拉伸深度选项示意图

步骤 03 定义深度值。在操控板的深度文本框 216.5 中输入深度值 10.0，并按 Enter 键。

5. 完成特征的创建

步骤 01 特征的所有要素被定义完毕后，单击操控板中的"预览"按钮 ▮▮，预览所创建的特征，以检查各要素的定义是否正确。预览时，可按住鼠标中键进行旋转查看，如果所创建的特征不符合设计意图,可选择操控板中的相关项,重新定义。

步骤 02 预览完成后,单击操控板中的"完成"按钮 ✓ ,完成特征的创建。

6. 添加拉伸特征 2

在创建零件的基本特征后,可以增加其他特征。现在要添加图 4.3.21 所示的实体拉伸特征,操作步骤如下。

步骤 01 单击"拉伸"命令按钮 。

步骤 02 定义拉伸类型。在操控板中按下"实体类型"按钮 。

步骤 03 定义截面草图。

(1)在绘图区中右击,从弹出的快捷菜单中选择 定义内部草绘... 命令,系统弹出"草绘"对话框。

(2)定义截面草图的放置属性。

① 设置草绘平面。选取图 4.3.22 所示的模型表面为草绘平面。

② 设置草绘视图方向。采用模型中默认的黄色箭头的方向为草绘视图方向。

图 4.3.21　添加拉伸特征 2

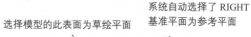

图 4.3.22　设置草绘平面

③ 对草绘平面进行定向。指定草绘平面的参考平面,选取草绘平面后,系统自动选择了 RIGHT 基准平面为参考平面,如图 4.3.23 所示。

图 4.3.23　"草绘"对话框

④ 单击"草绘"对话框中的 草绘 按钮。至此,系统进入截面草绘环境。

(3)创建图 4.3.24 所示的特征截面。

(4)完成截面绘制后,单击 "完成" 按钮 ✓。

步骤 04 定义拉伸深度属性。

(1)定义拉伸方向。采用系统默认的拉伸方向。

(2)选取深度类型。在操控板中选取深度类型 ⊥ (即 "定值拉伸")。

(3)定义深度值。在操控板的 "深度" 文本框中输入深度值 40.0。

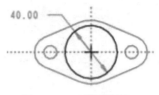

图 4.3.24　截面图形

步骤 05 完成特征的创建。

(1)特征的所有要素被定义完毕后,单击操控板中的 "预览" 按钮 ⚬⚬,预览所创建的特征,以检查各要素的定义是否正确。如果所创建的特征不符合设计意图,可选择操控板中的相关项,重新定义。

(2)在操控板中单击 "完成" 按钮 ✓,完成特征的创建。

在上述截面草图的绘制中引用了基础特征的模型表面作为草绘平面,这就形成了它们之间的父子关系,则该拉伸特征是基础特征的子特征。在创建和添加特征的过程中,特征的父子关系很重要,父特征的删除或隐含等操作会直接影响到子特征。

7. 添加图 4.3.25 所示的拉伸特征 3

步骤 01 选取特征命令。单击 拉伸 按钮,屏幕上方出现拉伸操控板。

步骤 02 定义拉伸类型。在操控板中按下 "实体类型" 按钮 □。

步骤 03 定义截面草图。

(1)在绘图区中右击,从弹出的快捷菜单中选择 定义内部草绘... 命令,系统弹出 "草绘" 对话框。

(2)定义截面草图的放置属性。选取 FRONT 基准平面为草绘平面,采用系统默认的草绘视图方向和参考平面;单击 草绘 按钮,进入截面草绘环境。

（3）创建图 4.3.26 所示的特征截面。

图 4.3.25 添加拉伸特征 3

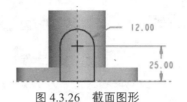
图 4.3.26 截面图形

（4）完成截面绘制后，单击"完成"按钮 ✓。

步骤 04 定义拉伸深度属性。

（1）定义拉伸方向。采用系统默认的拉伸方向。

（2）选取深度类型。在操控板中选取深度类型 ⊥（即"定值拉伸"）。

（3）定义深度值。在操控板的"深度"文本框中输入深度值 25.0。

步骤 05 在操控板中单击"完成"按钮 ✓，完成特征的创建。

8. 添加图 4.3.27 所示的切削拉伸特征 4

步骤 01 选取特征命令。单击 拉伸 按钮，屏幕上方出现拉伸操控板。

步骤 02 定义拉伸类型。确认"实体"按钮 □ 被按下，并按下操控板中的"移除材料"按钮 ⌀。

步骤 03 定义截面草图。

（1）选取命令。在操控板中单击 放置 按钮，然后在弹出的界面中单击 定义... 按钮，系统弹出"草绘"对话框。

（2）定义截面草图的放置属性。选取图 4.3.28 所示的零件表面为草绘平面。采用系统默认的草绘视图方向和参考平面；单击 草绘 按钮，进入草绘环境。

（3）创建图 4.3.29 所示的截面草绘图形。

（4）完成截面绘制后，单击"完成"按钮 ✓。

图 4.3.27 添加切削拉伸特征 4

图 4.3.28 选取草绘平面

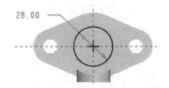
图 4.3.29 截面草绘图形

步骤 04 定义拉伸深度属性。

（1）定义深度方向。本例不进行操作，采用模型中默认的深度方向。

（2）选取深度类型。在操控板中选取深度类型 ╪╞（即"穿透"）。

步骤 05 定义去除材料的方向。采用模型中默认的去除材料方向。

　如图 4.3.30 所示，在模型中的圆内可看到一个黄色的箭头，该箭头表示去除材料的方向。为了便于理解该箭头方向的意义，请将模型放大（操作方法是滚动鼠标的中键滑轮），此时箭头位于圆内。如果箭头指向圆内，系统会将圆圈内部的材料挖除掉，圆圈外部的材料保留；如果改变箭头的方向，使箭头指向圆外，则系统会将圆圈外部的材料去掉，圆圈内部的材料保留。要改变该箭头方向，有如下几种方法。

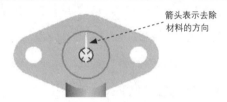

图 4.3.30　去除材料的方向

方法一：在操控板中单击"薄壁拉伸"按钮 ⊏ 后面的按钮 ⁒。

方法二：将鼠标指针移至深度方向箭头上，单击该箭头。

方法三：将鼠标指针移至深度方向箭头上，右击，选择 反向 命令。

步骤 06 在操控板中单击"确定"按钮 ✓，完成切削拉伸特征的创建。

9. 添加图 4.3.31 所示的切削拉伸特征 5

步骤 01 选取特征命令，单击 🗗 拉伸 按钮，屏幕上方出现拉伸操控板。

步骤 02 定义拉伸类型。确认"实体"按钮 ⊐ 被按下，并按下操控板中的"移除材料"按钮 ⁒。

步骤 03 定义截面草图。

（1）选取命令。在操控板中单击 放置 按钮，然后在弹出的界面中单击 定义... 按钮，系统弹出"草绘"对话框。

（2）定义截面草图的放置属性。选取图 4.3.32 所示的零件表面为草绘平面，采用系统默认的草绘视图方向和参考平面；单击 草绘 按钮，进入草绘环境。

（3）创建图 4.3.33 所示的截面草绘图形。

（4）完成截面绘制后，单击"完成"按钮 ✓。

图 4.3.31 添加切削拉伸特征 5

图 4.3.32 选取草绘平面

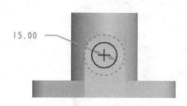
图 4.3.33 截面草绘图形

步骤 04 定义拉伸深度属性。

（1）定义深度方向。采用模型中默认的深度方向。

（2）选取深度类型。在操控板中选取深度类型 ⊥（即"到下一个"）。

步骤 05 定义去除材料的方向。采用模型中默认的去除材料方向。

步骤 06 在操控板中单击"确定"按钮 ✓，完成切削拉伸特征的创建。

4.4 面向对象的操作

4.4.1 查看对象信息与关联性

单击要编辑的特征，然后右击，在快捷菜单中选择 信息 ▸ 命令，系统将显示图 4.4.1 所示的子菜单，通过该菜单可查看所选特征的信息、零件模型的信息和所选特征与其他特征间的父子关系。

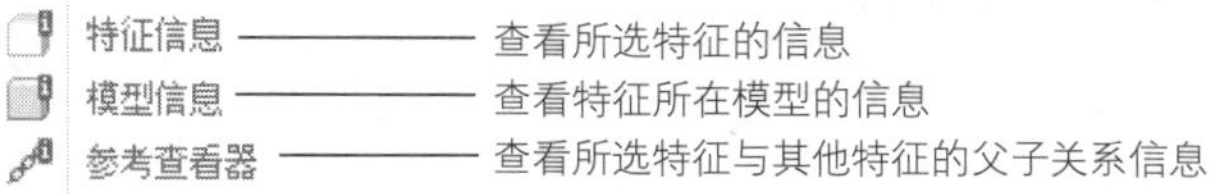

```
特征信息 ————— 查看所选特征的信息
模型信息 ————— 查看特征所在模型的信息
参考查看器 ——— 查看所选特征与其他特征的父子关系信息
```
图 4.4.1 信息子菜单

图 4.4.2 所示为反映零件模型（link_base）中基础拉伸特征与其他特征的父子关系信息的"参考查看器"对话框。

4.4.2 删除对象

在菜单中选择 删除 命令，可删除所选的特征。如果要删除的特征有子特征，例如，要删除模型中的基础拉伸特征，系统将弹出图 4.4.3 所示的"删除"对话框，同时系统在模型树上加亮该拉伸特征的所有子特征。如果单击"删除"对话框中的 确定 按钮，则系统删除该拉伸特征及其所有子特征。

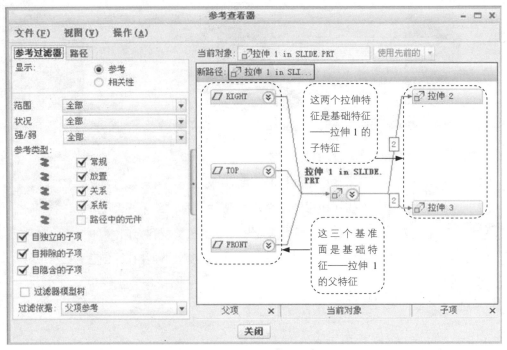

图 4.4.2 "参考查看器"对话框

图 4.4.3 "删除"对话框

4.4.3 对象的隐藏与显示控制

在零件模型（link_base）的模型树中，右击某些基准特征名（如 TOP 基准面），从弹出的图 4.4.4 所示的快捷菜单中选择 隐藏 命令，即可"隐藏"该基准特征，也就是在零件模型上看不见此特征，这种功能相当于层的隐藏功能。

如果想要取消被隐藏的特征，可在模型树中右击隐藏特征名，再在弹出的快捷菜单中选择 取消隐藏 命令，如图 4.4.5 所示。

4.4.4 模型的显示样式

在 Creo 3.0 软件中，模型有五种显示方式（图 4.4.6），单击图 4.4.7 所示的 视图 功能选项卡 模型显示 区域中的"显示样式"按钮 ，在弹出的菜单中选择相应的显示样式，可以切换模型的显示方式。

第 4 章 零件设计

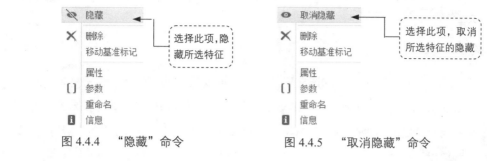

图 4.4.4 "隐藏"命令　　　　图 4.4.5 "取消隐藏"命令

a）带边着色显示方式　　a）着色显示方式　　c）消隐显示方式　　d）隐藏线显示方式　　e）线框显示方式

图 4.4.6 模型的五种显示方式

◆ 带边着色 显示方式：模型表面为灰色，部分表面有阴影感，高亮显示所有边线，如图 4.4.6a。

◆ 着色 显示方式：模型表面为灰色，部分表面有阴影感，所有边线均不可见，如图 4.4.6b 所示。

◆ 消隐 显示方式：模型以线框形式显示，可见的边线显示为深颜色的实线，不可见的边线被隐藏起来（即不显示），如图 4.4.6c 所示。

◆ 隐藏线 显示方式：模型以线框形式显示，可见的边线显示为深颜色的实线，不可见的边线显示为虚线（在软件中显示为灰色的实线），如图 4.4.6d 所示。

◆ 线框 显示方式：模型以线框形式显示，模型所有的边线显示为深颜色的实线，如图 4.4.6e 所示。

 视图 功能选项卡中部分常用的按钮可以在图 4.4.8 所示的"视图控制"工具栏中快速选用。

图 4.4.7 "显示样式"按钮　　　　图 4.4.8 "视图控制"工具栏

67

4.4.5 模型的视图定向

1. 关于模型的定向

利用模型"定向"功能可以将绘图区中的模型定向在所需的方位以便查看。

例如，在图 4.4.9 中，方位 1 是模型的默认方位（默认方向），方位 2 是在方位 1 基础上将模型旋转一定的角度而得到的方位，方位 3～5 属于正交方位（这些正交方位常用于模型工程图中的视图）。在 视图 功能选项卡 方向▼ 区域的 下拉列表中单击 重定向 按钮（或单击"视图控制"工具栏中的 按钮，然后在弹出的菜单中单击 重定向(0)... 按钮），打开"方向"对话框，通过该对话框对模型进行定向。

a) 方位 1　　b) 方位 2　　c) 方位 3　　d) 方位 4　　e) 方位 5

图 4.4.9　模型的几种方位

2. 模型定向的一般方法

常用的模型定向方法为"参考定向"（在图 4.4.10 所示的"方向"对话框中选择 按参考定向 类型）。这种定向方法的原理是，在模型上选取两个正交的参考平面，然后定义两个参考平面的放置方位。

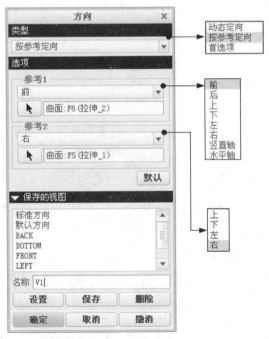

图 4.4.10　"方向"对话框

以图 4.4.11 所示的模型为例，如果能够确定模型上表面 1 和表面 2 的放置方位，则该模型的空间方位就能完全确定。参考的放置方位有如下几种（图 4.4.10）。

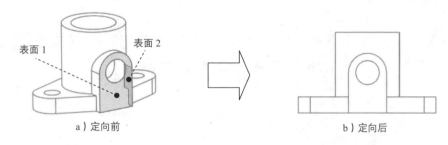

图 4.4.11 模型的定向

- 前：使所选取的参考平面与显示器的屏幕平面平行，方向朝向屏幕前方，即面对操作者。
- 后：使参考平面与屏幕平行且朝向屏幕后方，即背对操作者。
- 上：使参考平面与显示器屏幕平面垂直，方向朝向显示器的上方，即位于显示器上部。
- 下：使参考平面与显示器屏幕平面垂直，方向朝向显示器的下方，即位于显示器下部。
- 左：使参考平面与屏幕平面垂直，方向朝左。
- 右：使参考平面与屏幕平面垂直，方向朝右。
- 竖直轴：选择该选项后，需选取模型中的某个轴线，系统将使该轴线竖直（垂直于地平面）放置，从而确定模型的放置方位。
- 水平轴：选择该选项，系统将使所选取的轴线水平（平行于地平面）放置，从而确定模型的放置方位。

3. 模型视图的保存

模型视图是指模型的定向和显示大小。当将模型视图调整到某种状态后（某个方位和显示大小），可以将这种视图状态保存起来，以便以后直接调用。

在"方向"对话框中单击 已保存方向 标签，将弹出图 4.4.12 所示的"保存的视图"下拉列表框。

- 在上部的列表框中列出了所有已保存视图的名称，其中，标准方向、缺省方向、BACK、BOTTOM 等为系统自动创建的视图。
- 如果要保存当前视图，则可首先在 名称 文本框中输入视图名称，然后单击 保存按钮，新创建的视图名称立即出现在名称列表中。

◆ 如果要删除某个视图，则可在视图名称列表中选取该视图名称，然后单击 删除 按钮。

如果要显示某个视图，则可在视图名称列表中选取该视图名称，然后单击 设置 按钮。

图 4.4.12 "保存的视图"下拉列表框

4.5 旋转特征

4.5.1 概述

如图 4.5.1 所示，旋转（Revolve）特征是将截面绕着一条中心轴线旋转而形成的形状特征。注意旋转特征必须有一条绕其旋转的中心线。

要创建或重新定义一个旋转特征，可按下列操作顺序给定特征要素。

定义特征属性（包括草绘平面、参考平面和参考平面的方位）→绘制旋转中心线→绘制特征截面→确定旋转方向→输入旋转角。

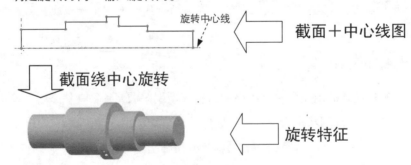

图 4.5.1 旋转特征示意图

4.5.2 创建旋转特征

下面以一短轴为例，说明在新建一个以旋转特征为基础特征的零件模型时，创建旋转特征的详细过程。

1. 新建

步骤01 将工作目录设置至 D:\creoxc3\work\ch04.05.02。

步骤02 选择下拉菜单 文件(F) → 新建(N)... 命令，新建一个零件模型，模型名为 revolve，使用零件模板 mmns_part_solid 。

2. 创建图 4.5.1 所示的实体旋转特征

步骤01 选取特征命令。单击 模型 功能选项卡 形状▼ 区域中的 旋转 按钮（或者直接单击工具栏中的"旋转"命令按钮 ）。

步骤02 定义旋转类型。完成上步操作后，系统弹出图 4.5.2 所示的操控板，该操控板反映了创建旋转特征的过程及状态，在操控板中按下"实体类型"按钮 （默认选项）。

步骤03 定义特征的截面草图。

图 4.5.2　旋转特征操控板

（1）在操控板中单击 放置 按钮，然后在弹出的界面中单击 定义... 按钮，系统弹出"草绘"对话框。

（2）定义截面草图的放置属性。选取 FRONT 基准平面为草绘平面，采用模型中默认的方向为草绘视图方向；选取 RIGHT 基准平面为参考平面，方向为 右 ；单击对话框中的 草绘 按钮。

（3）系统进入草绘环境后，绘制图 4.5.3 所示的旋转特征旋转中心线和截面草图。

 本例接受系统默认的 TOP 基准平面和 RIGHT 基准平面为草绘参考。

71

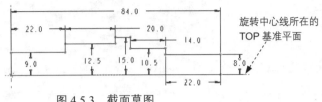

图 4.5.3 截面草图

草绘旋转特征的规则如下。

◆ 旋转截面必须有一条几何中心线，围绕几何中心线旋转的草图只能绘制在该几何中心线的一侧。

◆ 若草绘中使用的几何中心线多于一条，Creo 3.0 将自动选取草绘的第一条几何中心线作为旋转轴，除非用户另外选取。

◆ 实体特征的截面必须是封闭的，而曲面特征的截面则可以不封闭。

① 绘制绕中心线旋转的封闭几何；按图中的要求标注、修改、整理尺寸。

② 单击 草绘 选项卡 基准 区域中的 中心线 按钮，在 TOP 基准平面所在的线上绘制一条旋转中心线（图 4.5.3）；完成特征截面后，单击"草绘完成"按钮。

步骤04 定义旋转角度参数。

（1）在操控板中选取旋转角度类型 （即草绘平面以指定的角度值旋转）。

（2）再在角度文本框中输入角度值 360.00，并按 Enter 键。

步骤05 在操控板中单击"完成"按钮，完成创建图 4.5.1 所示的旋转特征。

如图 4.5.2 所示，单击操控板中的 按钮后的 按钮，可以选取特征的旋转角度类型，对各选项说明如下。

◆ 单击 按钮，特征将从草绘平面开始按照所输入的角度值进行旋转。

◆ 单击 按钮，特征将在草绘平面两侧分别从两个方向以输入角度值的一半进行旋转。

◆ 单击 按钮，特征将从草绘平面开始旋转至选定的点、曲线、平面或曲面。

4.6 倒圆角特征

使用圆角（Round）命令可创建曲面间的圆角或中间曲面位置的圆角。曲面可以是实体模型的曲面，也可以是曲面特征。在 Creo 3.0 中，可以创建两种不同类型的圆角：简单圆角和高级圆角。创建简单的圆角时，只能指定单个参考组，并且不能修改过渡类型；当创建高级圆角时，可以定义多个"圆角组"，即圆角特征的段。

创建圆角时，应注意下面几点。

◆ 在设计中尽可能晚些添加圆角特征。

◆ 可以将所有圆角放置到一个层上，然后隐含该层，以便加快工作进程。

◆ 为避免创建从属于圆角特征的子项，标注时，不要以圆角创建的边或相切边为参考。

4.6.1 一般倒圆角

下面以图 4.6.1 所示的模型为例，说明创建一般倒圆角的过程。

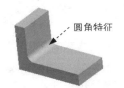

图 4.6.1 创建一般倒圆角

步骤 01 将工作目录设置至 D:\creoxc3\work\ch04.06.01，打开文件 round_1.prt。

步骤 02 单击 模型 功能选项卡 工程 ▼ 区域中的 倒圆角 按钮，系统弹出图 4.6.2 所示的操控板。

图 4.6.2 倒圆角特征操控板

步骤 03 选取圆角放置参考。在图 4.6.3 中的模型上选取要倒圆角的边线，此时模型的显示状态如图 4.6.4 所示。

步骤 04 在操控板中输入圆角半径值 22，然后单击"完成"按钮 ✓，完成一般倒圆角特征的创建。

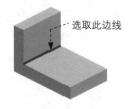

图 4.6.3 选取圆角边线

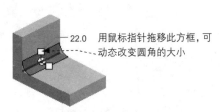

图 4.6.4 调整圆角的大小

4.6.2 完全倒圆角

如图 4.6.5 所示，通过指定一对边可创建完全倒圆角，此时这一对边所构成的曲面会被删除，圆角的大小被该曲面限制。下面说明创建完全圆角的过程。

图 4.6.5 创建完全倒圆角

步骤01 将工作目录设置至 D:\ creoxc3\work\ch04.06.02，打开文件 round_2.prt。

步骤02 单击 模型 功能选项卡 工程 区域中的 倒圆角 按钮。

步骤03 选取圆角的放置参考。在模型上选取图 4.6.5 所示的两条边线，操作方法为先选取一条边线，然后按住键盘上的 Ctrl 键，再选取另一条边线。

步骤04 在操控板中单击 集 按钮，在系统弹出的设置界面中单击 完全倒圆角 按钮。

步骤05 在操控板中单击"完成"按钮 ✓，完成特征的创建。

 如果要删除圆角的参考边线，可在设置界面参考列表中单击删除的参考边，然后右击，从系统弹出的快捷菜单中选择 移除 命令即可。

4.7 倒角特征

倒角（Chamfer）特征属于修饰特征。修饰特征不能单独生成，只能在其他特征之上生成。构建特征包括倒角特征、圆角特征、孔特征和修饰特征等。

在 Creo 中，倒角分为以下两种类型。

◆ 边倒角(E)... 边倒角是在选定边处截掉一块平直剖面的材料，以在共有该选定边的两个原始曲面之间创建斜角曲面（图 4.7.1）。

◆ 拐角倒角(C)... 拐角倒角是指在零件的拐角处去除材料（图 4.7.2）。

下面以瓶塞开启器产品中的一个零件——瓶塞（cork）为例，说明在一个模型上添加倒角特征的详细过程（图 4.7.3）。

第 4 章 零件设计

图 4.7.1 边倒角

图 4.7.2 拐角倒角

图 4.7.3 倒角特征

1. 打开一个已有的零件三维模型

将工作目录设置至 D:\creoxc3\work\ch04.07，打开文件 cork_chamfer.prt。

2. 添加倒角（边倒角）

步骤01 单击 模型 功能选项卡 工程 ▼ 区域中的 倒角 ▼ 按钮，系统弹出图 4.7.4 所示的倒角特征操控板。

图 4.7.4 倒角特征操控板

说明

倒角特征操控板上可选择的倒角方案有以下几种类型。

◆ **D x D**：创建的倒角沿两个邻接曲面距选定边的距离都为 D，随后要输入 D 的值。

◆ **D1 x D2**：创建的倒角沿第一个曲面距选定边的距离为 D1，沿第二个曲面距选定边的距离为 D2，随后要输入 D1 和 D2 的值。

◆ **角度 x D**：创建的倒角沿一个邻接曲面距选定边的距离为 D，并且与该面形成一个指定夹角。只能在两个平面之间使用该命令，随后要输入角度和 D 的值。

◆ **45 x D**：创建的倒角和两个曲面都形成 45°角，并且每个曲面边的倒角距离都为 D，随后要输入 D 的值。尺寸标注方案为 45°×D，将来可以通过修改 D 来修改倒角。只有在两个垂直面的交线上才能创建 45×D 倒角。

步骤02 选取模型中要倒角的边线，如图 4.7.5 所示。

步骤03 选择边倒角方案。本例选取 **45 x D** 方案。

步骤04 设置倒角尺寸。在操控板中的倒角尺寸文本框中输入数值 1.5，并按 Enter 键。

在一般零件的倒角设计中，通过移动图 4.7.6 中的两个小方框来动态设置倒角尺寸是一种比较好的设计操作习惯。

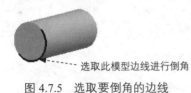

图 4.7.5 选取要倒角的边线

图 4.7.6 调整倒角大小

步骤 05 在操控板中单击 ✓ 按钮，完成倒角特征的构建。

4.8 基准特征

Creo 3.0 中的基准包括基准平面、基准轴、基准曲线、基准点和坐标系。这些基准在创建零件一般特征、曲面、零件的剖切面，以及装配中都十分有用。

4.8.1 基准平面

基准平面也称基准面。在创建一般特征时，如果模型上没有合适的平面，用户可以创建基准平面作为特征截面的草绘平面及其参考平面。

也可以根据一个基准平面进行标注，就好像它是一条边。基准平面的大小可以调整，以使其看起来适合零件、特征、曲面、边、轴或半径进行标注。

基准平面有两侧：橘黄色侧和灰色侧。法向方向箭头指向橘黄色侧。基准平面在屏幕中显示为橘黄色或灰色取决于模型的方向。当装配元件、定向视图和选择草绘参考时，应注意基准平面的颜色。

要选择一个基准平面，可以选择其名称，或选择它的一条边界。

1. 创建基准平面的一般过程

下面以一个范例来说明创建基准平面的一般过程。如图 4.8.1 所示，现在要创建一个基准平面 DTM1，使其穿过图中模型的一个边线，并与模型上的一个表面成 45° 的夹角。

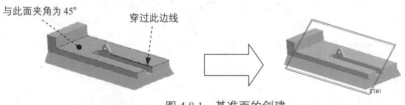

图 4.8.1 基准面的创建

步骤 01 先将工作目录设置至 D:\creoxc3\work\ch04.08.01，然后打开文件 datum_plane.prt。

步骤 02 单击 模型 功能选项卡 基准▼ 区域中的"平面"按钮 ▱，系统弹出图 4.8.2 所示的"基准平面"对话框。

步骤 03 选取约束。

（1）穿过约束。选择图 4.8.1 所示的边线，此时对话框的显示如图 4.8.2 所示。

（2）角度约束。按住 Ctrl 键，选择图 4.8.1 所示的参考平面。

（3）给出夹角。在图 4.8.3 所示的对话框下部的文本框中键入夹角值-45.0，并按 Enter 键。

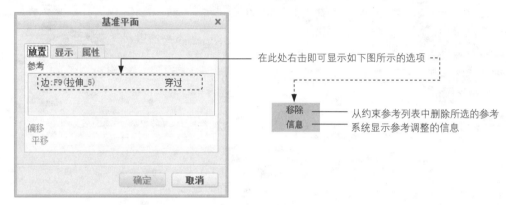

图 4.8.2 "基准平面"对话框

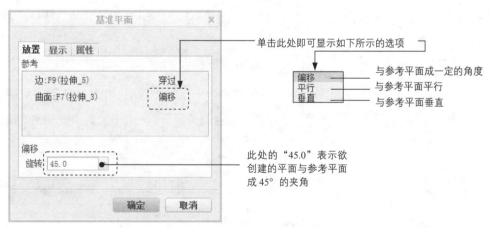

图 4.8.3 键入夹角值

步骤 04 修改基准平面的名称。如图 4.8.4 所示，可在 属性 选项卡的 名称 文本框中输入新的名称。

创建基准平面可使用如下一些约束。

◆ 通过轴/边线/基准曲线：要创建的基准平面通过一个基准轴，或模型上的某个边线，或基准曲线。

◆ 垂直轴/边线/基准曲线：要创建的基准平面垂直于一个基准轴，或模型上的某个边线，或基准曲线。

◆ 垂直平面：要创建的基准平面垂直于另一个平面。

◆ 平行平面：要创建的基准平面平行于另一个平面。

◆ 与圆柱面相切：要创建的基准平面相切于一个圆柱面。

◆ 通过基准点/顶点：要创建的基准平面通过一个基准点，或模型上的某顶点。

◆ 角度平面：要创建的基准平面与另一个平面成一定角度。

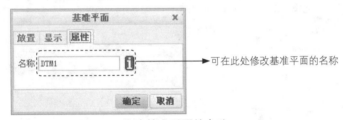

图 4.8.4　修改基准平面的名称

2. 创建基准平面的其他约束方法：通过平面

要创建的基准平面通过另一个平面，即与这个平面完全一致，该约束方法能单独确定一个平面。

步骤01 单击"平面"按钮 ⬚。

步骤02 选取某一参考平面，再在对话框中选择 穿过 选项，如图 4.8.5 和图 4.8.6 所示。

要创建的基准平面平行于另一个平面，并且与该平面有一个偏距距离。该约束方法能单独确定一个平面。

图 4.8.5　"基准平面"对话框（一）

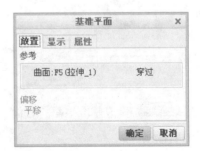

图 4.8.6　"基准平面"对话框（二）

第 4 章 零件设计

3. 创建基准平面的其他约束方法：偏距平面

步骤01 单击"平面"按钮 ▭。

步骤02 选取某一参考平面，然后输入偏距的距离值 20.0，如图 4.8.7 和图 4.8.8 所示。

图 4.8.7 "基准平面"对话框（三）　　　图 4.8.8 "基准平面"对话框（四）

4. 创建基准平面的其他约束方法：偏距坐标系

用此约束方法可以创建一个基准平面，使其垂直于一个坐标轴并偏离坐标原点。当使用该约束方法时，需要选择与该平面垂直的坐标轴，以及给出沿该轴线方向的偏距。

步骤01 单击"平面"按钮 ▭。

步骤02 选取某一坐标系。

步骤03 如图 4.8.9 所示，选取所需的坐标轴，然后输入偏距的距离值 20.0。

图 4.8.9 "基准平面"对话框（五）

5. 控制基准平面的法向方向和显示大小

尽管基准平面实际上是一个无穷大的平面，但在默认情况下，系统根据模型大小对其进行缩放显示。显示的基准平面的大小随零件尺寸而改变。除了那些即时生成的平面以外，其他所有基准平面的大小都可以加以调整，以适应零件、特征、曲面、边、轴或半径。操作步骤如下。

步骤01 在模型树上单击一基准面，然后右击，从弹出的快捷菜单中选择 ▱ 命令。

79

步骤02 在图 4.8.10 所示的对话框中打开 显示 选项卡，如图 4.8.11 所示。

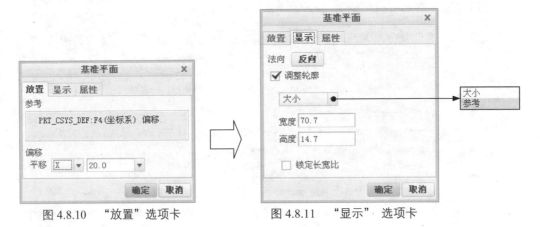

图 4.8.10 "放置"选项卡　　　　图 4.8.11 "显示"选项卡

步骤03 在图 4.8.11 所示的对话框中单击 反向 按钮，可改变基准平面的法向方向。

步骤04 要确定基准平面的显示大小，有如下三种方法。

方法一：采用默认大小，根据模型（零件或组件）自动调整基准平面的大小。

方法二：拟合参考大小。在图 4.8.11 所示的对话框中选中 调整轮廓 复选框，在下拉列表中选择 参考 ，再通过选取特征/曲面/边/轴线/零件等参考元素，使基准平面的显示大小拟合所选参考元素的大小。

- ◆ 拟合特征：根据零件或组件特征调整基准平面的大小。
- ◆ 拟合曲面：根据任意曲面调整基准平面的大小。
- ◆ 拟合边：调整基准平面大小使其适合一条所选的边。
- ◆ 拟合轴线：根据一轴调整基准平面的大小。
- ◆ 拟合零件：根据选定零件调整基准平面的大小。该选项只适用于组件。

方法三：给出拟合半径。根据指定的半径来调整基准平面大小，半径中心定在模型的轮廓内。

4.8.2 基准轴

如同基准平面，基准轴也可以用于创建特征时的参考。基准轴对创建基准平面、同轴放置项目和径向阵列特别有用。

基准轴的产生也分两种情况：一是基准轴作为一个单独的特征来创建；二是在创建带有圆弧的特征期间，系统会自动产生一个基准轴，但此时必须将配置文件选项 show_axes_for_extr_arcs 设置为 yes。

创建基准轴后,系统用 A_1、A_2 等依次自动分配其名称。要选取一个基准轴,可选择基准轴线自身或其名称。

下面以一个范例来说明创建基准轴一般过程。在图 4.8.12 所示的零件模型中,创建与基准平面 FRONT 重合,并且位于 DTM_REF 基准平面内的基准轴特征。

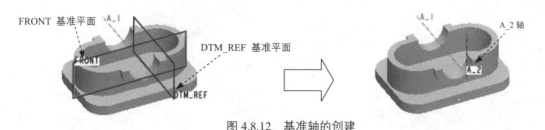

图 4.8.12 基准轴的创建

步骤 01 将工作目录设置至 D:\ creoxc3\work\ch04.08.02,然后打开文件 datum_axis.prt。

步骤 02 单击 模型 功能选项卡 基准 ▼ 区域中的 轴 按钮。

步骤 03 由于所要创建的基准轴通过基准平面 DTM_REF 和 FRONT 的相交线,为此应该选取这两个基准平面为约束参考。

(1)选取第一约束平面。选择图 4.8.12 所示的模型的基准平面 FRONT,系统弹出图 4.8.13 所示的"基准轴"对话框(一),将约束类型改为 穿过 ,如图 4.8.14 所示。

 由于 Creo 3.0 所具有的智能性,这里也可不必将约束类型改为 穿过 ,因为当用户再选取一个约束平面时,系统会自动将第一个平面的约束改为 穿过 。

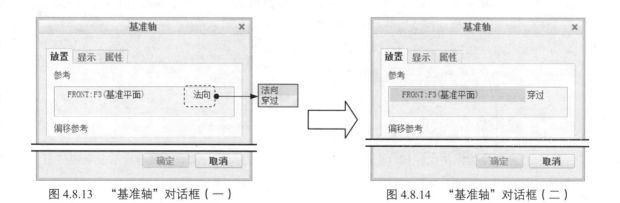

图 4.8.13 "基准轴"对话框(一)　　　图 4.8.14 "基准轴"对话框(二)

(2)选取第二约束平面。按住 Ctrl 键,选择上步中所创建的"偏距"基准平面 DTM_REF,此时对话框如图 4.8.15 所示。

图 4.8.15 "放置"选项卡

创建基准轴有如下一些约束方法。

◆ 过边界：要创建的基准轴通过模型上的一个直边。

◆ 垂直平面：要创建的基准轴垂直于某个"平面"。使用此方法，应先选取要与其垂直的参考平面，然后分别选取两条定位的参考边，并定义基准轴到参考边的距离。

◆ 过点且垂直于平面：要创建的基准轴通过一个基准点并与一个"平面"垂直，"平面"可以是一个现成的基准面或模型上的表面，也可以创建一个新的基准面作为"平面"。

◆ 过圆柱：要创建的基准轴通过模型上的一个旋转曲面的中心轴。使用此方法时，再选择一个圆柱面或圆锥面即可。

◆ 两平面：在两个指定平面（基准平面或模型上的平面表面）的相交处创建基准轴。两平面不能平行，但在屏幕上不必显示相交。

◆ 两个点/顶点：要创建的基准轴通过两个点，这两个点既可以是基准点，也可以是模型上的顶点。

4.8.3 基准点

基准点用来为网格生成加载点，在绘图中连接基准目标和注释，创建坐标系及管道特征轨迹，也可以在基准点处放置轴、基准平面、孔和轴肩。

默认情况下，Creo 3.0 将一个基准点显示为叉号×，其名称显示为 PNTn，其中 n 是基准点的编号。要选取一个基准点，可选择基准点自身或其名称。

可以使用配置文件选项 datum_point_symbol 来改变基准点的显示样式。基准点的显示样式可使用下列任意一个：CROSS、CIRCLE、TRIANGLE 或 SQUARE。

可以重命名基准点，但不能重命名在布局中声明的基准点。

1. 创建基准点的方法一：在曲线/边线上

用位置的参数值在曲线或边上创建基准点，该位置参数值确定从一个顶点开始沿曲线的长度。

如图 4.8.16 所示，现需要在模型边线上创建基准点 PNT0，操作步骤如下。

步骤01 先将工作目录设置至 D:\creoxc3\work\ch04.08.03，然后打开文件 point1.prt。

步骤02 单击 模型 功能选项卡 基准 区域 ×× 点 按钮中的 ，在图 4.8.17 所示的菜单中选择 ×× 点 选项（或直接单击 ×× 点 按钮）。

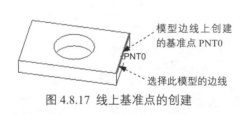

图 4.8.17 线上基准点的创建

图 4.8.17 "点"菜单

图 4.8.17 中各按钮说明如下。

A：创建基准点。　　　　　　　　　B：创建偏移坐标系基准点。

C：创建域基准点。

步骤03 选择图 4.8.18 所示的模型的边线，系统立即产生一个基准点 PNT0，如图 4.8.19 所示。

图 4.8.18 选取边线　　　　　　　　图 4.8.19 产生基准点

步骤04 在图 4.8.20 所示的"基准点"对话框(一)中，先选择基准点的定位方式（ 比率 或 实际值 ），再键入基准点的定位数值（比率系数或实际长度值）。

2. 创建基准点的方法二：顶点

在零件边、曲面特征边、基准曲线或输入框架的顶点上创建基准点。如图 4.8.21 所示，现需要在模型的顶点处创建一个基准点 PNT0，操作步骤如下。

83

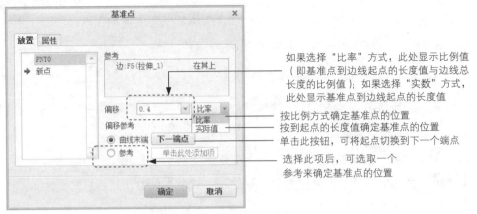

图 4.8.20 "基准点"对话框(一)

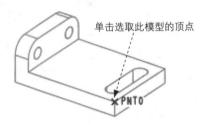

图 4.8.21 顶点基准点的创建

步骤 01 单击"创建基准点"按钮 。

步骤 02 如图 4.8.21 所示,选取模型的顶点,系统立即在此顶点处产生一个基准点 PNT0;此时,"基准点"对话框(二)如图 4.8.22 所示。

图 4.8.22 "基准点"对话框(二)

3. 创建基准点的方法三:过中心点

在一条弧、一个圆或一个椭圆图元的中心处创建基准点。

如图 4.8.23 所示,现需要在模型上表面的孔的圆心处创建一个基准点 PNT0,操作步骤如下。

步骤 01 先将工作目录设置至 D:\creoxc3\work\ch04.08.03,然后打开文件 point03.prt。

步骤02 单击 ×× 点 ▼ 按钮。

步骤03 如图 4.8.23 所示，选取模型上表面的孔边线。

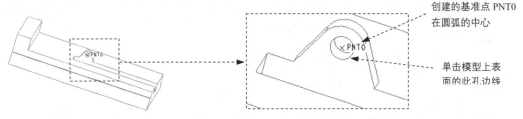

图 4.8.23 过中心点创建基准点

步骤04 在图 4.8.24 所示的"基准点"对话框（三）的下拉列表中选取 居中 选项。

图 4.8.24 "基准点"对话框（三）

4. 创建基准点的方法四：草绘

进入草绘环境，绘制一个基准点。

如图 4.8.25 所示，现需要在模型的表面上创建一个草绘基准点 PNT0，操作步骤如下。

步骤01 先将工作目录设置至 D:\creoxc3\work\ch04.08.03，然后打开文件 point2.prt。

步骤02 单击 模型 功能选项卡 基准 ▼ 区域中的"草绘"按钮，系统弹出"草绘"对话框。

步骤03 选取图 4.8.25 所示的两平面为草绘平面和参考平面，单击 草绘 按钮。

步骤04 进入草绘环境后，选取图 4.8.26 所示的模型的边线为草绘环境的参考，单击 关闭(C) 按钮；单击 草绘 选项卡 基准 区域中的 × （创建几何点）按钮，如图 4.8.27 所示，再在图形区选择一点。

步骤05 单击按钮 ✓，退出草绘环境。

4.8.4 基准坐标系

坐标系是可以增加到零件和装配件中的参考特征，它可用于如下各项。

◆ 计算质量属性。
◆ 装配元件。
◆ 为"有限元分析（FEA）"放置约束。
◆ 为刀具轨迹提供制造操作参考。
◆ 用于定位其他特征的参考（坐标系、基准点、平面和轴线、输入的几何等）。

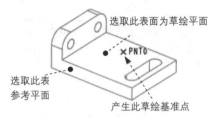 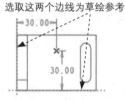

图 4.8.25　草绘基准点的创建　　图 4.8.26　截面图形　　图 4.8.27　工具按钮位置

在 Creo 3.0 系统中，可以使用下列三种形式的坐标系。

◆ 笛卡儿坐标系。系统用 X、Y 和 Z 表示坐标值。
◆ 柱坐标系。系统用半径、theta（θ）和 Z 表示坐标值。
◆ 球坐标系。系统用半径、theta（θ）和 phi（ψ）表示坐标值。

创建坐标系方法：三个平面。

选择三个平面（模型的表平面或基准平面），这些平面不必正交，其交点为坐标原点，选定的第一个平面的法向定义一个轴的方向，第二个平面的法向定义另一轴的大致方向，系统使用右手定则确定第三轴。

如图 4.8.28 所示，现需要在三个垂直平面（平面 1、平面 2 和平面 3）的交点上创建一个坐标系 CS0，操作步骤如下。

步骤 01　将工作目录设置至 D:\creoxc3\work\ch04.08.04，打开文件 csys.prt。

步骤 02　单击 模型 功能选项卡 基准 ▼ 区域中的 坐标系 按钮。

步骤 03　选择三个垂直平面。如图 4.8.28 所示，选择平面 1；按住键盘的 Ctrl 键，选择平面 2；按住键盘的 Ctrl 键，选择平面 3。此时系统就创建了图 4.8.29 所示的坐标系，注意字符 X、Y、Z 所在的方向正是相应坐标轴的正方向。

步骤 04　修改坐标轴的位置和方向。在图 4.8.30 所示的"坐标系"对话框中打开 方向 选项卡，在该选项卡的界面中可以修改坐标轴的位置和方向，操作方法如图 4.8.30 中所示的说明。

第 4 章 零件设计

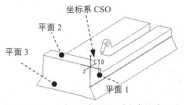

图 4.8.28 由三个平面创建坐标系

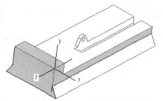

图 4.8.29 产生坐标系

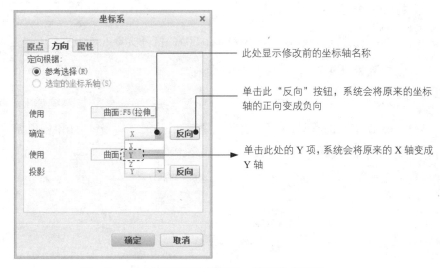

图 4.8.30 "坐标系"对话框的"方向"选项卡

4.9 孔特征

Creo 3.0 中提供了专门的孔特征（Hole）命令，用户可以方便而快速地创建各种要求的孔。

在 Creo 3.0 中，可以创建三种类型的孔特征。

◆ 直孔：具有圆截面的切口，它始于放置曲面并延伸到指定的终止曲面或用户定义的深度。

◆ 草绘孔：由草绘截面定义的旋转特征。锥形孔可作为草绘孔进行创建。

◆ 标准孔：具有基本形状的螺孔。它是基于相关的工业标准的，可带有不同的末端形状、标准沉孔和埋头孔。对选定的紧固件，既可计算攻螺纹所需参数，也可计算间隙直径；用户既可利用系统提供的标准查找表，也可通过创建自己的查找表来查找这些直径。

下面以图 4.9.1 所示的模型为例，说明在一个模型上添加孔特征（直孔）的详细操作过程。

87

图 4.9.1 创建孔特征

1. 打开一个已有的零件模型

将工作目录设置至 D:\creoxc3\work\ch04.09，打开文件 hole01.prt。

2. 添加孔特征（直孔）

步骤 01 单击 模型 功能选项卡 工程 ▼ 区域中的 孔 按钮，系统弹出孔特征操控板。

步骤 02 选取孔的类型。由于直孔为系统默认，这一步可省略。如果创建标准孔或草绘孔，则可单击创建标准孔的按钮，或单击"草绘定义钻孔轮廓"按钮，如图 4.9.2 所示。

图 4.9.2 "孔"特征操控板

如图 4.9.2 所示的"孔"特征操控板中部分按钮的功能简介如下。

- 按钮：创建简单直孔。
- 按钮：创建螺钉孔和螺钉过孔，单击按钮后会激活操控板的"沉头孔"和"埋头孔"按钮。
- 按钮：使用预定义矩形作为钻孔轮廓。
- 按钮：使用标准孔轮廓作为钻孔轮廓，单击按钮后会激活操控板的"沉头孔"和"埋头孔"按钮。

按钮：使用草绘定义钻孔轮廓

步骤 03 定义孔的放置。

（1）定义孔的放置参考。选取图 4.9.3 所示的端面作为放置参考。此时，系统以当前默认值自动生成孔的轮廓，可按照图中说明进行相应动态操作。

 孔的放置参考既可以是基准平面、零件模型上的平面或曲面（如柱面、锥面等），也可以是基准轴。为了直接在曲面上创建孔，该孔必须是径向孔，且该曲面必须是凸起状。

（2）定义孔放置的方向。单击图 4.9.2 所示的操控板中的 放置 按钮，系统弹出图 4.9.4 所示的界面，单击该界面中的 反向 按钮，可改变孔的放置方向（即孔放置在放置参考的那一边）。本例采用系统默认的方向，即孔在实体这一侧。

图 4.9.3　选取放置参考

（3）定义孔的放置类型。单击"放置类型"下拉列表后的按钮，选取 线性 选项。孔的放置类型介绍如下。

- ◆ 线性 ：参考两边或两平面放置孔（标注两线性尺寸）。如果选择此放置类型，则接下来必须选择参考边（平面）并输入距参考边的距离。
- ◆ 径向 ：绕一根中心轴及参考一个面放置孔（需输入半径距离）。如果选择此放置类型，接下来必须选择中心轴及角度参考的平面。
- ◆ 直径 ：绕一根中心轴及参考一个面放置孔（需输入直径）。如果选择此放置类型，接下来必须选择中心轴及角度参考的平面。
- ◆ 同轴 ：创建一根中心轴的同轴孔。接下来必须选择参考的中心轴。

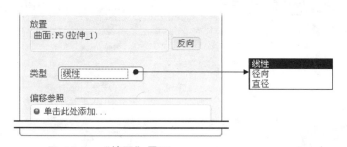

图 4.9.4　"放置"界面

（4）定义偏移参考及定位尺寸。单击图 4.9.4 中的 偏移参考 下的"单击此处添加…"字符，然后选取图 4.9.5 所示的模型表面作为第一线性参考，在后面的"偏移"文本框中输入到第一线性参考的距离值 8.0，再按 Enter 键；按住 Ctrl 键，选取图 4.9.5 所示的模型表面作为第二线性参考，在后面的"偏移"文本框中输入到第二线性参考的距离值 10.0，再按 Enter 键。

步骤04 定义孔的直径及深度。在操控板中输入直径值 6.0，单击深度类型按钮（"穿透"）。

步骤 05 在操控板中单击"完成"按钮 ☑,完成特征的创建。

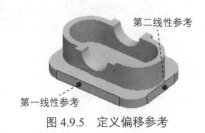

图 4.9.5 定义偏移参考

4.10 修饰螺纹

修饰螺纹(Thread)是表示螺纹直径的修饰特征。与其他修饰特征不同,不能修改修饰螺纹的线型,并且螺纹也不会受到"环境"菜单中隐藏线显示设置的影响。螺纹以默认极限公差设置来创建。

修饰螺纹可以是外螺纹或内螺纹,也可以是不通的或贯通的。可通过指定螺纹小径或螺纹大径(分别对于外螺纹和内螺纹)、起始曲面和螺纹长度或终止边,来创建修饰螺纹。

创建螺纹修饰特征的一般过程如下。

这里以前面创建的 shaft.prt 零件模型为例,说明如何在模型的圆柱面上创建图 4.10.1 所示的外修饰。

步骤 01 先将工作目录设置至 D:\ creoxc3\work\ch04.10,然后打开文件 shaft.prt。

步骤 02 单击 模型 功能选项卡中的 工程▼ 按钮,在系统弹出的菜单中选择 修饰螺纹 选项(图 4.10.2)。

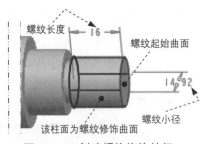

图 4.10.1 创建螺纹修饰特征

图 4.10.2 "工程"子菜单

步骤 03 选取要进行螺纹修饰的曲面。完成上步操作后,系统弹出图 4.10.3 所示的"螺纹"操控板,单击其中的 放置 按钮,选取图 4.10.1 所示的要进行螺纹修饰的曲面。

步骤 04 选取螺纹的起始曲面。单击"螺纹"操控板中的 深度 按钮,选取图 4.10.1 所示的螺纹起始曲面。

对于螺纹的起始曲面，可以是一般模型特征的表面（比如拉伸、旋转、倒角、圆角和扫描等特征的表面）或基准平面，也可以是面组。

步骤05 定义螺纹的长度方向和长度以及螺纹小径。完成上步操作后，模型上显示图4.10.4所示的螺纹深度方向箭头，箭头必须指向附着面的实体一侧，如方向错误，可以单击 按钮反转方向。

步骤06 定义螺纹长度。在 文本框中输入螺纹长度值16。

步骤07 定义螺纹小径。在 文本框中输入螺纹小径值14.92。

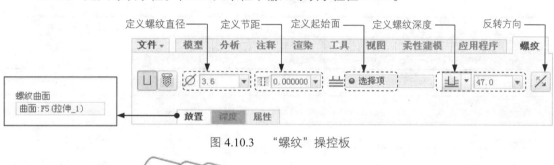

图4.10.3 "螺纹"操控板

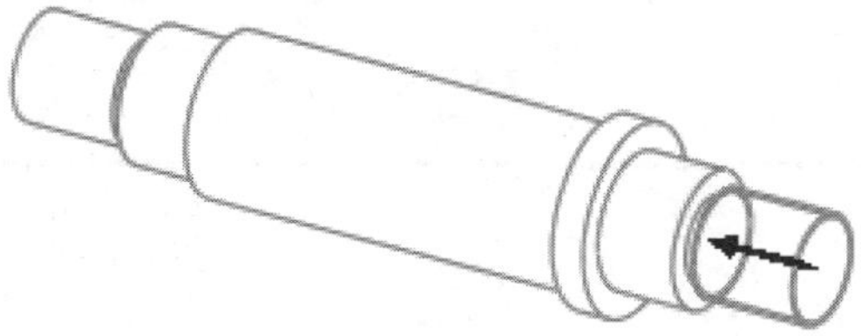

图4.10.4 螺纹深度方向

步骤08 编辑螺纹属性。完成上步操作后，单击"螺纹"操控板中的 按钮，系统弹出图4.10.5所示的"属性"界面，用户可以用此界面进行螺纹参数设置，并能将设置好的参数文件保存，以便下次直接调用。

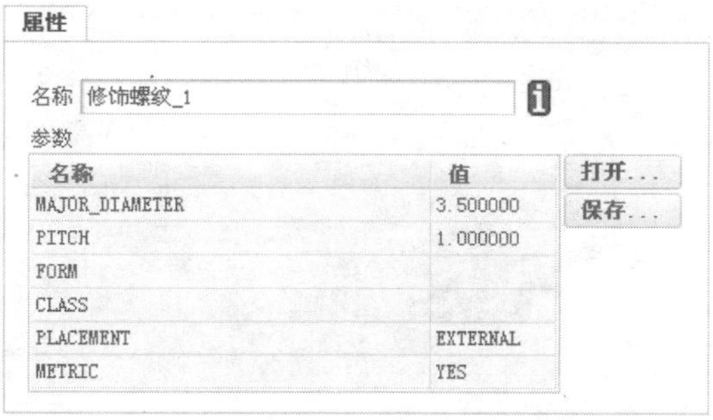

图4.10.5 "属性"界面

图 4.10.5 所示的"属性"界面中各命令的说明如下。

- ◆ 打开... 按钮：用户可从硬盘（磁盘）上打开一个包含螺纹注释参数的文件，并把它们应用到当前的螺纹中。
- ◆ 保存... 按钮：保存螺纹注释参数，以便以后再利用。
- ◆ 参数 区域：修改螺纹参数（表 4.10.1）。

步骤09 单击"修饰：螺纹"对话框中的 按钮，预览所创建的螺纹修饰特征（将模型显示换到线框状态，可看到螺纹示意线），如果定义的螺纹修饰特征符合设计意图，可单击对话框中的 按钮。

表 4.10.1 螺纹参数列表

参 数 名 称	参 数 值	参 数 描 述
MAJOR_DIAMETER	数字	螺纹的公称直径
PICTH	数字	螺距
FORM	字符串	螺纹形式
CLASS	数字	螺纹等级
PLACEMENT	字符	螺纹放置（A—轴螺纹，B—孔螺纹）
METRIC	YES/NO	螺纹为米制

4.11 加强筋特征

加强筋（肋）是设计用来加固零件的，特征的创建过程与拉伸特征基本相似，不同的是加强筋（肋）特征的截面草图是不封闭的。

Creo 3.0 提供了两种加强筋（肋）特征的创建方法，分别是轨迹筋和轮廓筋。

这里仅以图 4.11.1 所示的轮廓筋特征为例，说明加强筋特征创建的一般过程：

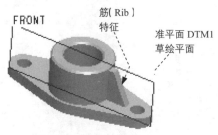

图 4.11.1 轮廓筋特征

步骤01 将工作目录设置至 D:\creoxc3\work\ch04.11，打开文件 fortified-rib.prt。

步骤02 单击 模型 功能选项卡 工程 区域 筋 按钮中的 ▼，在弹出的菜单中选择 轮廓筋，系统弹出图 4.11.2 所示的操控板。

步骤03 定义草绘截面放置属性。

（1）在图 4.11.2 所示的操控板的 参考 界面中单击 定义... 按钮，选取基准平面 FRONT 为草绘平面。

（2）选取 RIGHT 基准平面为参考面，方向为 右 。

图 4.11.2 轮廓筋特征操控板

步骤04 定义草绘参考。单击 草绘 功能选项卡 设置 区域中的 按钮，系统弹出"参考"对话框，选取图 4.11.3 所示的两条边线为草绘参考，单击 关闭(C) 按钮。

步骤05 绘制图 4.11.3 所示的筋特征截面图形。完成绘制后，单击"草绘完成"按钮 ✓ 。

步骤06 定义加材料的方向。在模型中单击"方向"箭头，直至箭头的方向如图 4.11.4 所示。

步骤07 定义筋的厚度值 2.0。

步骤08 在操控板中单击"完成"按钮 ✓ ，完成轮廓筋特征的创建。

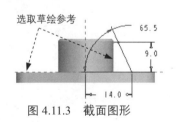

图 4.11.3 截面图形

图 4.11.4 定义加材料的方向

4.12 抽壳特征

如图 4.12.1 所示，抽壳特征（Shell）是将实体的一个或几个表面去除，然后掏空实体的内部，留下一定壁厚的壳。在使用该命令时，各特征的创建次序非常重要。

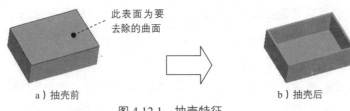

图 4.12.1　抽壳特征

下面以图 4.12.1 所示的长方体为例，说明抽壳操作的一般过程。

步骤 01　将工作目录设置至 D:\creoxc3\work\ch04.12，打开文件 shell_1.prt。

步骤 02　单击 模型 功能选项卡 工程 区域中的 壳 按钮。

步骤 03　选取抽壳时要去除的实体表面；此时，系统弹出图 4.12.2 所示的"壳"特征操控板，并且在信息区提示 选择要从零件移除的曲面. ，选取图 4.12.1a 中的要去除的曲面。

 这里可按住<Ctrl>键，再选取其他曲面来添加实体上要去除的表面。

图 4.12.2　"壳"特征操控板

步骤 04　定义壁厚。在操控板的"厚度"文本框中输入抽壳的壁厚值 1.0。

 这里如果输入正值，则壳的厚度保留在零件内侧；如果输入负值，壳的厚度将增加到零件外侧。也可单击按钮 来改变内侧或外侧。

步骤 05　在操控板中单击"完成"按钮 ，完成抽壳特征的创建。

- 默认情况下，壳特征的壁厚是均匀的。
- 如果零件有三个以上的曲面形成的拐角，抽壳特征可能无法实现，在这种情况下，Creo 3.0 会加亮故障区。

4.13　拔模特征

注射件和铸件通常需要一个拔摸斜面才能顺利脱模，Creo 3.0 的拔摸（斜度）特征就是用来创建模型的拔模斜面。下面先介绍有关拔模的几个关键术语。

◆ 拔模曲面：要进行拔模的模型曲面。
◆ 枢轴平面：拔模曲面可绕着枢轴平面与拔模曲面的交线旋转而形成拔模斜面。
◆ 枢轴曲线：拔模曲面可绕着一条曲线旋转而形成拔模斜面，这条曲线就是枢轴曲线，它必须在要拔模的曲面上。
◆ 拔模参考：用于确定拔模方向的平面、轴和模型的边。
◆ 拔模方向：拔模方向总是垂直于拔模参考平面或平行于拔模参考轴或参考边。
◆ 拔模角度：拔模方向与生成的拔模曲面之间的角度。
◆ 旋转方向：拔模曲面绕枢轴平面或枢轴曲线旋转的方向。
◆ 分割区域：可对拔模曲面进行分割，然后为各区域分别定义不同的拔模角度和方向。

1. 根据枢轴平面创建不分离的拔模特征

下面讲述如何根据枢轴平面创建一个不分离的拔模特征。

步骤01　将工作目录设置至 D:\ creoxc3\work\ch04.13，打开文件 draft_general.prt。

步骤02　单击 模型 功能选项卡 工程 ▼ 区域中的 拔模 按钮，此时出现图 4.13.1 所示的"拔模"操控板。

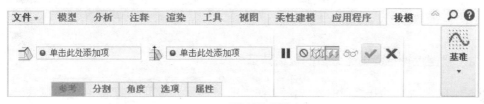

图 4.13.1　"拔模"操控板

步骤03　选取要拔模的曲面。选取图 4.13.2 所示的模型表面。

步骤04　选取拔模枢轴平面。

（1）在操控板中单击 图标后的 单击此处添加项 字符。

（2）选取图 4.13.3 所示的模型表面。完成此步操作后，模型如图 4.13.3 所示。

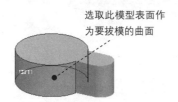

图 4.13.2　选取要拔模的曲面

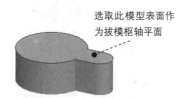

图 4.13.3　选取拔模枢轴平面

拔模枢轴既可以是一个平面,也可以是一条曲线。当选取一个平面作为拔模枢轴时,该平面称为枢轴平面;当选取一条曲线作为拔模枢轴时,该曲线称为枢轴曲线。

步骤 05 选取拔模方向参考及改变拔模方向。一般情况下不进行此步操作,因为在用户选取拔模枢轴平面后,系统通常默认以枢轴平面作为拔模参考平面(图 4.13.4)。

步骤 06 定义拔模角度及方向。在操控板的 文本框中输入数值 20.0,并单击 按钮调整拔模角的方向,如图 4.13.5 所示。

步骤 07 在操控板中单击 按钮,完成拔模特征的创建。

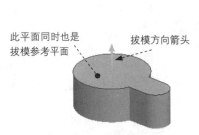

图 4.13.4 拔模参考平面

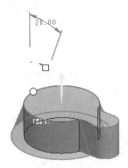

图 4.13.5 拔模角方向

2. 根据枢轴平面创建分离的拔模特征

图 4.13.6a 所示为拔模前的模型,图 4.13.6b 所示为拔模后的模型。由该图可看出,拔模面被枢轴平面分离成两个拔模侧面(拔模 1 和拔模 2),这两个拔模侧面可以有独立的拔模角度和方向。下面以此模型为例,介绍如何根据枢轴平面创建一个分离的拔模特征。

图 4.13.6 创建分离的拔模特征

步骤 01 将工作目录设置至 D:\creoxc3\work\ch04.13,打开文件 draft02.prt。

步骤 02 单击 模型 功能选项卡 工程 区域中的 拔模 按钮,此时系统弹出"拔模"操控板。

步骤 03 选取要拔模的曲面。选取图 4.13.7 所示的模型表面。

步骤 04 选取拔模枢轴平面。先在操控板中单击 图标后的 单击此处添加项目 字符，再选取图 4.13.8 所示的 TOP 基准平面。

步骤 05 采用默认的拔模方向参考（枢轴平面），如图 4.13.9 所示。

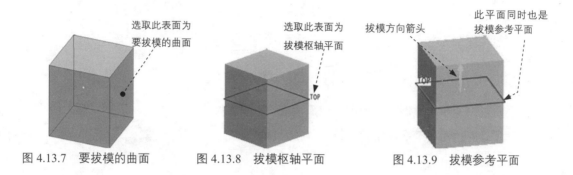

图 4.13.7　要拔模的曲面　　　图 4.13.8　拔模枢轴平面　　　图 4.13.9　拔模参考平面

步骤 06 选取分割选项和侧选项。

（1）选取分割选项。在操控板中单击 分割 按钮，在弹出界面的 分割选项 列表框中选取 根据拔模枢轴分割 方式。

（2）选取侧选项。在该界面的 侧选项 列表框中选取 独立拔模侧面，如图 4.13.10 所示。

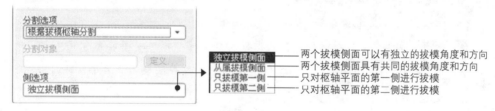

图 4.13.10　"分割"界面

步骤 07 在操控板的"角度 1" 文本框中输入数值 20.0，在"角度 2" 文本框中输入数值 15.0，并单击 按钮定义拔模方向和拔模角方向，如图 4.13.9 所示。

步骤 08 单击操控板中的按钮 ，完成拔模特征的创建。

4.14　扫描特征

如图 4.14.1 所示，扫描（Sweep）特征是将一个截面沿着给定的轨迹"掠过"而生成的，所以也叫"扫掠"特征。要创建或重新定义一个扫描特征，必须给定两大特征要素，即扫描轨迹和扫描截面。

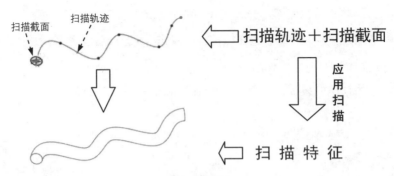

图 4.14.1 扫描特征

下面以图 4.14.1 为例，说明创建扫描特征的一般过程。

步骤01 新建一个零件模型，将其命名为 sweep。

步骤02 绘制扫描轨迹曲线。

（1）单击 模型 功能选项卡 基准 ▼ 区域中的"草绘"按钮 。

（2）选取 TOP 基准平面作为草绘面，选取 RIGHT 基准平面作为参考面，方向向右；单击 草绘 按钮，系统进入草绘环境。

（3）定义扫描轨迹的参考，接受系统给出的默认参考 FRONT 和 RIGHT。

（4）绘制并标注扫描轨迹，如图 4.14.2 所示。

创建扫描轨迹时应注意下面几点，否则扫描可能失败。

◆ 对于"切口"（切削材料）类的扫描特征，其扫描轨迹不能自身相交。

◆ 相对于扫描截面的大小，扫描轨迹中的弧或样条半径不能太小，否则扫描特征在经过该弧时会由于自身相交而出现特征生成失败。

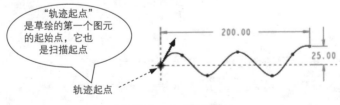

图 4.14.2 扫描轨迹

（5）单击 ✓ 按钮，退出草绘环境。

步骤03 选择扫描命令。单击 模型 功能选项卡 形状 ▼ 区域中的 扫描 ▼ 按钮（图 4.14.3），系统弹出图 4.14.4 所示的"扫描"操控板。

步骤04 定义扫描轨迹。

（1）在操控板中确认"实体"按钮 □ 和"恒定轨迹"按钮 ⊨ 被按下。

图 4.14.3 扫描命令

图 4.14.4 "扫描"操控板

（2）在图形区中选取扫描轨迹曲线。

（3）单击箭头，切换扫描的起始点，切换后的扫描轨迹曲线如图 4.14.2 所示。

步骤05 创建扫描特征的截面。

（1）在操控板中单击"创建或编辑扫描截面"按钮 ![], 系统自动进入草绘环境。

（2）定义截面的参考，此时系统自动以 L1 和 L2 为参考，使截面完全放置。

L1 和 L2 虽然不在对话框中的"参考"列表区显示，但它们实际上是截面的参考。

现在系统已经进入扫描截面的草绘环境。一般情况下，草绘区显示的情况如图 4.14.5 左边的部分所示。此时草绘平面与屏幕平行。前面在讲述拉伸（Extrude）特征和旋转（Revolve）特征时，都是建议在进入截面的草绘环境之前要定义截面的草绘平面，因此有的读者可能要问："现在创建扫描特征怎么没有定义截面的草绘平面呢？"。其实，系统已自动为我们生成了一个草绘平面。现在请读者按住鼠标中键移动鼠标，把图形调整到图 4.14.5 右边部分所示的方位，此时草绘平面与屏幕不平行。请仔细阅读图 4.14.5 中的注释，便可明白系统是如何生成草绘平面的。如果想返回到草绘平面与屏幕平行的状态，请单击工具栏中的按钮 ![]。

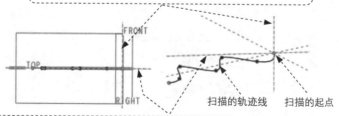

图 4.14.5 查看不同的方位

（2）绘制并标注扫描截面的草图。

（3）完成截面的绘制和标注后，单击"确定"按钮 ✓。

步骤06 单击操控板中的 ✓ 按钮，完成扫描特征的创建。

 在草绘平面与屏幕平行和不平行这两种视角状态下，都可创建截面草图，它们各有利弊。在图 4.14.6 所示的草绘平面与屏幕平行的状态下创建草图，符合用户在平面上进行绘图的习惯；在图 4.14.7 所示的草绘平面与屏幕不平行的状态下创建草图，一些用户虽不习惯，但可清楚地看到截面草图与轨迹间的相对位置关系。建议读者在创建扫描特征（也包括其他特征）的二维截面草图时，交替使用这两种视角显示状态，在非平行状态下进行草图的定位；在平行的状态下进行草图形状的绘制和大部分标注。但在绘制三维草图时，草图的定位、形状的绘制和相当一部分标注需在非平行状态下进行。

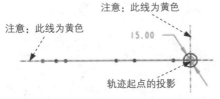

图 4.14.6 草绘平面与屏幕平行

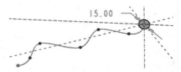

图 4.14.7 草绘平面与屏幕不平行

4.15 螺旋扫描特征

1. 螺旋扫描特征简述

如图 4.15.1 所示，将一个截面沿着螺旋轨迹线进行扫描，可形成螺旋扫描（Helical Sweep）特征。

2. 创建一个螺旋扫描特征

这里以图 4.15.1 所示的螺旋扫描特征为例，说明创建这类特征的一般过程。

步骤01 新建一个零件模型，将其命名为 helix_sweep。

步骤02 选择命令。单击 模型 功能选项卡 形状 ▼ 区域 扫描 ▼ 按钮中的 ▼，在弹出的菜单中选择 螺旋扫描 命令，系统弹出图 4.15.2 所示的"螺旋扫描"操控板。

步骤03 定义螺旋扫描轨迹。

（1）在操控板中确认"实体"按钮 □ 和"使用右手定则"按钮 ⊙ 被按下。

（2）单击操控板中的 参考 按钮，在弹出的界面中单击 定义... 按钮，系统弹出"草绘"对话框。

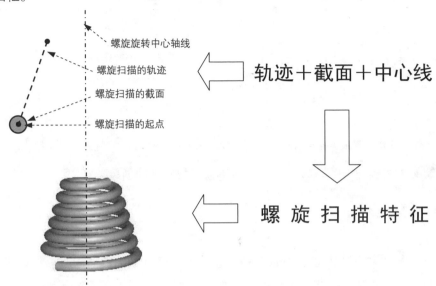

图 4.15.1 螺旋扫描特征

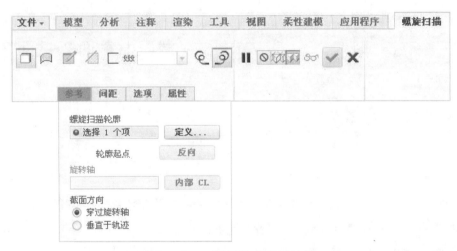

图 4.15.2 "螺旋扫描"操控板

（3）选取 FRONT 基准平面作为草绘平面，选取 RIHGT 基准平面作为参考平面，方向向右，系统进入草绘环境，绘制图 4.15.3 所示的螺旋扫描轨迹草图。

（4）单击 按钮，退出草绘环境。

步骤 04 定义螺旋节距。在操控板中 8.0 文本框中输入节距值 8.0，并按 Enter 键。

步骤 05 创建螺旋扫描特征的截面。在操控板中单击按钮 ，系统进入草绘环境，绘制和标注图 4.15.4 所示的截面——圆，然后单击草绘工具栏中的按钮 。

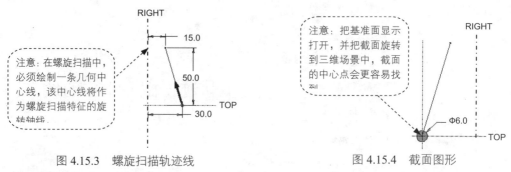

图 4.15.3　螺旋扫描轨迹线　　　　　图 4.15.4　截面图形

步骤06　单击操控板中的 ✓ 按钮，完成螺旋扫描特征的创建。

4.16　混合特征

将一组不同的截面沿其边线用过渡曲面连接形成一个连续的特征，就是混合（Blend）特征。混合特征至少需要两个截面。图 4.16.1 所示的混合特征是由三个截面混合而成的。

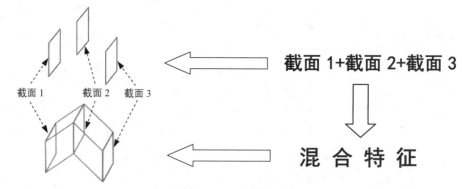

图 4.16.1　混合特征

下面以图 4.16.2 所示的平行混合特征为例，说明创建混合特征的一般过程。

步骤01　新建一个零件模型，将其命名为 blend。

步骤02　在 模型 功能选项卡的 形状▼ 下拉菜单中选择 ⌒混合 命令。

步骤03　定义混合类型。在操控板中确认"混合为实体"按钮 ☐ 和"与草绘截面混合"按钮 ✎ 被按下。

图 4.16.2　平行混合特征

第 4 章 零件设计

步骤04 创建混合特征的第一个截面。

单击"混合"操控板中的 截面 按钮，在系统弹出的界面中选中 ⊙ 草绘截面 单选项，单击 定义... 按钮；然后选择 TOP 基准面作为草绘平面，选择 RIGHT 基准面作为参考平面，方向为 右，单击 草绘 按钮，进入草绘环境后，接受系统的默认参考 FRONT 和 RIGHT，绘制图 4.16.3 所示的截面草图。

 绘制两条中心线，单击 □ 按钮绘制长方形，进行对称约束，修改、调整尺寸。

注意：草绘混合特征中的每一个截面时，Creo 3.0 系统会在第一个图元的绘制起点产生一个带方向的箭头，此箭头表明截面的起点和方向。

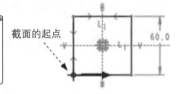

图 4.16.3 截面图形

步骤05 创建混合特征的第二个截面。

单击"混合"操控板中的 截面 按钮，系统自动选中 ⊙ 截面 2 选项，定义"草绘平面位置定义方式"类型为 ⊙ 偏移尺寸，偏移自"截面 1"的偏移距离为 50，单击 草绘... 按钮，绘制如图 4.16.4 所示的截面草图，单击工具栏中的 ✓ 按钮，退出草绘环境。

 由于第二个截面与第一个截面实际上是两个相互独立的截面，所以在进行对称约束时，必须重新绘制中心线。

步骤06 改变第二个截面的起点和起点的方向。

（1）选择图 4.16.4 所示的点，再右击，从弹出的快捷菜单中选择 起点(S) 命令（草绘 功能选项卡 设置▼ 下拉菜单中选择 特征工具 ▶ ⇒ 起点 命令）。

（2）如果想改变箭头的方向，再右击，从弹出的快捷菜单中选择 起点(S) 命令。

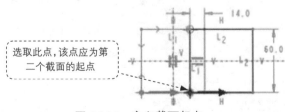

图 4.16.4 定义截面起点

系统默认的起始位置与草绘矩形时选择的第一顶点有关，如果截面起点位置已经处于图 4.16.4 所示的位置，则可以不用修改。改变截面的起点和方向的原因如图 4.16.4 所示。

步骤 07 创建混合特征的第三个截面。

单击"混合"操控板中的 截面 按钮，单击 插入 按钮，定义"草绘平面位置定义方式" 类型为 ◉ 偏移尺寸 ，偏移自"截面 2"的偏移距离为 50，单击 草绘... 按钮，绘制如图 4.16.5 所示的截面草图，单击工具栏中的 ✓ 按钮，退出草绘环境。

步骤 08 改变第三个截面的起点和起点的方向。

（1）选择图 4.16.5 所示的点，再右击，从弹出的快捷菜单中选择 起点(S) 命令（ 草绘 功能选项卡 设置▼ 下拉菜单中选择 特征工具 ▶ ⇨ 起点 命令）。

 系统默认的起始位置与草绘矩形时选择的第一顶点有关，如果截面起点位置已经处于图 4.16.5 所示的位置，则可以不用修改。

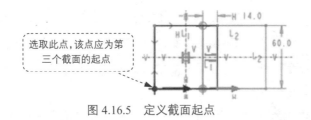

图 4.16.5 定义截面起点

（2）如果想改变箭头的方向，再右击，从弹出的快捷菜单中选择 起点(S) 命令。

步骤 09 完成前面的所有截面后，单击草绘工具栏中的"完成"按钮 ✓ 。

步骤 10 单击特征信息对话框中的 确定 按钮。至此，完成混合特征的创建。

4.17 变换操作

4.17.1 镜像

特征的镜像复制就是将源特征相对一个平面（这个平面称为镜像中心平面）进行镜像，从而得到源特征的一个副本。如图 4.17.1 所示，对这个圆柱体拉伸特征进行镜像复制的操作过程如下。

步骤 01 将工作目录设置至 D:\creoxc3\work\ch04.17.01，打开文件 copy_mirror.prt。

第 4 章 零件设计

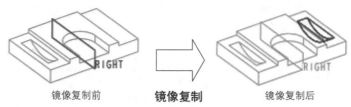

图 4.17.1 镜像复制特征

步骤 02 选取要镜像的特征。

步骤 03 选择镜像命令。单击 模型 功能选项卡 编辑 区域中的"镜像"按钮，如图 4.17.2 所示。

步骤 04 定义镜像中心平面。完成上步操作后，系统弹出图 4.17.3 所示的"镜像"操控板，选取 RIGHT 基准平面为镜像中心平面。

图 4.17.2 "镜像"命令

图 4.17.3 "镜像"操控板

步骤 05 单击"镜像"操控板中的 ✓ 按钮，完成镜像操作。

4.17.2 平移

下面对图 4.17.4 中的源特征进行平移（Translate）复制，操作步骤如下。

图 4.17.4 平移复制特征

步骤 01 将工作目录设置至 D:\creoxc3\work\ch04.17.02，打开文件 copy_translate.prt。

步骤 02 选取要平移复制的特征。在图形区中选取圆柱体拉伸特征为平移复制对象。

步骤 03 选择平移复制命令。单击 模型 功能选项卡 操作 区域中的 按钮，如图 4.17.5 所示，然后单击 按钮中的 ，在弹出的菜单中选择 选择性粘贴 命令，系统弹出图 4.17.6 所示的"选择性粘贴"对话框。

图 4.17.5 "复制"命令

图 4.17.6 "选择性粘贴"对话框

步骤 04 在"选择性粘贴"对话框中选中  复选框，然后单击 按钮，系统弹出图 4.17.7 所示的"移动（复制）"操控板。

图 4.17.7 "移动（复制）"操控板

步骤 05 设置移动参数。单击"移动（复制）"操控板中的 按钮，选取 RIGHT 基准平面为平移方向参考面；在操控板的文本框中输入平移的距离值 65.0，并按 Enter 键。

步骤 06 单击 按钮，完成平移复制操作。

4.17.3 旋转

下面对源特征进行旋转（Rotate）复制，操作提示如下。

参考上一节的"平移"复制的操作方法，注意在图 4.17.7 所示的"移动（复制）"操控板中单击 按钮。

在选取旋转中心轴时，选取模型边线，旋转角度为 120°。

4.18 特征阵列

特征的阵列（Pattern）命令用于创建一个特征的多个副本，阵列的副本称为"实例"。阵列既可以是矩形阵列，也可以是环形阵列。在阵列时，各个实例的大小也可以递增变化。下面将分别介绍其操作过程。

4.18.1 尺寸阵列

下面介绍图 4.18.1 中圆柱体特征的尺寸阵列的操作过程。

图 4.18.1 创建尺寸阵列

步骤01 将工作目录设置至 D:\creoxc3\work\ch04.18.01，打开文件 pattern_rec.prt。

步骤02 在模型树中选取要阵列的特征——圆柱体拉伸特征，再右击，选择 阵列... 命令（另一种方法是首先选取要阵列的特征，然后单击 模型 功能选项卡 编辑▼ 区域中的"阵列"按钮 ）。

> 一次只能选取一个特征进行阵列，如果要同时阵列多个特征，则应预先把这些特征组成一个"组（Group）"。

步骤03 选取阵列类型。在图 4.18.2 所示的"阵列"操控板的 选项 界面中单击 ▼ 选择 常规 选项。

图 4.18.2 "阵列"操控板

例如，在图 4.18.3 所示的矩形阵列中，虽然孔的直径大小相同，但其深度不同，所以不能用 相同 进行阵列，可用 可变 或 常规 进行阵列。

 在图 4.18.2 所示的"阵列"操控板的 选项 界面中，有下面三个阵列类型选项。

◆ 相同 阵列的特点和要求如下。
- 所有阵列的实例大小相同。
- 所有阵列的实例放置在同一曲面上。
- 阵列的实例不与放置曲面边、任何其他实例边或放置曲面以外任何

图 4.18.3 矩形阵列

◆ 可变 阵列的特点和要求如下。
- 实例大小可变化。
- 实例可放置在不同曲面上。
- 没有实例与其他实例相交。

 对于"可变"阵列，Creo 3.0 首先分别为每个实例特征生成几何，然后一次生成所有交截。

◆ 常规 阵列的特点如下。

系统对"一般"特征的实例不做什么要求。系统计算每个单独实例的几何，并分别对每个特征求交。可用该命令使特征与其他实例接触、自交，或与曲面边界交叉。如果实例与基础特征内部相交，即使该交截不可见，也需要进行"一般"阵列。在进行阵列操作时，为了确保阵列创建成功，建议读者优先选中 常规 按钮。

步骤 04 选择阵列控制方式。在操控板中选择以"尺寸"方式控制阵列，操控板中控制阵列的各命令说明如图 4.18.4 所示。

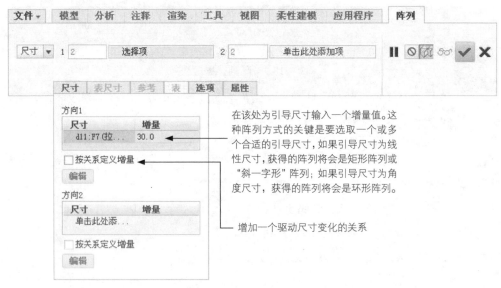

图 4.18.4 "阵列"操控板

步骤 05 选取第一方向、第二方向引导尺寸并给出增量（间距）值。

（1）在操控板中单击 尺寸 按钮，选取图 4.18.5 中的第一方向阵列引导尺寸 24，再在"方向 1"的"增量"文本框中输入数值 30.0。

图 4.18.5 "阵列"引导尺寸

（2）在图 4.18.6 所示的"尺寸"界面中单击"方向 2"区域的"尺寸"栏中的"单击此处添加…"字符，选取图 4.18.5 中的第二方向阵列引导尺寸 20，再在"方向 2"的"增量"文本框中输入数值 40.0；完成操作后的界面如图 4.18.7 所示。

步骤 06 给出第一方向、第二方向阵列的个数。在操控板中的第一方向的阵列个数栏中输入数值 3，在第二方向的阵列个数栏中输入数值 2。

步骤 07 在操控板中单击"完成"按钮 ✓，完成后的模型如图 4.18.1 所示。

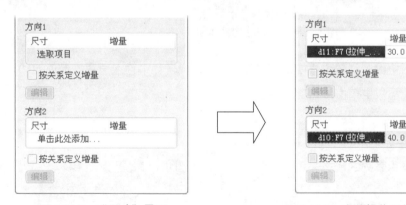

图 4.18.6 "尺寸"界面　　　　图 4.18.7 完成操作后的"尺寸"界面

4.18.2 轴阵列

下面要创建图 4.18.8 所示的孔特征的轴阵列。作为阵列前的准备，先创建一个圆盘形的特征，再添加一个孔特征。对该孔特征进行轴阵列的操作过程如下。

步骤 01 将工作目录设置至 D:\creoxc3\work\ch04.18.02，打开文件 axis_pattern.prt。

步骤 02 在图 4.18.9 所示的模型树中单击 孔 1 特征，再右击，从弹出的快捷菜单中选择 阵列… 命令。

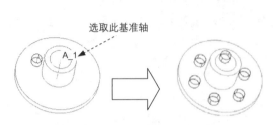
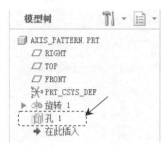

图 4.18.8 利用轴进行轴阵列　　　　　图 4.18.9 模型树

步骤 03 选取阵列中心轴和阵列数目。

（1）在图 4.18.10 所示的操控板的阵列类型下拉列表中选择 **轴** 选项，再选取绘图区中模型的基准轴 A_1。

图 4.18.10 "阵列操"控板

（2）在操控板中的阵列数量栏中输入数量值 6，在增量栏中输入角度增量值 60.0。

步骤 04 在操控板中单击按钮 ✔，完成操作。

4.18.3 填充阵列

填充阵列就是用阵列的成员来填充草绘的区域，如图 4.18.11 所示。

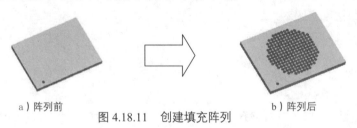

a）阵列前　　图 4.18.11 创建填充阵列　　b）阵列后

以下说明填充阵列的创建过程。

步骤 01 将工作目录设置至 D:\creoxc3\work\ch04.18.03，打开文件 pattern_2.prt。

步骤 02 在模型树中单击"拉伸 2"切削特征，再右击，选择 **阵列...** 命令。

步骤03 选取阵列类型。在"阵列"操控板 选项 界面的 重新生成选项 下拉菜单中选择 常规 选项。

步骤04 选取控制阵列方式。在"阵列"操控板中选取以"填充"方式来控制阵列,此时操控板界面如图 4.18.12 所示。

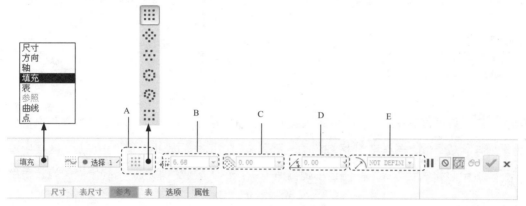

图 4.18.12 "阵列"操控板

图 4.18.12 中各区域的功能说明如下。

A 区域用来为阵列选取不同的栅格模板。

- ◆ ⬛：以正方形阵列方式来排列成员。
- ◆ ⬛：以菱形阵列方式来排列成员。
- ◆ ⬛：以六边形阵列方式来排列成员。
- ◆ ⬛：以同心圆形阵列方式来排列成员。
- ◆ ⬛：以螺旋形阵列方式来排列成员。
- ◆ ⬛：沿填充区域边界来排列成员。

B 区域用来设置阵列成员中心之间的间距。

C 区域用来设置阵列成员中心和草绘边界之间的最小距离。如果为负值,则表示中心位于草绘边界之外。

D 区域用来设置栅格绕原点的旋转角度。

E 区域用来设置圆形或螺旋栅格的径向间距。

步骤05 绘制填充区域。

(1) 在绘图区中右击,从系统弹出的快捷菜单中选择 定义内部草绘... 命令,选择图 4.18.13 所示的表面为草绘平面,接受系统默认的参考平面和方向。

(2) 进入草绘环境后,绘制图 4.18.14 所示的草绘图作为填充区域。

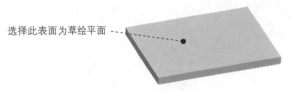
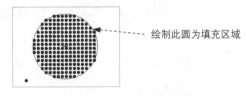

图 4.18.13　选择草绘平面　　　　　　图 4.18.14　绘制填充区域

　图 4.18.14 所示的圆的定位在此并没有作严格的要求，用户如有需要可对其进行精确定位。

步骤06 设置填充阵列形式并输入控制参数值。在操控板的 A 区域中选取"正方形"作为排列阵列成员的方式；在 B 区域中输入阵列成员中心之间的距离值 3.0；在 C 区域中输入阵列成员中心和草绘边界之间的最小距离值 0.0；在 D 区域中输入栅格绕原点的旋转角度值 0.0。

步骤07 在操控板中单击按钮 ✓，完成操作。

4.18.4　曲线阵列

下面以图 4.18.15 所示为例来说明创建曲线阵列的一般操作步骤。

a）阵列前　　　　　　　　　　b）阵列后

图 4.18.15　曲线阵列

步骤01 将工作目录设置至 D:\creoxc3\work\ch04.18.04，打开文件 curve-pattern.prt。

步骤02 在模型树中右击"拉伸 2"，在弹出的快捷菜单中选择 阵列... 命令，系统弹出"阵列"操控板。

步骤03 选择阵列控制方式。在操控板中从 尺寸 下拉列表中选择"曲线"方式控制阵列。

步骤04 定义参考草图。在图形区选取图 4.18.16 所示的草绘曲线作为参考。

步骤05 定义阵列参数。在操控板中单击 按钮，然后在其后的文本框中输入数值 11.0，此时图形区显示如图 4.18.17 所示。

步骤06 在操控板中单击按钮 ✓，完成阵列操作。

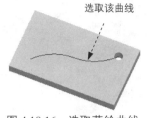
图 4.18.16　选取草绘曲线

图 4.18.17　定义阵列点

4.18.5　删除阵列

在模型树中右击" ▶ 阵列 1 / 拉伸 2 ",从弹出的快捷菜单中选择 删除阵列 命令。

4.19　特征的编辑与操作

4.19.1　特征的重命名

在模型树中,可以对各特征的名称进行重命名,其操作方法有两种,下面分别举例说明。

方法一：从模型树中选择编辑命令,然后修改特征的名称。

举例说明如下。

步骤 01　选择下拉菜单 文件 ➡ 管理会话(M) ▶ ➡ 选择工作目录(W) 更改工作目录。 命令,将工作目录设置为 D:\creoxc3\work\ch04.19.01。

步骤 02　选择下拉菜单 文件 ➡ 打开(O) 命令,打开文件 support-base-hole.prt。

步骤 03　右击图 4.19.1 所示的 ▶ 拉伸 2,在弹出的快捷菜单中选择 重命名 命令,然后在弹出的文本框中输入"切削拉伸 2",并按 Enter 键。

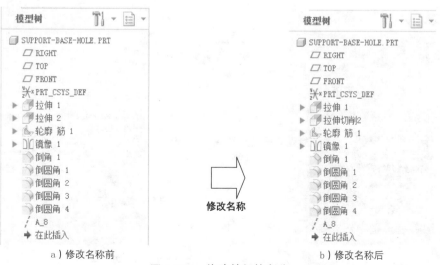

a) 修改名称前　　　　　　　　　　　b) 修改名称后

图 4.19.1　修改特征的名称

方法二：缓慢双击模型树中要重命名的特征，然后修改特征的名称。

这种方法是直接在模型树上缓慢双击要重命名的特征，然后在弹出的文本框中输入名称，并按 Enter 键。

4.19.2 编辑参数

编辑参数是指对特征的尺寸进行编辑，其操作方法有两种，下面分别举例说明。

1. 进入尺寸编辑状态的两种方法

方法一：从模型树中选择编辑命令，然后进行尺寸的编辑。

如在图 3.19.2 所示的零件模型树中（如果看不到模型树，选择导航区中的 命令），单击要编辑的特征，然后右击，在图 3.19.3 所示的快捷菜单中选择 命令，此时该特征的所有尺寸都显示出来，以便进行编辑。

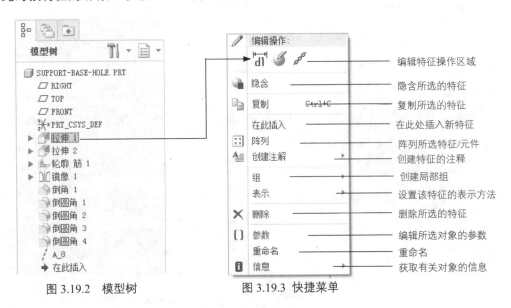

图 3.19.2　模型树　　　　图 3.19.3　快捷菜单

方法二：双击模型中的特征，然后进行尺寸的编辑。

这种方法是直接在图形区的模型上双击要编辑的特征，此时该特征的所有尺寸都会显示出来。对于简单的模型，这是修改尺寸的一种常用方法。

2. 修改特征尺寸值

通过上述方法进入尺寸的编辑状态后，如果要修改特征的某个尺寸值，则方法如下。

步骤01　在模型中双击要修改的某个尺寸。

步骤02 在弹出的图 4.19.4 所示的文本框中输入新的尺寸，并按 Enter 键。

如果修改特征的尺寸后，模型未发生改变，则可以单击 模型 功能选项卡 操作▼ 区域中的 按钮，重新生成模型。

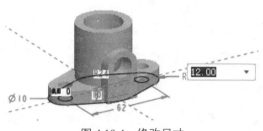

图 4.19.4 修改尺寸

3. 修改特征尺寸的修饰

进入特征的编辑状态后，如果要修改特征的某个尺寸的修饰，其一般操作过程如下。

步骤01 在模型中右击要修改其修饰的某个尺寸。

步骤02 在弹出的图 4.19.5 所示的快捷菜单中选择 属性... 命令，此时系统弹出 "尺寸属性" 对话框。

步骤03 在 "尺寸属性" 对话框中，可以在 属性 选项卡、显示 选项卡及 文本样式 选项卡中进行相应修饰项的设置修改。

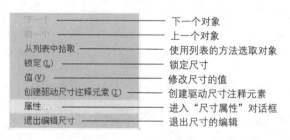

图 4.19.5 快捷菜单

4.19.3 编辑定义截面

当特征创建完毕后，如果需要重新定义截面的形状，就必须对特征进行 "编辑定义"，也叫 "重定义"。下面以零件模型（link_base）中的拉伸特征为例，说明其操作方法。

在零件（link_base）的模型树中，右击实体拉伸特征（特征名为 "拉伸 2"），再在弹出的快捷菜单中选择 命令，此时系统弹出图 4.19.6 所示的操控板界面，按照图中所示的操作方法，可重新定义该特征的截面。

步骤01 在操控板中单击 放置 按钮，然后在弹出的界面中单击 编辑... 按钮（或者在绘图区中右击，从弹出的快捷菜单中选择 编辑内部草绘... 命令，如图4.19.7所示）。

步骤02 此时系统进入草绘环境，单击 草绘 功能选项卡 设置▼ 区域中的 按钮，系统会弹出"草绘"对话框，如图4.19.8所示。

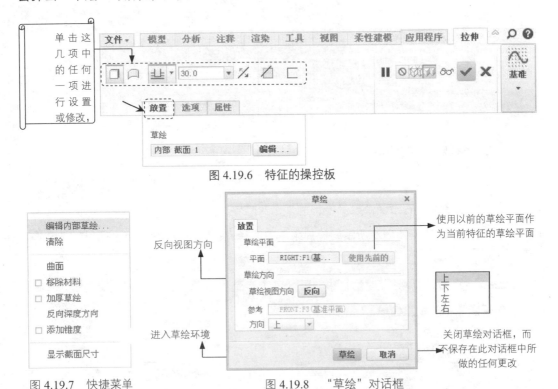

图4.19.6 特征的操控板

图4.19.7 快捷菜单 　　　　图4.19.8 "草绘"对话框

步骤03 此时系统将加亮原来的草绘平面，用户可选取其他平面作为草绘平面，并选取方向；也可通过单击 使用先前的 按钮，来选择前一个特征的草绘平面及参考平面。

步骤04 选取草绘平面后，系统加亮原来的草绘平面的参考平面，此时可选取其他平面作为参考平面，并选取方向。

步骤05 完成草绘平面及其参考平面的选取后，系统再次进入草绘环境，可以在草绘环境中修改特征草绘截面的尺寸、约束关系和形状等；修改完成后，单击"完成"按钮 ✓ 。

4.19.4 特征重排序

这里以酒瓶（wine_bottle）为例，说明特征重新排序（Reorder）的操作方法。如图4.19.9所示，在零件的模型树中单击瓶底"倒圆角2"特征，按住左键不放并拖动鼠标，拖至"壳"

特征的上面，然后松开左键，这样瓶底倒圆角特征就调整到抽壳特征的前面了。

如果要调整有父子关系的特征的顺序，必须先解除特征间的父子关系。解除父子关系有两种办法：一是改变特征截面的标注参考基准或约束方式；二是特征的重新排序（Reorder），即改变特征的草绘平面和草绘平面的参考平面。

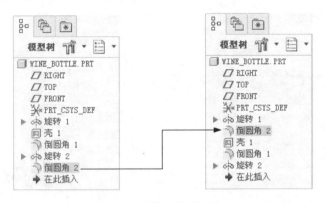

图 4.19.9　特征的重新排序

特征的重新排序（Reorder）是有条件的，条件是不能将一个子特征拖至其父特征的前面。例如，在这个酒瓶的例子中，不能把瓶口的伸出项（旋转）特征 旋转 2 移到完全圆角特征 倒圆角 1 的前面，因为它们存在父子关系，该伸出项特征是完全圆角的子特征。为什么存在这种父子关系呢？这要从该伸出项特征的创建过程说起，在创建该伸出项特征的草绘截面时，选取了属于完全圆角的一条边线为草绘参考，同时截面的定位尺寸 5.0 以这条边为参考进行标注，这样就在该伸出项特征与完全圆角间建立了父子关系。

4.19.5　特征的隐含与取消隐含

"隐含"特征就是将特征从模型中暂时删除。如果要"隐含"的特征有子特征，子特征也会一同被"隐含"。类似地，在装配模块中可以"隐含"装配体中的元件。隐含特征的作用如下。

- ◆ 隐含某些特征后，用户可更专注于当前工作区域。
- ◆ 隐含零件上的特征或装配体中的元件可以简化零件或装配模型，减少再生时间，加速修改过程和模型显示。
- ◆ 暂时删除特征（或元件）可尝试不同的设计迭代。

一般情况下，特征被"隐含"后，系统不在模型树上显示该特征名。如果希望在模型树上显示该特征名，可以在导航选项卡中选择 [图标] ➡ [树过滤器(F)...] 命令，系统弹出图 4.19.10 所示的"模型树项目"对话框，选中该对话框中的 [☑ 隐含的对象] 复选框，然后单击 [确定] 按钮，这样被隐含的特征名就会显示在模型树中。注意被隐含的特征名前有一个填黑的小正方形标记，如图 4.19.11 所示。

如果想要恢复被隐含的特征，可在模型树中右击隐含特征名，再在弹出的快捷菜单中选择 [恢复] 命令，如图 4.19.12 所示。

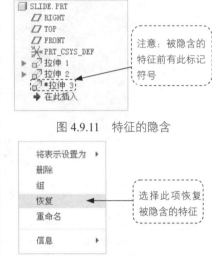

图 4.9.10　"模型树项"对话框　　　　图 4.9.11　特征的隐含

　　　　　　　　　　　　　　　　　　　图 4.9.12　快捷菜单

4.19.6　解决特征生成失败

1. 特征生成失败的出现

在特征创建或重定义时，由于给定的数据不当或参考的丢失，会出现特征生成失败的情况。下面就特征失败的情况进行讲解，这里还是以酒瓶（wine_bottle）为例进行说明，如果进行下列"编辑定义"操作（图 4.19.13），将会产生特征生成失败。

步骤01　将工作目录设置至 D:\ creoxc3\work\ch04.19.06，打开文件 wine_bottle_fail.prt。

步骤02　在图 4.19.14 所示的模型树中，首先右击 [倒圆角 1]，然后从弹出的快捷菜单中选择 [图标] 命令。

步骤03　重新选取圆角选项。在系统弹出的图 4.19.15 所示的操控板中单击 [集] 按钮；在"集"界面的 [参考] 栏中右击，从弹出的快捷菜单中选择 [全部移除] 命令（图 4.19.16）；按住 Ctrl 键，依次选取图 4.19.17 所示的瓶口的两条边线；在半径栏中输入圆角半径值 0.6，按 Enter 键。

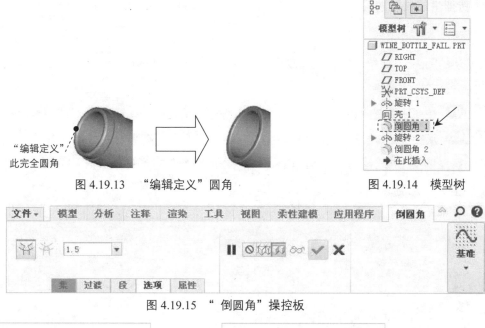

图 4.19.13 "编辑定义"圆角

图 4.19.14 模型树

图 4.19.15 "倒圆角"操控板

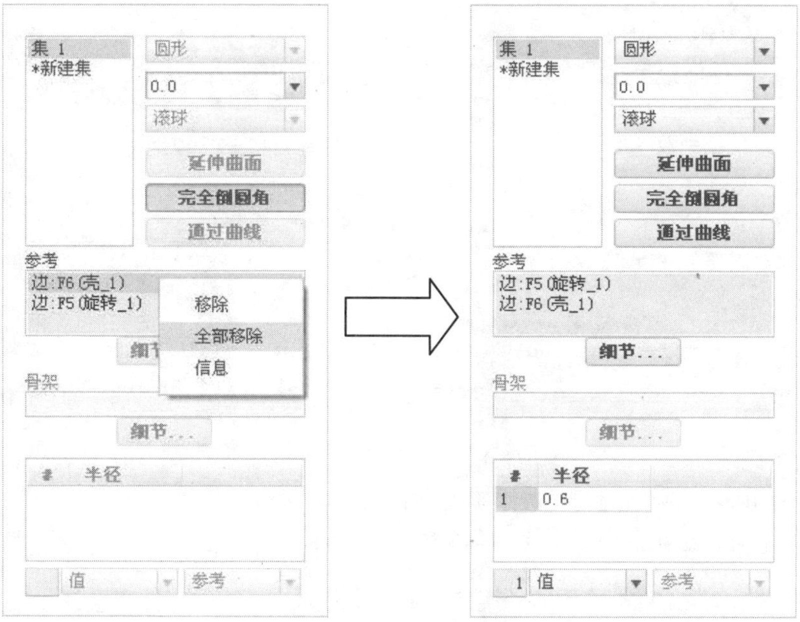

图 4.19.16 圆角的设置

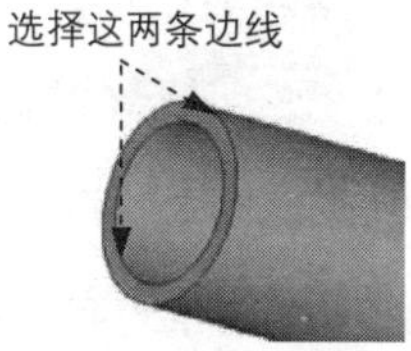

图 4.19.17 选择圆角边线

步骤 04 在操控板中单击"完成"按钮 ✓ 后，系统弹出图 4.19.18 所示的"特征失败"提示对话框，此时模型树中"旋转 2"以红色高亮显示出来，如图 4.19.19 所示。因为该特征截面中的一个尺寸（5.0）的标注是以完全圆角的一条边线为参考的，重定义后完全圆角不存在，瓶口旋转特征截面的参考丢失，所以便出现特征生成失败的情况。

2. 特征生成失败的解决方法

解决方法一：取消。

在前述的图 4.19.18 所示的特征失败提示对话框中选择 取消 按钮。

解决方法二：删除特征。

步骤01 在前述的图 4.19.18 所示的特征失败提示对话框中选择 确定 按钮。

步骤02 从图 4.19.19 所示的模型树中，右击 旋转 2，在弹出的图 4.19.20 所示的快捷菜单中选择 删除 命令，在弹出的图 4.19.21 所示的"删除"对话框中选择 确定，删除后的模型如图 4.19.22 所示。

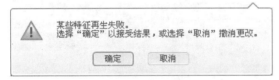

图 4.19.18 "特征失败"提示

图 4.19.19 模型树

图 4.19.20 快捷菜单

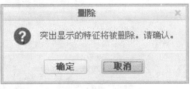

图 4.19.21 "删除"对话框

图 4.19.22 删除操作后的模型

解决方法三：重定义特征。

步骤01 在前述的图 4.19.18 所示的特征失败提示对话框中，单击 确定 按钮。

步骤02 从图 4.19.19 所示的模型树中右击 旋转 2，在弹出的图 4.19.23 所示的快捷菜单中选择 命令，将弹出图 4.19.24 所示的"旋转"命令操控板。

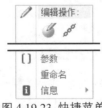

图 4.19.23 快捷菜单

图 4.19.24 "旋转"命令操控板

步骤03 重定义草绘参考并进行标注。

（1）在操控板中单击 放置 按钮，然后在弹出的菜单区域中单击 编辑... 按钮。

（2）在弹出的图 4.19.25 所示的草图"参考"对话框中，首先删除过期和丢失的参考，再选取新的参考 TOP 和 FRONT 基准平面，关闭"参考"对话框。

图 4.19.25 "参考"对话框

（3）在草绘环境中，相对新的参考进行尺寸标注（标注 195.0 这个尺寸），如图 4.19.26 所示;完成后，单击操控板中的 ✓ 按钮。

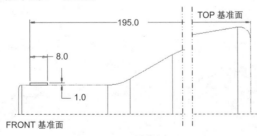

图 4.19.26 重定义特征

解决方法四：隐含特征。

步骤01 在前述的图 4.19.18 所示的特征失败提示对话框中单击 确定 按钮。

步骤02 在模型树中右击 旋转 2，在弹出的图 4.19.27 所示的快捷菜单中选择 隐含 命令，然后在弹出的图 4.19.28 所示的"隐含"对话框中单击 确定 按钮。

图 4.19.27 快捷菜单

图 4.19.28 "隐含"对话框

4.20 层操作

4.20.1 概述

Creo 3.0 提供了一种有效组织模型和管理诸如基准线、基准面、特征和装配中的零件等要素的手段，这就是"层(Layer)"。通过层，可以对同一个层中的所有共同的要素进行显示、隐藏和选择等操作。在模型中，想要多少层就可以有多少层。层中还可以有层，也就是说，一个层还可以组织和管理其他许多的层。通过组织层中的模型要素并用层来简化显示，可以使很多任务流水线化，并可提高可视化程度，极大地提高工作效率。

层显示状态与其对象一起局部存储，这意味着在当前 Creo 3.0 工作区改变一个对象的显示状态，不影响另一个活动对象的相同层的显示，然而装配中层的改变或许会影响到低层对象（子装配或零件）。

4.20.2 设置图层

1. 进入层的操作界面

有如下两种方法进入层的操作界面。

第一种方法：在图 4.20.1 所示的导航选项卡中选择 ▭▾ ➡ 层树(L) 命令，即可进入图 4.20.2 所示的"层"的操作界面。

第二种方法：单击 视图 功能选项卡 可见性 区域中的"层"按钮 ▭，也可进入"层"的操作界面。

通过该操作界面可以操作层、层的项目及层的显示状态。

进行层操作的一般流程如下。

步骤01 选取活动层对象（在零件模式下无需进行此步操作）。

步骤02 进行"层"操作，比如创建新层、向层中增加项目、设置层的显示状态等。

步骤03 保存状态文件（可选）。

步骤04 保存当前层的显示状态。

步骤05 关闭"层"操作界面。

使用 Creo 3.0，当正在进行其他命令操作时（如正在进行伸出项拉伸特征的创建），可以同时使用"层"命令，以便按需要操作层显示状态或层关系，而不必退出正在进行的命令，再进行"层"操作。图 4.20.2 所示的"层"的操作界面反映了零件模型（pad）中层的状态，由于创建该零件时使用了 PTC 公司提供的零件模板 `mmns_part_solid`，该模板提供了图 4.20.2 所示的这些预设的层。

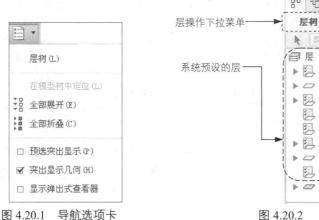

图 4.20.1 导航选项卡　　　　图 4.20.2 "层"操作界面

2. 创建新层

下面接着上面的内容来介绍创建新层的一般过程。

步骤01 在层的操作界面中，选择图 4.20.3 所示的 ➡ 新建层(N)... 命令。

步骤02 完成上步操作后，系统弹出图 4.20.4 所示的"层属性"对话框。

（1）在 `名称` 后面的文本框内输入新层的名称（也可以接受默认名）。

（2）在 `层Id:` 后面的文本框内输入层"标识"号。层"标识"的作用是将文件输出为不同格式（如 IGES）时，利用其标识，可以识别一个层。一般情况下可以不输入标识号，然后选取在放入层的对象。

（3）单击 `确定` 按钮。

层是以名称来识别的，层的名称可以用数字或字母数字的形式表示，最多不能超过 31 个字符。在层树中显示层时，首先是数字名称层排序，然后是字母数字名称层排序。字母数字名称的层按字母排序。不能创建未命名的层。

图 4.20.3 层的下拉菜单

图 4.20.4 "层属性"对话框

3. 将项目添加到层中

层中的内容,如基准线、基准面等,称为层的"项目"。下面接着上一小节的内容来介绍向一个层中添加项目的方法。

步骤01 在"层树"中单击 LAYER.PRT 零件中的 AXIS 层,然后右击,系统弹出图 4.20.5 所示的快捷菜单,选取该菜单中的 层属性... 命令,此时系统弹出图 4.20.6 所示的"层属性"对话框。

步骤02 向层中添加项目。首先确认对话框中的 包括... 按钮被按下,然后将鼠标指针移至图形区的模型上,可看到当鼠标指针接触到基准面、基准轴、坐标系和伸出项等特征项目时,相应的项目变成天蓝色,此时单击 LAYER.PRT 零件中的坐标系,相应的项目就会添加到该层中。

步骤03 如果要将项目从层中排除,可单击对话框中的 排除... 按钮,再选取项目列表中的相应项目。

步骤04 如果要将项目从层中完全删除,先选取项目列表中的相应项目,再单击 移除 按钮。

步骤05 单击 确定 按钮,关闭"层属性"对话框。

- 如果在装配模式下选取的项目不属于活动模型，则系统弹出图 4.20.7 所示的"放置外部项目"对话框，在该对话框的 放置外部项目 区域中显示出外部项目所在模型的层的列表。选取一个或多个层名，然后选择对话框下部的选项之一，即可处理外部项目的放置。
- 在工程图模块中，只有将设置文件 drawing.dtl 中的选项 ignore_model_layer_status 设置为 no，项目才可被添加到属于父模型的层上。

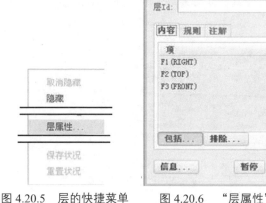

图 4.20.5　层的快捷菜单　　图 4.20.6　"层属性"对话框　　图 4.20.7　"放置外部项目"对话框

4.20.3　图层可视性设置

将模型中的各层设为所需要的显示状态后，只有将层的显示状态先保存起来，模型中层的显示状态才能随模型的保存而与模型文件一起保存，否则下次打开模型文件后，以前所设置的层的显示状态会丢失。保存层的显示状态的操作方法是，选择层树中的任意一个层，右击，从弹出的图 4.20.8 所示的快捷菜单中选择 保存状况 命令。

- 在没有改变模型中的层的显示状态时，保存状况 命令是灰色的。
- 如果没有对层的显示状态进行保存，则在保存模型文件时，系统会在屏幕下部的信息区提示 ⚠警告：层显示状况未保存。，如图 4.20.9 所示。

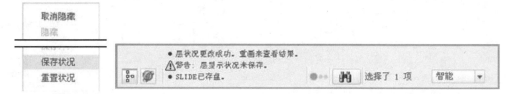

图 4.20.8　快捷菜单　　　　　图 4.20.9　信息区的提示

4.20.4 系统自动创建层

在 Creo 3.0 中，当创建某些类型的特征（如曲面特征、基准特征等）时，系统会自动创建新层（图 4.20.10），新层中包含所创建的特征或该特征的部分几何元素，以后如果创建相同类型的特征，系统会自动将该特征（或其部分几何元素）放入以前自动创建的新层中。

例如，在用户创建了一个基准平面 DTM1 特征后，系统会自动在层树中创建名为 DATUM 的新层，该层中包含刚创建的基准平面 DTM1 特征，以后如果创建其他的基准平面，系统会自动将其放入 DATUM 层中；又如，在用户创建旋转特征后，系统会自动在层树中创建名为 AXIS 的新层，该层中包含刚创建的旋转特征的中心轴线，以后用户创建含有基准轴的特征（截面中含有圆或圆弧的拉伸特征中均包含中心轴几何）或基准轴特征时，系统会自动将它们放入 AXIS 层中。

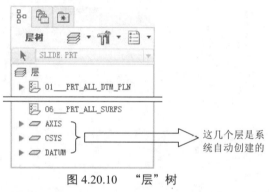

图 4.20.10 "层"树

对于其二维草绘截面中含有圆弧的拉伸特征，需在系统配置文件 config.pro 中将选项 show_axes_for_extr_arcs 的值设为 yes，图形区的拉伸特征中才显示中心轴线，否则不显示中心轴线。

第 5 章 零件设计综合实例

5.1 零件设计综合实例一

范例概述：

在本范例中，读者要重点掌握实体拉伸特征的创建过程，零件模型如图 5.1.1 所示。

步骤01 新建一个零件模型，将其命名为 connecting_rod。

步骤02 创建图 5.1.2 所示的实体拉伸特征 1。

（1）单击 模型 选项卡下 形状▼ 区域的 拉伸(E)... 按钮。

（2）定义草绘截面。

① 在绘图区右击，在弹出的快捷菜单中选择 定义内部草绘... 命令，系统弹出"草绘"对话。

② 设置草绘平面与参考平面。选择 RIGHT 基准平面为草绘平面，TOP 基准平面为参考平面，方向为 左 ；单击对话框中的 草绘 按钮。

③ 此时系统进入截面草绘环境，绘制图 5.1.3 所示的截面草图；绘制完成后，单击"草绘完成"按钮 ✓ 。

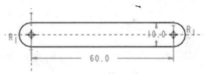

图 5.1.1　零件模型 1　　　图 5.1.2　实体拉伸特征 1　　　图 5.1.3　截面草图

（3）在操控板中选择深度类型 日 （即两侧拉伸），输入深度值 4.0。

（4）在操控板中单击 ∞ 按钮，预览所创建的特征；单击"完成"按钮 ✓ 。

步骤03 创建图 5.1.4 所示的实体拉伸特征 2。

（1）单击 模型 选项卡下 形状▼ 区域的 拉伸(E)... 按钮。

（2）定义草绘截面。在绘图区右击，在弹出的快捷菜单中选择 定义内部草绘... 命令，系统弹出"草绘"对话框；选择 RIGHT 基准平面为草绘平面，TOP 基准平面为参考平面，方向为 左 ；绘制图 5.1.5 所示的截面草图；绘制完成后，单击"草绘完成"按钮 ✓ 。

（3）在操控板中选择深度类型 日 （即两侧拉伸），输入深度值 2.5。

（4）在操控板中单击 ∞ 按钮，预览所创建的特征；单击"完成"按钮 ✓。

步骤 04 创建图 5.1.6 所示的拉伸特征 3。单击"拉伸"命令按钮 ，确认"实体"按钮 被按下，并按下操控板中的"切削"按钮 ，选取图 5.1.6 所示的零件表面作为草绘平面，接受系统默认的参考平面和方向，绘制图 5.1.7 所示的截面草图，深度类型为 （即"穿透"）。

图 5.1.4　实体拉伸特征 2

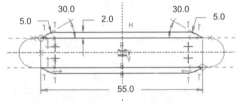

图 5.1.5　截面草图

图 5.1.6　实体切削拉伸特征 3

图 5.1.7　截面草图

5.2　零件设计综合实例二

范例概述：

　　该范例主要运用了拉伸、轮廓筋、倒角及倒圆角等命令，建模思路是先创建拉伸特征，再创建轮廓筋、倒角及倒圆角等特征，从而得到模型的主体结构，其中轮廓筋特征的使用是重点。该零件模型如图 5.2.1 所示。

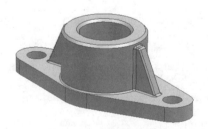

图 5.2.1　零件模型 2

　本案例的详细操作过程请参见随书光盘中 video\ch05.02\文件夹下的语音视频讲解文件。模型文件为 D:\creoxc3\work\ch05.02\support-base.prt.2。

5.3 零件设计综合实例三

范例概述：

本范例主要运用了拉伸、倒圆角、抽壳、阵列和镜像等特征命令，其中的主体造型是通过实体倒了一个大圆角后抽壳而成的，构思很巧妙。零件模型如图 5.3.1 所示。

 本案例的详细操作过程请参见随书光盘中 video\ch05.03\文件夹下的语音视频讲解文件。模型文件为 D:\ creoxc3\work\ch05.03\dig_hand.prt.1。

5.4 零件设计综合实例四

范例概述：

该范例中使用的命令比较多，主要运用了拉伸、扫描、混合、倒圆角及抽壳等特征命令。建模思路是先创建互相交叠的拉伸、扫描、混合特征，再对其进行抽壳，从而得到模型的主体结构，其中扫描、混合特征的综合使用是重点。务必保证草图的正确性，否则此后的圆角将难以创建。该零件模型如图 5.4.1 所示。

 本案例的详细操作过程请参见随书光盘中 video\ch05.04\文件夹下的语音视频讲解文件。模型文件为 D:\creoxc3\work\ch05.04\instance_main_housing.prt.1。

图 5.3.1　零件模型 3

图 5.4.1　零件模型 4

5.5 零件设计综合实例五

范例概述：

本范例的零件模型如图 5.5.1 所示，难点主要集中在带倾斜角零件的创建及其阵列，读者要重点掌握基准平面的创建及组阵列的技巧和思路。

图 5.5.1 零件模型 5

本案例的详细操作过程请参见随书光盘中 video\ch05.05\文件夹下的语音视频讲解文件。模型文件为 D:\creoxc3\work\ch05.05\fan_hub-ok.prt.2。

5.6 零件设计综合实例六

范例概述：

本范例设计了一个简单的齿轮，主要运用了旋转、拉伸和倒圆角等特征命令，先创建基础旋转特征，再添加其他修饰，重在零件的结构安排。零件模型如图 5.6.1 所示。

本案例的详细操作过程请参见随书光盘中 video\ch05.06\文件夹下的语音视频讲解文件。模型文件为 D:\ creoxc3\work\ch05.06\passive-gear.prt。

图 5.6.1 零件模型 6

5.7 零件设计综合实例七

应用概述：

本范例设计了一个简单的圆形盖，主要运用了旋转、抽壳、拉伸和倒圆角等特征命令，首先创建基础旋转特征，然后添加其他修饰，重在零件的结构安排。零件模型如图 5.7.1 所示。

本范例的详细操作过程请参见随书光盘中 video\ch05.07\文件夹下的语音视频讲解文件。模型文件为 D:\creoxc3\work\ch05.07\instance_part_cover.prt。

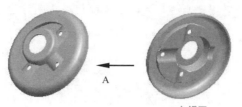

图 5.7.1 零件模型 7

5.8 零件设计综合实例八

范例概述：

本范例主要采用的是一些基本的实体创建命令，如实体拉伸、拔模、实体旋转、切削、阵列、孔、螺纹修饰和倒角等，重点是培养读者构建三维模型的思想，其中对各种孔的创建需要特别注意。零件模型如图 5.8.1 所示。

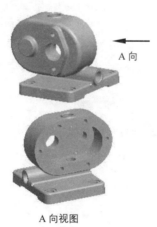

图 5.8.1 零件模型 8

 本案例的详细操作过程请参见随书光盘中 video\ch05.08\文件夹下的语音视频讲解文件。模型文件为 D:\creoxc3\work\ch05.08\pump_body.prt。

5.9 零件设计综合实例九

范例概述：

本范例介绍了一个饮水机手柄的创建过程，主要运用了：实体拉伸、草绘、旋转和扫描等特征命令，其中手柄的连接弯曲杆处是通过选取扫描轨迹再创建伸出项特征而形成的，构思很巧。该零件模型如图 5.9.1 所示。

图 5.9.1 零件模型 9

本案例的详细操作过程请参见随书光盘中 video\ch05.09\文件夹下的语音视频讲解文件。模型文件为 D:\creoxc3\work\ch05.09\water_fountain_switch.prt。

第 6 章 曲面设计

6.1 曲面设计基础入门

6.1.1 曲面设计概述

Creo 3.0 中的曲面（Surface）设计模块主要用于创建形状复杂的零件。这里要注意，曲面是没有厚度的几何特征，不要将曲面与实体里的薄壁特征相混淆，薄壁特征本质上是实体，只不过它的壁很薄。

在 Creo 3.0 中，通常将一个曲面或几个曲面的组合称为面组（Quilt）。

用曲面创建形状复杂的零件的主要过程如下。

（1）创建数个单独的曲面。

（2）对曲面进行修剪（Trim）、切削（Cut）、偏移（Offset）等操作。

（3）将各个单独的曲面合并（Merge）为一个整体的面组。

（4）将曲面（面组）转化为实体零件。

6.1.2 显示曲面网格

单击 **分析** 功能选项卡下 检查几何▼ 区域中的 网格化曲面 按钮，系统弹出图 6.1.1 所示的"网格"对话框，利用该对话框可对曲面进行网格显示设置，如图 6.1.2 所示。

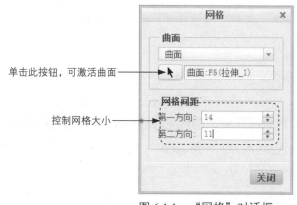

图 6.1.1 "网格"对话框

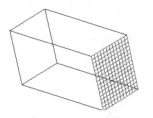

图 6.1.2 曲面网格显示

6.2 曲线线框设计

6.2.1 草绘曲线

草绘基准曲线的方法与草绘其他特征相同。草绘曲线可以由一个或多个草绘段以及一个或多个开放或封闭的环组成。但是将基准曲线用于其他特征，通常限定在开放或封闭环的单个曲线（它可以由许多段组成）。

草绘基准曲线时，Creo 3.0 在离散的草绘基准曲线上创建一个单一复合基准曲线。对于该类型的复合曲线，不能重新定义起点。

由草绘曲线创建的复合曲线可以作为轨迹选择，如作为扫描轨迹。使用"查询选取"可以选择底层草绘曲线图元。

如图 6.2.1 所示，现需要在模型的表面上创建一个草绘基准曲线，操作步骤如下。

步骤01 将工作目录设置至 D:\ creoxc3\work\ch06.02.01，打开文件 curve-sketch.prt。

步骤02 在操控板中单击"草绘"按钮 （图 6.2.2）。

步骤03 选取图 6.2.1 中的草绘平面及参考平面，单击 草绘 按钮进入草绘环境。

步骤04 进入草绘环境后，接受默认的平面为草绘环境的参考，然后单击 样条 按钮，草绘一条样条曲线。

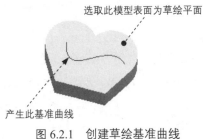

图 6.2.1 创建草绘基准曲线

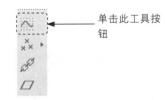

图 6.2.2 工具按钮的位置

步骤05 单击按钮 ，退出草绘环境。

6.2.2 经过点的曲线

可以通过空间中的一系列点创建基准曲线，经过的点可以是基准点、模型的顶点、曲线的端点。如图 6.2.3 所示，现需要经过基准点 PNT0、PNT1、PNT2 和 PNT3 创建一条基准曲线，操作步骤如下。

步骤01 将工作目录设置至 D:\ creoxc3\work \ch06.02.02，打开文件 curve_point.prt。

步骤02 单击 模型 功能选项卡中的 基准 按钮，在系统弹出的菜单中

第 6 章 曲面设计

单击 `~ 曲线` ▶ 选项后面的 ▼，选择 `通过点的曲线` 命令。

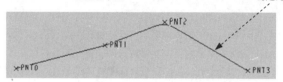

图 6.2.3 经过点创建基准曲线

步骤 03 完成上步操作后，系统弹出图 6.2.4 所示的"曲线：通过点"操控板，在图形区中依次选取图 6.2.3 中的基准点 PNT0、PNT1 和 PNT2 为曲线的经过点，然后在操控板中单击 ⌃ 按钮。

图 6.2.4 "曲线：通过点"操控板

步骤 04 单击该操控板中的 按钮，并在其后的文本框中输入折弯半径值 3，并按 Enter 键。

步骤 05 选取图 6.2.3 中的基准点 PNT3。

步骤 06 单击"曲线：通过点"操控板中的 ✓ 按钮，完成曲线的创建。

6.2.3 从方程创建曲线

该方法是使用一组方程来创建基准曲线。下面以图 6.2.5 为例，说明用方程创建螺旋基准曲线的操作过程。

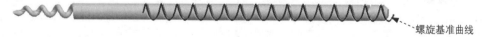

图 6.2.5 从方程创建基准曲线

步骤 01 将工作目录设置至 D:\creoxc3\work\ch06.02.03，然后打开文件 claw-curve.prt。

步骤 02 单击 `模型` 功能选项卡在 `基准` ▼ 下拉菜单中选择 `~ 曲线` ▶
➡ `~ 来自方程的曲线` 命令，系统弹出图 6.2.6 所示的"曲线：从方程"操控板。

135

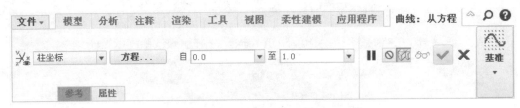

图 6.2.6 "曲线：从方程操控板

步骤 03 选取图 6.2.7 所示的坐标系 CS0，在操控板的坐标系类型下拉列表中选择 柱坐标 选项。

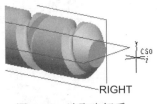

图 6.2.7 选取坐标系

步骤 04 输入螺旋曲线方程。在该操控板中单击 方程... 按钮，系统弹出"方程"对话框；在该对话框的编辑区域输入曲线方程，如图 6.2.8 所示。

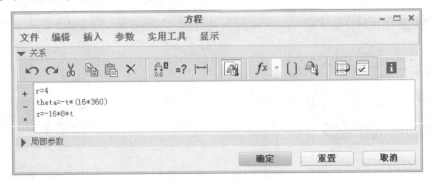

图 6.2.8 "方程"对话框

步骤 05 单击该对话框中的 确定 按钮，完成螺旋基准曲线的创建。

6.2.4 复制曲线

用户可以通过已经存在的曲线或曲面的边界，用复制粘贴的方法来创建曲线。

下面以图 6.2.9 所示的模型为例，说明创建复制曲线的一般过程。

步骤 01 将工作目录设置至 D:\creoxc3\work\ch06.02.04，打开文件 curve_copy.prt。

步骤 02 在屏幕上方的"智能选取"栏中选择"几何"选项，然后在模型中选取图 6.2.9

所示的边线。

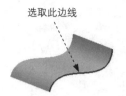

图 6.2.9　选取边线

步骤 03 单击 模型 功能选项卡 操作 ▼ 区域中的"复制"按钮 。

步骤 04 单击 模型 功能选项卡 操作 ▼ 区域中的"粘贴"按钮 ，系统弹出图 6.2.10 所示的"曲线：复合"操控板。

步骤 05 单击"曲线：复合"操控板中的 按钮，完成复制曲线的创建。

 逼近曲线不能在大于 5°的接头角上创建。

图 6.2.10　"曲线：复合"操控板

步骤 06 隐藏曲面。

（1）选择导航选项卡中的 ▼ ➡ 层树(L) 命令（或单击按钮 ）。

（2）在层树中选取模型曲面层 QUILT ，右击，从弹出的快捷菜单中选择 隐藏 命令；单击"重画"按钮 ，这样模型的曲面将不显示。

6.2.5　相交曲线

这种方法可在零件模型的表面、基准平面与曲面特征的交截处及任意两个曲面特征的交截处创建基准曲线。

每对交截曲面产生一个独立的曲线段，Creo 3.0 将每个相连的段环合成为一条复合曲线。

如图 6.2.11 所示，现需要在曲面 1 和曲面 2 的相交处创建一条曲线，操作步骤如下：

步骤 01 将工作目录设置至 D:\creoxc3\work\ch06.02.05，打开文件 curve-int.prt。

步骤02 在模型中选择曲面1，如图6.2.11所示。

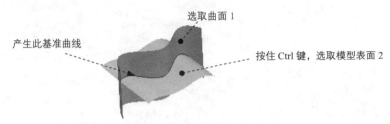

图6.2.11 用曲面求交的方法创建曲线

步骤03 单击 模型 功能选项卡 编辑 ▼ 区域中的"相交"按钮 相交，此时系统显示图6.2.12所示的"曲面相交"操控板。

图6.2.12 "曲面相交"操控板

步骤04 按住Ctrl键，选择图6.2.11中的模型表面2，系统立即产生图6.2.11所示的基准曲线，然后单击操控板中的"完成"按钮 。

- 如果选定的第一个曲面是实体的表面，则第二个曲面不能是实体的表面。
- 不能在两个基准平面的交截处创建基准曲线。

6.2.6 投影曲线

通过将原有基准曲线投影到一个或多个曲面上，可创建投影基准曲线。投影基准曲线将"扭曲"原始曲线。

可将基准曲线投影到实体表面、曲面、面组或基准平面上。投影的曲面或面组不必是平面。

如果曲线是通过在平面上草绘来创建的，那么可对其阵列。

剖面线基准曲线无法进行投影。如果对其进行投影，那么系统将忽略该剖面线。

如图6.2.13所示，曲线1是DTM1基准平面上的一条草绘曲线，现需要在曲面特征A上创建其投影曲线，操作步骤如下。

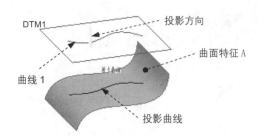

图 6.2.13　创建投影基准曲线

步骤 01　将工作目录设置至 D:\creoxc3\work\ch06.02.06，打开文件 curve_project.prt。

步骤 02　在图 6.2.13 所示的模型中选择草绘曲线 1。

步骤 03　单击 模型 功能选项卡 编辑 ▼ 区域中的"投影"按钮 投影，此时系统显示图 6.2.14 所示的"投影曲线"操控板。

图 6.2.14　"投影曲线"操控板

步骤 04　选取曲面特征 A，此时即产生图 6.2.13 所示的投影曲线。

步骤 05　在操控板中单击"完成"按钮 。

6.2.7　修剪曲线

用修剪创建基准曲线是将原始曲线的一部分截去，变成一条新的曲线。创建修剪曲线后，原始曲线将不可见。

如图 6.2.15 a 所示，曲线 1 是实体表面上的一条草绘曲线，FPNT0 是曲线 1 上的一个基准点，现需要在曲线 1 上的 FPNT0 处产生修剪曲线，操作步骤如下。

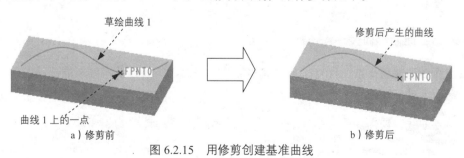

图 6.2.15　用修剪创建基准曲线

步骤01 将工作目录设置至 D:\ creoxc3\work \ch06.02.07，打开文件 curve_trim.prt。

步骤02 在图 6.2.15 所示的模型中选择草绘曲线 1。

步骤03 单击 模型 功能选项卡 编辑 ▼ 区域中的"修剪"按钮 修剪，系统显示图 6.2.16 所示的"曲线修剪"操控板。

图 6.2.16　"曲线修剪"操控板

步骤04 选择基准点 FPNT0。此时基准点 FPNT0 处出现一个方向箭头，如图 6.2.17 所示，该箭头指向的一侧为修剪后的保留侧。

- 单击操控板中的 按钮，可切换箭头的方向，如图 6.2.18 所示，这也是本例所要的方向。
- 再次单击 按钮，出现两个箭头，如图 6.2.19 所示，这意味着将保留整条曲线。

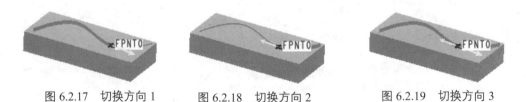

图 6.2.17　切换方向 1　　　　图 6.2.18　切换方向 2　　　　图 6.2.19　切换方向 3

步骤05 在操控板中单击"完成"按钮 ✓，系统立即产生图 6.2.15 b 所示的修剪曲线。

6.2.8　偏移曲线

1.　沿曲面偏移曲线

沿曲面创建偏移基准曲线就是将已有的曲线沿曲面进行偏移而得到新的曲线，新曲线的方向（位置）可以通过输入正、负尺寸值来实现。如图 6.2.20a 所示，曲线 1 是实体表面上的一条草绘曲线，现需要产生图 6.2.20b 所示的偏距曲线，操作步骤如下：

步骤01 将工作目录设置至 D:\ creoxc3\work\ch06.02.08，打开文件 curve-along- surface.prt。

步骤02 在图 6.2.20 所示的模型中选择曲线 1。

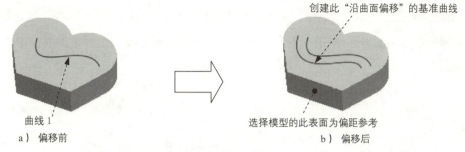

图 6.2.20 沿曲面偏移的方法

步骤03 单击 模型 功能选项卡 编辑 区域中的"偏移"按钮 偏移，系统显示图 6.2.21 所示的"偏移"操控板。

图 6.2.21 "偏移"操控板

步骤04 在系统提示下，选择图 6.2.20b 中的模型表面，并在"偏移"文本框中输入数值 20.0，即产生图 6.2.20b 所示的曲线；单击"完成"按钮 。

2. 垂直于曲面偏移曲线

可以将曲线以某一个偏距同时垂直于某一个曲面为参考来创建基准曲线。

如图 6.2.22a 所示，曲线 1 是实体表面上的一条草绘曲线，现需要垂直于模型的上表面偏移产生一条偏距曲线，如图 6.2.22a 所示，操作步骤如下。

图 6.2.22 垂直于曲面偏移创建基准曲线

步骤01 将工作目录设置至 D:\creoxc3\work\ch06.02.08，然后打开文件 curve-offset-surface.prt。

步骤02 在图 6.2.22a 所示的模型中选择曲线 1。

步骤 03 单击 模型 功能选项卡 编辑 ▼ 区域中的"偏移"按钮 偏移。

步骤 04 在图 6.2.23 所示的"偏移"操控板中,单击 按钮,在"偏移"操控板的 文本框中输入偏距值 30.0,系统立即产生图 6.2.22b 所示的偏距曲线;单击操控板中的"完成"按钮 。

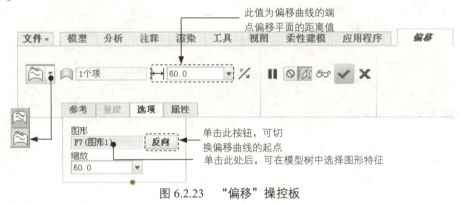

图 6.2.23 "偏移"操控板

6.2.9 包络曲线

通过将原有基准曲线印贴到曲面上,可创建包络(印贴)曲线,就像将贴花转移到曲面上一样。基准曲线只能在可展开的曲面(如平面、圆锥面和圆柱面)上印贴。包络曲线将保持原曲线的长度。

如图 6.2.24 所示,现需要将 DTM1 基准平面上的草绘曲线 1 印贴到圆柱面上,产生图中所示的包络曲线,操作步骤如下。

步骤 01 将工作目录设置至 D:\creoxc3\work\ch06.02.09,打开文件 curve_wrap.prt。

步骤 02 在图 6.2.24 所示的模型中选择草绘曲线 1。

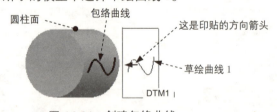

图 6.2.24 创建包络曲线

步骤 03 选择 模型 功能选项卡 编辑 ▼ 区域中的"包络"命令 包络。

步骤 04 此时出现图 6.2.25 所示的"包络"操控板,从该操控板中可看出,系统自动选取了圆柱面作为包络曲面,因而也产生了图 6.2.24 所示的包络曲线。

系统通常在与原始曲线最近的一侧实体曲面上产生包络曲线。

第 6 章 曲面设计

步骤 05 在操控板中单击"完成"按钮 ✓。

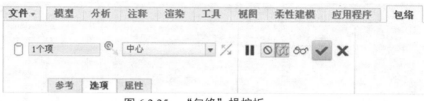

图 6.2.25 "包络"操控板

6.3 曲线的分析

6.3.1 曲线上点信息分析

曲线上某点信息分析是指分析并报告曲线或边上所选位置的各种信息，它们包括点、法向、曲率和曲率向量。在进行产品设计的过程中，利用此功能可以清楚地了解指定点位置的确切信息。下面简要说明对曲线上某点信息分析的操作过程。

步骤 01 将工作目录设置至 D:\creoxc3\work\ch06.03.01，打开文件 curve-point-analysis.prt。

步骤 02 单击 分析 功能选项卡 检查几何 ▼ 区域中 几何报告 ▼ 节点下的 点 命令。

步骤 03 在图 6.3.1 所示的"点"对话框中打开 分析 选项卡，在 点 文本框中单击"选取项"字符，然后选取图 6.3.2 所示的基准点 PNT0，在图 6.3.3 所示的"查询范围"对话框中单击 接受 按钮。

图 6.3.1 "点"对话框

图 6.3.2 选取基准点 PNT0

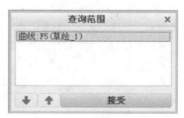

图 6.3.3 "查询范围"对话框

步骤 04 在图 6.3.4 所示的 分析 选项卡中，显示此点所在曲线的各种信息（包括点、法向、切向、曲率和曲率向量）。

143

图 6.3.4 "分析"选项卡

6.3.2 曲线的半径分析

曲线的半径分析是指计算并显示曲线或边在所选位置的最小半径值。下面简要说明曲线的半径分析的操作过程。

步骤01 将工作目录设置至 D:\creoxc3\work\ch06.03.02，打开文件 curve_radius.prt。

步骤02 单击 分析 功能选项卡 检查几何 ▼ 节点下的"半径"命令 。

步骤03 在图 6.3.5 所示的"半径分析"对话框中打开 分析 选项卡，并在 几何 文本框中单击 选择项 字符，然后选取图 6.3.6 所示的曲线，此时在图 6.3.7 所示的 分析 选项卡中显示最小半径: 11.7224，单击 确定 按钮，完成曲线半径分析。

图 6.3.5 "半径分析"对话框

选取此曲线

图 6.3.6 要分析的曲线

图 6.3.7 "分析"选项卡

6.3.3 曲线的曲率分析

曲线的曲率分析是指在使用曲线创建曲面之前，先检查曲线的质量，从曲率图中观察是否有不规则的"回折"和"尖峰"现象，这对以后创建高质量的曲面有很大的帮助，同时也有助于验证曲线间的连续性。下面简要说明曲线的曲率分析的操作过程。

步骤01 将工作目录设置至 D:\creoxc3\work\ch06.03.03，打开文件 curve-curvature-analysis.prt。

步骤02 选择 分析 功能选项卡 检查几何 ▼ 区域中 曲率 ▼ 节点下的 曲率(C) 命令。

步骤03 在图 6.3.8 所示的"曲率分析"对话框的"分析"选项卡中进行下列操作。

（1）单击 几何 文本框中的"选取项"字符，然后选取要分析的曲线。

（2）在 质量 文本框中输入质量值 9.00。

（3）在 比例 文本框中输入比例值 20.00。

（4）其余均按默认设置，此时在绘图区中显示图 6.3.9 所示的曲率图，通过显示的曲率图可以查看该曲线的曲率走向。

步骤04 在 分析 选项卡中可查看曲线的最大曲率和最小曲率，如图 6.3.8 所示。

图 6.3.8 "曲率分析"对话

6.3.9 曲率图

6.4 简单曲面

6.4.1 拉伸曲面

图 6.4.1 所示的曲面特征为拉伸曲面，其创建过程如下。

步骤01 单击 模型 功能选项卡 形状 区域中的 拉伸 按钮，系统弹出"拉伸"操控板。

步骤02 按下操控板中的"曲面类型"按钮。

步骤03 定义草绘截面放置属性。在图形区右击，从系统弹出的快捷菜单中选择 定义内部草绘 命令；指定 FRONT 基准平面作为草绘平面，采用模型中默认的黄色箭头的方向作为草绘视图方向，指定 RIGHT 基准平面为参考平面，方向为 右 。

步骤04 创建特征截面。进入草绘环境后，首先采用默认参考，然后绘制图 6.4.2 所示的截面草图，完成后单击 ✓ 按钮。

步骤05 定义曲面特征的"开放"或"闭合"。单击操控板中的 选项 ，在其界面中可进行如下操作。

- 选中 ☑ 封闭端 复选框，使曲面特征的两端部封闭。注意：对于封闭的截面草图才可选择该项，如图 6.4.3 所示。
- 取消选中 □ 封闭端 复选框,可以使曲面特征的两端部开放(不封闭),如图 6.4.1 所示。

步骤06 选取深度类型及其深度。单击深度类型按钮 ⊥ ，输入深度值 80.0。

步骤07 在操控板中单击"完成"按钮 ✓ ，完成曲面特征的创建。

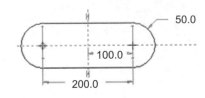

图 6.4.1 不封闭曲面　　　图 6.4.2 截面草图　　　图 6.4.3 封闭曲面

6.4.2 旋转曲面

下面仅举例说明旋转曲面的创建过程。图 6.4.4 所示的曲面特征为旋转曲面，其创建的操作步骤如下。

步骤01 新建一个零件模型，将其命名为 surface_revolve。

步骤02 单击 模型 功能选项卡 形状 区域中的 旋转 按钮，按下操控板中的"曲面类型"按钮 。

步骤 03 定义草绘截面放置属性。指定 FRONT 基准平面为草绘平面，RIGHT 基准平面为参考半平面，方向为 右 。

步骤 04 创建特征截面。接受默认参考；绘制图 6.4.5 所示的特征截面（截面可以不封闭），注意必须有一条中心线作为旋转轴，完成后单击 ✓ 按钮。

用户在创建旋转曲面截面草图的时候，必须利用"几何中心线"命令手动绘制旋转轴；如果用户在绘制截面草图的时候已绘制一条几何中心线，系统会默认为此几何中心线就是所创建的旋转曲面的旋转轴；如果用户在绘制截面草图的时候绘制两条及两条以上的几何中心线，这时系统会将用户绘制的第一条几何中心线作为旋转轴，用户也可以用手动来指定（右击要指定为旋转轴的几何中心线，然后选择"旋转轴"命令）所创建曲面的旋转轴。

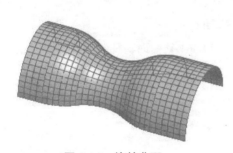
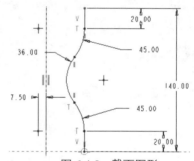

图 6.4.4 旋转曲面　　　　　　　图 6.4.5 截面图形

步骤 05 定义旋转类型及角度。选取旋转类型 ⊥ （即草绘平面以指定角度值旋转），角度值为 180.0。

步骤 06 在操控板中单击"完成"按钮 ✓ ，完成曲面特征的创建。

6.4.3 填充曲面

模型 功能选项卡 曲面 ▼ 区域中的 填充 命令用于创建平整曲面——填充特征，它创建的是一个二维平面特征。利用 拉伸(E)... 命令也可创建某些平整曲面，不过 拉伸(E)... 有深度参数而 填充(L)... 无深度参数（图 6.4.6）。

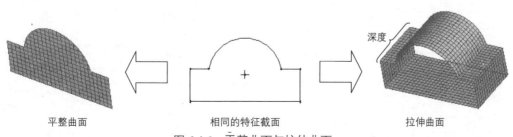

图 6.4.6 平整曲面与拉伸曲面

填充特征的截面草图必须是封闭的。

创建平整曲面的一般操作步骤如下。

步骤01 新建一个零件模型，将其命名为 surface_fill。

步骤02 单击 模型 功能选项卡 曲面▼ 区域中的 填充 按钮，此时屏幕上方出现图 6.4.7 所示的填充操控板。

图 6.4.7 填充操控板

步骤03 在绘图区中右击，从弹出的快捷菜单中选择 定义内部草绘... 命令；进入草绘环境后，创建一个封闭的截面草图，完成后单击 ✓ 按钮。

步骤04 在操控板中单击"完成"按钮 ✓，完成平整曲面特征的创建。

6.5 高级曲面

6.5.1 边界混合

边界混合曲面即是由若干参考图元（它们在一个或两个方向上定义曲面）所确定的混合曲面。在每个方向上选定的第一个和最后一个图元定义曲面的边界。如果添加更多的参考图元（如控制点和边界），则能更精确、更完整地定义曲面形状。

选取参考图元的规则如下。

◆ 曲线、模型边、基准点、曲线或边的端点可作为参考图元使用。

◆ 在每个方向上，都必须按连续的顺序选择参考图元。

◆ 对于在两个方向上定义的混合曲面来说，其外部边界必须形成一个封闭的环，这意味着外部边界必须相交。

下面以图 6.5.1 为例介绍创建边界混合曲面的一般过程。

步骤01 设置工作目录和打开文件。

（1）选择下拉菜单 文件▼ → 管理会话(M) ▶ → 选择工作目录(W) 更改工作目录. 命令，将工作目录设置至 D:\creoxc3\work\ch06.05.01。

第 6 章 曲面设计

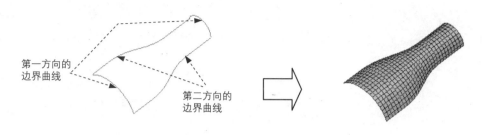

图 6.5.1　创建边界混合曲面

（2）选择下拉菜单 文件(F) → 打开(O)... 命令，打开文件 surface-boundary-blended.prt。

步骤02 单击 模型 功能选项卡 曲面 区域中的"边界混合"按钮，屏幕上方出现图 6.5.2 所示的操控板。

步骤03 定义第一方向的边界曲线。按住 Ctrl 键，分别选取图 6.5.1 所示的第一方向的两条边界曲线。

图 6.5.2　操控板

步骤04 定义第二方向的边界曲线。在操控板中单击 图标后面的第二方向曲线操作栏中的"单击此处添加项"字符，按住 Ctrl 键，分别选取第二方向的两条边界曲线。

步骤05 在操控板中单击"完成"按钮，完成边界混合曲面的创建。

6.5.2　扫描混合

1. 扫描混合特征简述

将一组截面在其边处用过渡曲面沿某一条轨迹线"扫掠"形成一个连续特征，这就是扫描混合（Swept Blend）特征，它集合了扫描特征和混合特征的优点，提供了一种更好的特征创建方法。扫描混合特征需要一条扫描轨迹和至少两个截面。图 6.5.3 所示的扫描混合特征是由三个截面和一条轨迹线扫描混合而成的。

2. 创建扫描混合特征的一般过程

下面说明图 6.5.4 中创建扫描混合特征的一般过程。

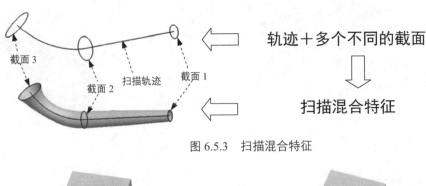

图 6.5.3 扫描混合特征

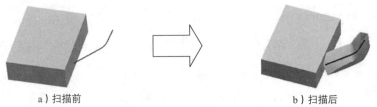

a）扫描前　　　　　　　　　　　　b）扫描后

图 6.5.4 扫描混合特征

步骤01 设置工作目录和打开文件。将工作目录设置至 D:\creoxc3\work\ch06.05.02，然后打开文件 sweepblend_nrmtoorigintraj.prt。

步骤02 在 模型 功能选项卡的 形状 ▼ 下拉菜单中选择 扫描混合 命令，系统弹出图 6.5.5 所示的"扫描混合"操控板，在操控板中按下"曲面"类型按钮 。

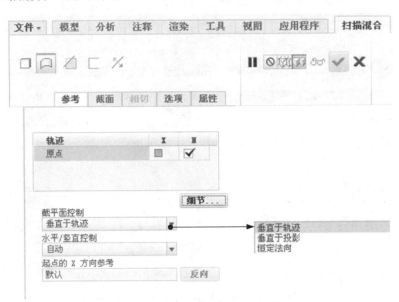

图 6.5.5 "扫描混合"操控板

步骤03 定义扫描轨迹。选取图 6.5.6 所示的曲线，扫描方向如图 6.5.7 所示。

步骤04 定义混合类型。在"扫描混合"操控板中单击 参考 按钮，在"参考"界面的

剖面控制 下拉列表中选择 垂直于轨迹。由于 垂直于轨迹 为默认的选项，此步可省略。

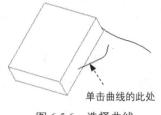

图 6.5.6 选择曲线

图 6.5.7 扫描方向

步骤05 创建扫描混合特征的第一个截面。

（1）在"扫描混合"操控板中单击 截面 按钮，在弹出的"截面"界面中接受系统默认的设置。

（2）定义第一个截面定向。先在 截面 界面中单击 截面 X 轴方向 文本框中的 默认 字符，然后选取图 6.5.8 所示的边线，接受图 6.5.8 所示的箭头方向。

（3）定义截面的位置点。本步的目的是定义多个截面在轨迹线上的位置点，在 截面 界面中单击 截面位置 文本框中的 单击此处添加项目 字符，选取图 6.5.9 所示的轨迹线的开始端点作为截面在轨迹线上的位置点。

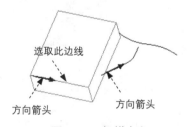

图 6.5.8 扫描方向

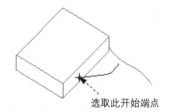

图 6.5.9 选取轨迹线的开始端点

（4）在"截面"界面中，将"截面 1"的 旋转 角度值设置为 0.0。

（5）在"截面"界面中单击 草绘 按钮，此时系统进入草绘环境。

（6）进入草绘环境后，绘制和标注图 6.5.10 所示的截面，然后单击草绘工具栏中的"完成"按钮 ✓。

步骤06 创建扫描混合特征的第二个截面。

（1）在 截面 界面中单击 插入(I) 按钮。

（2）定义第二个截面定向。先在 截面 界面中单击 截面 X 轴方向 文本框中的 默认 字符，然后选取图 6.5.11 所示的边线，此时出现方向箭头；在 截面 界面中单击 ✗ 按钮，将方向箭头调整到图 6.5.11 所示的方向。

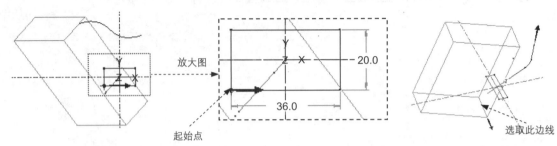

图 6.5.10 混合特征的第一个截面图形　　　　图 6.5.11 切换方向

（3）定义截面的位置点。本步骤的目的是定义多个截面在轨迹线上的位置点，先在"截面"界面中单击 截面位置 文本框中的 单击此处添加项 字符，在系统 ⇨选取点或顶点定位截面 的提示下，选取图 6.5.12 所示的轨迹线的结束端点作为截面在轨迹线上的位置点。

（4）在 截面 界面中，将"截面 2"的 旋转 角度值设置为 0.0。

（5）在 截面 界面中单击 草绘 按钮，此时系统进入草绘环境。

（6）绘制和标注图 6.5.13 所示的截面图形，然后单击草绘工具栏中的"完成"按钮 ✓ 。

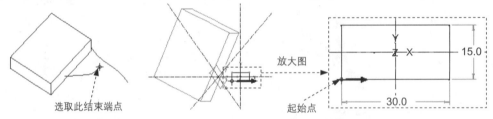

图 6.5.12 选取轨迹线的结束端点　　　　图 6.5.13 第二个截面图形

步骤 07 在"扫描混合"操控板的 选项 界面中选中 ☑ 封闭端 复选框。

步骤 08 在"扫描混合"操控板中单击"完成"按钮 ✓ ，完成扫描混合特征的创建。

步骤 09 编辑特征。

（1）在模型树中选择 🔑 扫描混合 1 ，右击，从弹出的快捷菜单中选择 d1 命令。

（2）在图 6.5.14a 所示的图形中双击 0Z，然后将该值改为-90.0，如图 6.5.14b 所示。

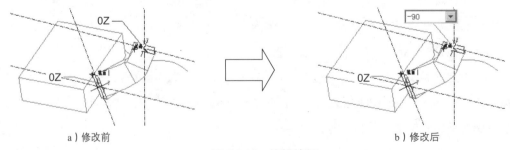

a）修改前　　　　　　　　　　　　　　b）修改后

图 6.5.14 编辑特征

步骤 10 验证原始轨迹是否与截面垂直。

（1）选择 分析(A) 选项卡下 测量 区域 测量 下拉列表中的 角度 命令。

（2）在系统弹出的"测量：角度"对话框中按住 Ctrl 键，依次选取图 6.5.15 所示的曲线部分和模型表面。

（3）此时在结果区域中显示角度值为 90°，这个结果表示原始轨迹与截面垂直，验证成功。

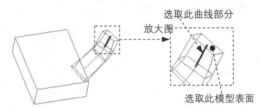

图 6.5.15 操作过程

6.5.3 可变截面扫描

步骤 01 设置工作目录和打开文件。将工作目录设置至 D:\creoxc3\work\ch06.05.03，然后打开文件 varsecsweep-normtraj.prt。

步骤 02 单击 模型 功能选项卡 形状 区域中的"扫描"按钮 扫描 。

步骤 03 在操控板中按下"曲面"类型按钮 。

步骤 04 选择轨迹曲线。第一个选择的轨迹必须是原始轨迹，先选择基准曲线 1，然后按住 Ctrl 键，选择基准曲线 2，此时模型如图 6.5.16b 所示。

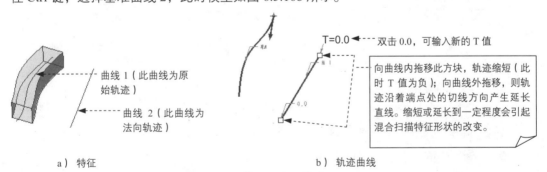

a）特征　　　　　　　　　　　　　　b）轨迹曲线

图 6.5.16 截面垂直于轨迹

步骤 05 定义截面的控制。

（1）选择控制类型。在操控板中单击 参考 按钮，在 剖面控制 下拉列表中选择 垂直于轨迹 。由于 垂直于轨迹 为默认的选项，此步可省略。

（2）选择控制轨迹。在 参考 界面中选中"链 1"中的 N 栏，如图 6.5.17 所示。

步骤 06 创建可变截面扫描特征的截面草图。在操控板中单击"草绘"按钮 ，进入草绘环境后，创建图 6.5.18 所示的可变截面扫描特征的截面，然后单击"草绘完成"按钮 ✓。

步骤07 单击"完成"按钮 ✓，完成特征的创建。

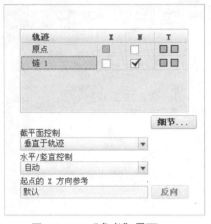

图 6.5.17 "参考"界面

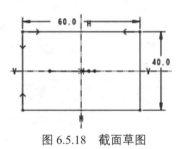

图 6.5.18 截面草图

6.6 曲面的编辑

6.6.1 偏移曲面

模型 功能选项卡 **编辑▼** 区域中的 **偏移** 命令用于创建偏移的曲面。注意：要激活 **偏移(O)...** 工具，首先必须选取一个曲面。偏移操作可通过图 6.6.1 所示的操控板完成。

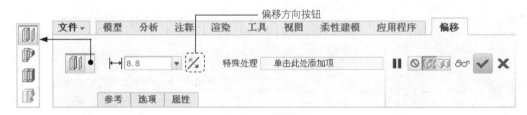

图 6.6.1 操控板

曲面"偏移"操控板中各选项的说明如下。

- **参考**：用于指定要偏移的曲面。
- **选项**：用于指定要排除的曲面，操作界面如图 6.6.2 所示。
  - **垂直于曲面**：偏距方向将垂直于原始曲面（默认项）。
  - **自动拟合**：系统自动将原始曲面进行缩放，并在需要时平移它们。不需要用户输入其他的内容。
  - **控制拟合**：在指定坐标系下将原始曲面进行缩放并沿指定轴移动，以创建"最佳拟合"偏移。若要定义该元素，则需选择一个坐标系，并通过在"X

轴"、"Y 轴"和"Z 轴"选项之前放置检查标记,选择缩放的允许方向(图 6.6.3)。

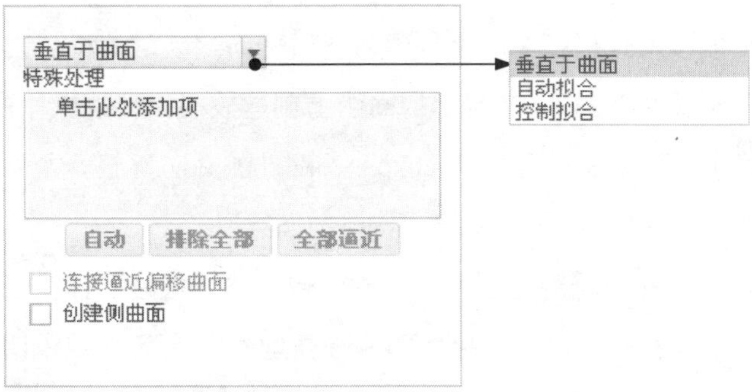

图 6.6.2 "选项"界面

◆ 偏移类型:偏移类型的各选项如图 6.6.4 所示。

图 6.6.3 选择"控制拟合"

图 6.6.4 偏移类型

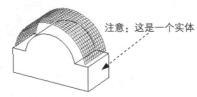

图 6.6.5 实体表面偏移

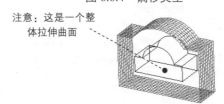

图 6.6.6 曲面面组偏移

1. 标准偏移

标准偏移是从一个实体的表面创建偏移的曲面(图 6.6.5),或者从一个曲面创建偏移的曲面(图 6.6.6)。操作步骤如下。

步骤 01 将工作目录设置至 D:\creoxc3\work\ch06.06.01,打开文件 surface_offset.prt。

步骤 02 选取要偏移的对象。选取图 6.6.5 所示的实体的圆弧面作为要偏移的曲面。

步骤 03 单击 模型 功能选项卡 编辑 ▼ 区域中的"偏移"按钮 偏移 。

步骤 04 定义偏移类型。在操控板的偏移类型栏中选取 (标准)。

步骤 05 定义偏移值。在操控板的偏移数值栏中输入偏移距离。

步骤 06 在操控板中单击 按钮,预览所创建的偏移曲面,然后单击按钮 ,完成操作。

2. 拔模偏移

曲面的拔模偏移就是指在曲面上创建带斜度侧面的区域偏移。拔模偏移特征可用于实体表面或面组。下面介绍在图 6.6.7 所示的面组上创建拔模偏移的操作过程。

步骤 01 将工作目录设置至 D:\creoxc3\work\ch06.06.01，打开文件 surface_draft_offset.prt。

步骤 02 选取图 6.6.7 所示的要拔模偏移的面组。

步骤 03 单击 模型 功能选项卡 编辑▼ 区域中的"偏移"按钮 偏移。

步骤 04 定义偏移类型。在操控板的偏移类型栏中选取 （即带有斜度的偏移）。

步骤 05 定义偏移控制属性。单击操控板中的 选项，选取 垂直于曲面。

步骤 06 定义偏移选项属性。在操控板中选取 侧曲面垂直于 为 ● 曲面，选取 侧面轮廓 为 ● 直。

步骤 07 草绘拔模区域。在绘图区右击，选择 定义内部草绘... 命令；设置 FRONT 基准平面为草绘平面，RIGHT 基准平面为参考平面，方向为 左；采用系统给出的默认参考；创建图 6.6.8 所示的封闭草绘几何（可以绘制多个封闭草绘几何）。

图 6.6.7 拔模偏移　　　　　　　　图 6.6.8 截面图形

步骤 08 输入偏移值 6.0；输入侧面的拔模角度值 10.0，并单击 按钮，系统使用该角度相对于它们的默认位置对所有侧面进行拔模，此时的操控板界面如图 6.6.9 所示。

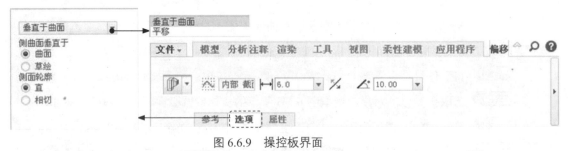

图 6.6.9 操控板界面

步骤 09 在操控板中单击 按钮，预览所创建的偏移曲面，然后单击按钮 ，至此完成操作。

6.6.2 复制曲面

"模型"功能选项卡"操作"区域中的"复制"按钮用于曲面的复制，复制的曲面与源曲面形状和大小相同。曲面的复制功能在模具设计中定义分型面时特别有用。注意要激活按钮，首先必须选取一个曲面。

在 Creo 3.0 中，曲面复制的操作过程如下。

步骤 01 在屏幕上方的"智能选取"栏中选择"几何"或"面组"选项，然后在模型中选取某个要复制的曲面。

步骤 02 单击"模型"功能选项卡"操作"区域中的"复制"按钮。

步骤 03 单击"模型"功能选项卡"操作"区域中的"粘贴"按钮，系统弹出图 6.6.9 所示的操控板，在该操控板中选择合适的选项（按住 Ctrl 键，可选取其他要复制的曲面）。

步骤 04 在操控板中单击"完成"按钮，完成曲面的复制操作。

图 6.6.9 所示操控板的说明如下。

"参考"按钮：指定要复制的曲面。

"选项"按钮：指定复制方式，操作界面如图 6.6.10 所示。

图 6.6.10 "选项"操作界面

- ◆ ◉ 按原样复制所有曲面：按照原来的样子复制所有曲面。
- ◆ ◉ 排除曲面并填充孔：复制某些曲面，可以选择填充曲面内的孔。
  - ● 排除轮廓：选取要从所选曲面中排除的曲面。
  - ● 填充孔/曲面：在选定曲面上选取要填充的孔。
- ◆ ◉ 复制内部边界：仅复制边界内的曲面。
  - ● 边界曲线：定义包含要复制的曲面的边界。
- ◆ ◉ 取消修剪包络：复制曲面、移除所有内轮廓，并用当前轮廓的包络替换外轮廓。

- ⦿ 取消修剪定义域：复制曲面、移除所有内轮廓，并用与曲面定义域相对应的轮廓替换外轮廓。

6.6.3 修剪曲面

在 拉伸(E)、旋转(R) 和 扫描混合(S) 命令操控板中按下"曲面类型"按钮及"切削特征"按钮，或选择 扫描(S)、混合(B) 和 螺旋扫描(H) 命令下的 曲面修剪(S) 命令，可产生一个"修剪"曲面，用这个"修剪"曲面可将选定曲面上的某一部分剪除掉。注意：产生的"修剪"曲面只用于修剪，而不会出现在模型中。

下面以对图 6.6.11 中的曲盖进行修剪为例，说明基本形式的曲面修剪的一般操作过程。

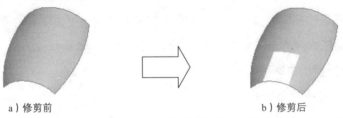

a）修剪前　　　　　　　　　b）修剪后

图 6.6.11　曲面的修剪

步骤 01 将工作目录设置至 D:\creoxc3\work\ch06.06.03，打开文件 surface-trim.prt。

步骤 02 单击"拉伸"按钮，此时系统弹出"拉伸特征"操控板。

步骤 03 按下操控板中的"曲面类型"按钮及"移除材料"按钮。

步骤 04 选择要修剪的曲面，如图 6.6.11a 所示。

步骤 05 定义修剪曲面特征的截面要素。上设置 TOP 基准平面为草绘平面，RIGHT 基准平面为参考平面，方向为 左；特征截面如图 6.6.12 所示。

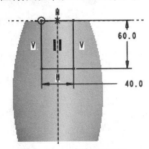

图 6.6.12　截面草图

步骤 06 在操控板中，选取两侧深度类型均为（穿过所有）。

步骤 07 在操控板中单击"预览"按钮，查看所创建的特征，然后单击按钮，完成操作。

6.6.4 延伸曲面

曲面的延伸（Extend）就是将曲面延长某一距离或延伸到某一平面。下面以图 6.6.13 为例，说明曲面延伸的一般操作过程。

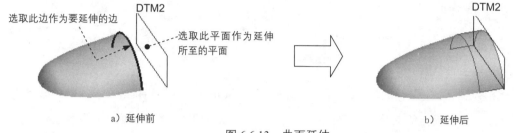

图 6.6.13 曲面延伸

步骤01 将工作目录设置至 D: creoxc3\work \ch06.06.04，打开文件 surface_extend.prt。

步骤02 在"智能选取"栏中选取 几何 选项（图 6.6.14），然后选取图 6.6.13a 所示的边作为要延伸的边。

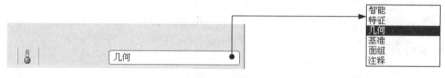

图 6.6.14 "智能选取"栏

步骤03 单击 模型 功能选项卡 编辑 区域中的 延伸 按钮，此时出现图 6.6.15 所示的操控板。

步骤04 在操控板中按下按钮 （延伸类型为"至平面"）。

步骤05 选取延伸终止面，如图 6.6.13a 所示。

延伸类型说明如下。

- ◆ : 将曲面边延伸到一个指定的终止平面。
- ◆ : 沿原始曲面延伸曲面，包括下列三种方式，如图 6.6.16 所示。
  - 相同: 创建与原始曲面相同类型的延伸曲面（如平面、圆柱、圆锥或样条曲面），将按指定距离并经过其选定的原始边界延伸原始曲面。

图 6.6.15 操控板

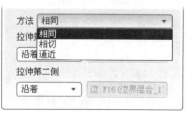

图 6.6.16 "选项"界面

- **相切**：创建与原始曲面相切的延伸曲面。
- **逼近**：延伸曲面与原始曲面形状逼近。

步骤06 单击 ∞ 按钮，预览延伸后的面组，确认无误后，单击"完成"按钮 ✓。

6.6.5 合并曲面

单击 **模型** 功能选项卡 **编辑** ▼ 区域中的 **合并** 按钮，可以对两个相邻或相交的曲面（或者面组）进行合并（Merge）。

合并后的面组是一个单独的特征，"主面组"将变成"合并"特征的父项。如果删除"合并"特征，原始面组仍保留。在"组件"模式中，只有属于相同元件的曲面，才可用曲面合并。

1. 合并两个面组

下面以一个例子来说明合并两个面组的操作过程。

步骤01 将工作目录设置至 D:\creoxc3\work\ch06.06.05，打开文件 surface_merge_01.prt。

步骤02 按住 Ctrl 键，选取要合并的两个面组（曲面）。

步骤03 单击 **模型** 功能选项卡 **编辑** ▼ 区域中的 **合并** 按钮，系统弹出"合并"操控板，如图 6.6.17 所示。

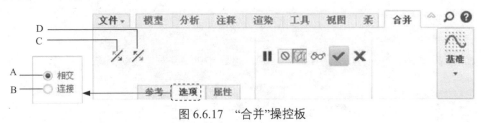

图 6.6.17 "合并"操控板

图 6.6.17 中操控板各命令和按钮的说明如下。

A：合并两个相交的面组，可有选择性地保留原始面组的各部分。

B：合并两个相邻的面组，一个面组的一侧边必须在另一个面组上。

C：改变要保留的第一面组的侧。

D：改变要保留的第二面组的侧。

步骤04 选择合适的按钮，定义合并类型。默认时，系统使用 ⊙ 相交 合并类型。

- ◆ ⊙ 相交 单选项：即交截类型，合并两个相交的面组。通过单击图 6.6.17 中的 C 按钮或 D 按钮，可指定面组的相应部分包括在合并特征中，如图 6.6.18 所示。
- ◆ ⊙ 连接 单选项：即连接类型，合并两个相邻面组，其中一个面组的边完全落在另一个面组上。如果一个面组超出另一个，则通过单击图 6.6.17 中的 C 按钮或 D 按钮，可指定面组的哪一部分包括在合并特征中，如图 6.6.19 所示。

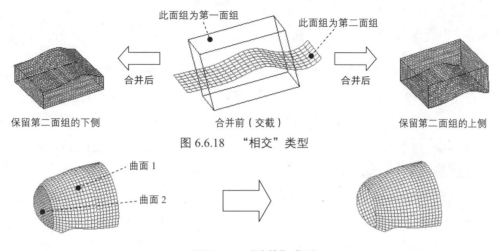

图 6.6.18 "相交"类型

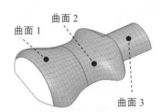

图 6.6.19 "连接"类型

步骤 05 单击 ✓∞ 按钮，预览合并后的面组，确认无误后，单击"完成"按钮 ✓。

2. 合并多个面组

下面以图 6.6.20 所示的模型为例，说明合并多个面组的操作过程。

图 6.6.20 合并多个面组

步骤 01 将工作目录设置至 D:\ creoxc3\work\ch06.06.05，打开文件 surface_merge_02.prt。

步骤 02 按住 Ctrl 键，选取要合并的三个面组（曲面）。

步骤 03 单击 模型 功能选项卡 编辑▼ 区域中的 合并 按钮，系统弹出"合并"操控板。

步骤 04 单击 ✓∞ 按钮，预览合并后的面组，确认无误后，单击"完成"按钮 ✓。

- 如果多个面组相交，将无法合并。
- 所选面组的所有边不得重叠，而且必须彼此邻接。
- 面组会以选取时的顺序放在 面组 列表框中。不过，如果使用区域选取，面组 列表框中的面组会根据它们在"模型树"上的特征编号加以排序。

6.7 曲面的分析

6.7.1 半径分析

曲面的半径分析可以为以后创建曲面的加厚特征提供重要的信息，并且还可以帮助决定在制造过程中所能使用的最大刀具的半径值，从曲面的半径分析结果中可以得到最小内侧半径值和最小外侧半径值。下面简要说明曲面的半径分析的操作过程。

步骤01 将工作目录设置至 D:\proezx5\work\ch06.07.01，打开文件 surf-radius.prt。

步骤02 单击 分析 功能选项卡 检查几何▼ 区域中的"半径"按钮 。

步骤03 在图 6.7.1 所示的"半径分析"对话框中打开 分析 选项卡，在 几何 文本框中单击 选择项 字符，并在"智能选取"栏中选取 面组 ，然后选取图 6.7.2 所示的要分析的曲面，此时在图 6.7.3 所示的 分析 选项卡中显示最小内侧半径值-5.0853，最小外侧半径值 29.6755；单击 ✓ 按钮，完成曲面半径分析。

 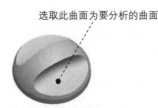 

图 6.7.1 "半径分析"对话框　　图 6.7.2 要分析的曲面　　图 6.7.3 "分析"选项卡

步骤04 在曲面半径分析的过程中，分析结果是最小内侧半径为-5.0853，也就是说此面组的加厚值不能超过最小内侧半径值。下面将对此分析结果进行验证。

（1）选取图 6.7.2 所示的曲面，单击 模型 功能选项卡 编辑▼ 区域中的"加厚"按钮 加厚；加厚的箭头方向如图 6.7.4 所示；在操控板中输入薄壁实体的厚度值 5.1，并按 Enter 键。

（2）单击按钮 ，预览加厚的面组，系统弹出图 6.7.5 所示的"定义特殊处理"对话框；单击 是 按钮，在预览中可以观察到图 6.7.4 所示的两个曲面没有加厚。

第 6 章 曲面设计

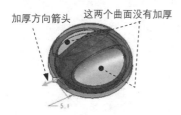

图 6.7.4 定义加厚方向

图 6.7.5 "定义特殊处理"对话框

（3）再次单击按钮 ✓∞ ，退出预览环境，在操控板的 选项 界面中显示系统已经自动排除了不符合加厚要求的曲面，如图 6.7.6 所示。

图 6.7.6 "选项"界面

（4）在操控板中将薄壁实体的厚度值修改为 5.0（提示：在图 6.7.6 所示的列表中右击，在弹出的快捷菜单中选择 移除全部 命令，将列表中的两个曲面移除掉），并按 Enter 键，然后进行预览，结果显示特征创建成功，如图 6.7.7 所示。

图 6.7.7 特征创建成功

6.7.2 曲率分析

下面简要说明曲面的曲率分析的操作过程。

步骤01 将工作目录设置至 D:\creoxc3\work\ch06.07.02，打开文件 surface.prt。

步骤02 选择 分析 功能选项卡 检查几何 ▼ 区域 曲率 ▼ 节点下的 着色曲率 命令。

步骤03 在图 6.7.8 所示的"着色曲率分析"对话框中打开 分析 选项卡，单击 曲面 文本框中的 选择项 字符，然后选取要分析的曲面，此时曲面上呈现出一个彩色分布图

163

（图 6.7.9），同时系统弹出"颜色比例"对话框（图 6.7.10）；彩色分布图中的不同颜色代表不同的曲率大小，颜色与曲率大小的对应关系可以从"颜色比例"对话框中查阅。

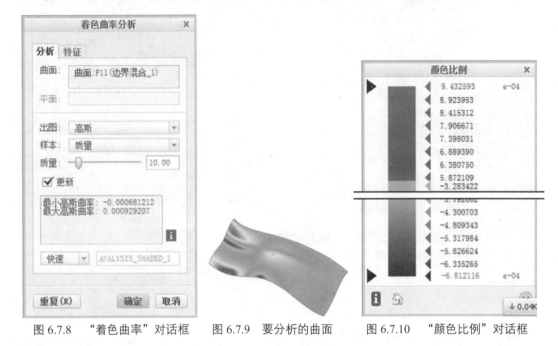

图 6.7.8 "着色曲率"对话框　　图 6.7.9 要分析的曲面　　图 6.7.10 "颜色比例"对话框

步骤04 在 分析 选项卡的结果区域中，可查看曲面的最大高斯曲率和最小高斯曲率。

6.7.3 反射分析

曲面的反射分析俗称"斑马纹"分析，显示从指定方向观察时，在曲面上来自线性光源的反射的曲线。可以在视图中旋转模型并观察显示过程中的动态变化，以查看反射中的变化。下面简要说明曲面的反射分析的操作过程。

步骤01 将工作目录设置至 D:\creoxc3\work\ch06.07.03，打开文件 surf-reflection.prt。

步骤02 在 分析 功能选项卡 检查几何 ▼ 下拉菜单中选择 反射 命令，系统弹出"反射"对话框。

步骤03 在弹出的"反射"对话框的 曲面 文本框中单击 选择项 字符，并在"智能选取"栏中选取 面组，然后选取要分析的曲面，此时曲面上呈现出曲面的分析结果，如图 6.7.11 所示，从分析结果中可以观察到曲面在对称的地方过渡比较好，符合产品的设计要求。

步骤04 单击 确定 按钮。

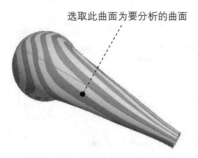

图 6.7.11 要分析的曲面

6.8 曲面实体化操作

6.8.1 曲面加厚

用户可以使用"加厚"命令将开放的曲面（或面组）转化为薄板实体特征。图 6.8.1 所示即为一个转化的例子，其操作过程如下。

图 6.8.1 用"加厚"命令创建实体

步骤01 将工作目录设置至 D:\creoxc3\work\ch06.08.01，打开文件 surface_mouse_solid.prt。

步骤02 选取要将其变成实体的面组。

步骤03 单击 模型 功能选项卡 编辑 ▼ 区域中的 加厚 按钮，系统弹出图 6.8.2 所示的"特征"操控板。

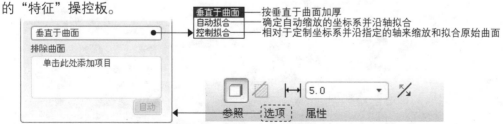

图 6.8.2 "特征"操控板

步骤04 选取加材料的一侧，输入薄板实体的厚度值 1.1，选取偏距类型为 垂直于曲面 。

步骤05 单击 ✓ 按钮，完成加厚操作。

6.8.2 曲面实体化

使用 模型 功能选项卡 编辑 ▼ 区域中的 实体化 命令,可将面组用作实体边界来创建实体。

1. 用封闭的面组创建实体

如图 6.8.3 所示,把一个封闭的面组转化为实体特征,操作过程如下。

步骤01 将工作目录设置至 D:\creoxc3\work\ch06.08.02,打开文件 surface_solid-1.prt。

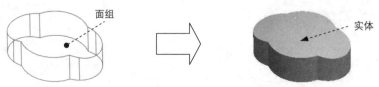

图 6.8.3 用封闭的面组创建实体

步骤02 选取要将其变成实体的面组。

步骤03 单击 模型 功能选项卡 编辑 ▼ 区域中的 实体化 按钮,出现图 6.8.4 所示的操控板。

步骤04 单击按钮 ✓,完成实体化操作;完成后的模型树如图 6.8.5 所示。

 使用该命令前,需将模型中所有分离的曲面"合并"成一个封闭的整体面组。

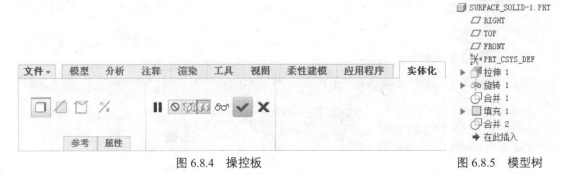

图 6.8.4 操控板   图 6.8.5 模型树

2. 用"曲面"创建实体表面

如图 6.8.6 所示,可以用一个面组替代实体表面的一部分,替换面组的所有边界都必须位于实体表面上,操作过程如下。

步骤01 将工作目录设置至 D:\creoxc3\work\ch06.08.02,打开文件 surface_solid_replace.prt。

步骤02 选取要将其变成实体的曲面。

步骤03 单击 模型 功能选项卡 编辑▼ 区域中的 实体化 按钮，此时出现图 6.8.7 所示的操控板。

步骤04 在操控板中按下 按钮，调整方向至图 6.8.6a 所示的方向。

图 6.8.6 用"曲面"创建实体表面

图 6.8.7 操控板

步骤05 单击"完成"按钮 ，完成实体化操作。

6.8.3 替换面

使用"偏移"命令创建实体，就是用一个面组替换实体零件的某一部分表面来生成新的实体形状，如图 6.8.8 所示。其操作过程如下。

步骤01 将工作目录设置至 D:\creoxc3\work\ch06.08.03，打开文件 surface-surface-patch.prt。

步骤02 选取要被替换的一个实体表面，如图 6.8.8a 所示。

步骤03 单击 模型 功能选项卡 编辑▼ 区域中的"偏移"按钮 偏移 ，此时出现图 6.8.9 所示的操控板。

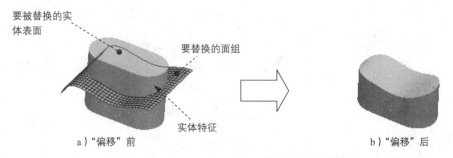

图 6.8.8 用面组"替换"创建实体

图 6.8.9 操控板

步骤 04 在操控板中按下"替换曲面特征" 按钮。

步骤 05 在系统 ⇨选取要替换实体曲面的面组 的提示下，选取替换曲面，如图 6.8.8 所示。

步骤 06 单击 ✓ 按钮，完成替换操作。

第 7 章 曲面设计综合实例

7.1 曲面设计综合实例一

范例概述：

本例是一个典型的曲面建模的范例，先使用基准平面、基准轴和基准点等创建基准曲线，再利用基准曲线构建边界混合曲面，然后再合并、倒圆角以及加厚。零件模型如图 7.1.1 所示。

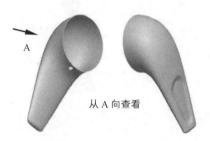

图 7.1.1 零件模型 1

 本案例的详细操作过程请参见随书光盘中 video\ch07.01\文件夹下的语音视频讲解文件。模型文件为 D:\creoxc3\work\ch07.01\muzzle_handle.prt。

7.2 曲面设计综合实例二

范例概述：

本范例详细介绍了饮料瓶的设计过程，在其设计过程中充分运用了边界曲面、曲面投影、曲面复制、曲面实体化、阵列和螺旋扫描等命令。在螺旋扫描过程中，读者应注意扫描轨迹和扫描截面绘制的草绘参考。零件实体模型如图 7.2.1 所示。

图 7.2.1 零件模型 2

本案例的详细操作过程请参见随书光盘中 video\ch07.02\文件夹下的语音视频讲解文件。模型文件为 D:\creoxc3\work\ch07.02\bottle.prt。

7.3 曲面设计综合实例三

范例概述：

本范例是一个典型的运用一般曲面和 ISDX 曲面综合建模的实例。其建模思路是：首先用一般的曲面创建咖啡壶的壶体，然后用 ISDX 曲面创建咖啡壶的手柄；进入 ISDX 模块后，首先创建 ISDX 曲线并对其进行编辑，然后再用这些 ISDX 曲线构建 ISDX 曲面。通过本范例的学习，读者可认识到 ISDX 曲面造型的关键是 ISDX 曲线，只有创建高质量的 ISDX 曲线才能获得高质量的 ISDX 曲面。零件模型如图 7.3.1 所示。

本实例的详细操作过程请参见随书光盘中 video\ch07.03\文件夹下的语音视频讲解文件。模型文件为 D:\creoxc3\work\ch07.03\coffeepot.prt。

图 7.3.1 零件模型 3

7.4 曲面设计综合实例四

范例概述：

本范例是一个典型的曲面建模的范例，先使用基准平面、基准轴和基准点等创建基准曲线，再利用基准曲线构建边界混合曲面，然后再合并、实体化、修剪、投影以及应用孔等命令。在设计此零件的过程中应注意草图尺寸的准确性。零件模型如图 7.4.1 所示。

本实例的详细操作过程请参见随书光盘中 video\ch07.04\文件夹下的语音视频讲解文件。模型文件为 D:\creoxc3\work\ch07.04\fix_support_ok.prt.14。

图 7.4.1　零件模型 4

7.5　曲面设计综合实例五

范例概述：

本范例主要讲述了热水壶的整体建模过程，其中主要运用了拉伸、边界混合、扫描、合并、实体化等命令。该模型是一个很典型的曲面设计实例，其中曲面的投影、边界混合和合并是曲面创建的核心，在应用了修剪、实体化、拉伸和倒圆角进行细节设计之后，即可达到整体效果。零件模型如图 7.5.1 所示。

 本案例的详细操作过程请参见随书光盘中 video\ch07.05\文件夹下的语音视频讲解文件。模型文件为 D:\creoxc3\work\ch07.05\hot_water_bottle.prt。

图 7.5.1　零件模型 5

7.6　曲面设计综合实例六

范例概述：

本范例主要讲述了一款电话机面板的设计过程。本范例中没有用到复杂的命令，却创建出了相对比较复杂的曲面形状，其中的创建方法值得读者借鉴。读者在创建模型时，由于绘制的样条曲线会与本实例有差异，导致有些草图的尺寸不能保证与本例中的一致，建议读者自行定义。零件模型如图 7.6.1 所示。

 本实例的详细操作过程请参见随书光盘中 video\ch07.06\文件夹下的语音视频讲解文件。模型文件为 D:\creoxc3\work\ch07.06\FACEPLATE.prt。

图 7.6.1　零件模型 6

第 8 章 钣 金 设 计

8.1 钣金设计基础入门

钣金设计是利用金属的可塑性，针对金属薄板（一般是指 5mm 以下）通过弯边、冲裁、成形等工艺，制造出单个零件，然后通过焊接、铆接等装配成完整的钣金件。其最显著的特征是同一零件的厚度一致。由于钣金成形具有材料利用率高、重量轻、设计及操作方便等特点，所以钣金件的应用十分普遍，几乎占据了所有行业。与实体零件模型一样，钣金件模型的各种结构也是以特征的形式创建的，但钣金件的设计也有自己独特的规律。使用 Creo 3.0 软件创建钣金件的过程大致如下。

（1）通过新建一个钣金件模型，进入钣金设计环境。

（2）以钣金件所支持或保护的内部零部件大小和形状为基础，创建第一钣金壁（主要钣金壁）。例如，设计机床床身护罩时，先要按床身的形状和尺寸创建第一钣金壁。

（3）添加附加钣金壁。在第一钣金壁创建之后，往往需要在其基础上添加另外的钣金壁，即附加钣金壁。

（4）在钣金模型中，还可以随时添加一些切削特征、孔特征、圆角特征和倒角特征等。

（5）创建钣金冲孔和切口特征，为钣金的折弯做准备。

（6）进行钣金的折弯。

（7）进行钣金的展平。

（8）创建钣金件的工程图。

8.2 基础钣金特征

钣金壁是指厚度一致的薄板，它是一个钣金零件的"基础"，其他的钣金特征（如冲孔、成形、折弯、切割等）都要在这个"基础"上构建，因而钣金壁是钣金件最重要的部分。

8.2.1 拉伸钣金壁

在以拉伸的方式创建第一钣金壁时，需要先绘制钣金壁的侧面轮廓草图，然后给定钣金厚度值和拉伸深度值，如图 8.2.1 所示，其详细操作步骤如下。

步骤01 新建一个钣金件模型。单击"新建"按钮；选取文件的类型为 零件，子类型为 钣金件，文件名为 extrude-wall，通过单击 使用默认模板 复选框来取消使用默认模板，选用 mmns_part_sheetmetal 模板。

步骤02 选取命令。单击 模型 功能选项卡 形状 区域中的"拉伸"按钮 拉伸。

步骤03 定义拉伸特征的类型。在选择 拉伸(E)... 命令后，屏幕上方会出现拉伸操控板，在操控板中按下实体特征类型按钮（默认情况下，此按钮为按下状态）。

步骤04 绘制截面草图。在绘图区域中右击，选择 定义内部草绘... 命令；选取 RIGHT 基准平面作为草绘平面，选取 FRONT 基准平面为参考平面，方向为 下；单击 草绘 按钮，绘制图 8.2.2 所示的截面草图，单击"完成"按钮。

步骤05 定义拉伸深度及厚度。

（1）定义深度类型及深度值。在操控板中选取深度类型 （即"按指定的深度值拉伸"），再在深度文本框 216.5 中输入深度值 60.0，并按 Enter 键。

（2）定义加厚方向（钣金材料侧）及厚度值。接受图 8.2.3 中的箭头方向为钣金加厚的方向。在薄壁特征类型图标 后面的文本框中输入钣金壁的厚度值 1.0，并按 Enter 键。

图 8.2.1 第一钣金壁

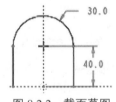

图 8.2.2 截面草图

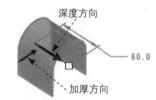

图 8.2.3 深度方向和加厚方向

步骤06 单击操控板中的预览按钮，预览所创建的特征，单击"完成"按钮，完成特征的创建。

8.2.2 平整钣金壁

平整（Flat）钣金壁是一个平整的薄板（图 8.2.4），在创建这类钣金壁时，需要先绘制钣金壁的正面轮廓草图（必须为封闭的线条），然后给定钣金厚度值即可。注意：拉伸钣金壁与平整钣金壁创建时最大的不同在于，拉伸钣金壁的轮廓草图不一定要封闭，而平整钣金壁的轮廓草图则必须封闭。详细操作步骤说明如下。

步骤01 新建一个钣金件模型，将其命名为 flat1_wall，选用 mmns_part_sheetmetal 模板。

图 8.2.4 平整类型的第一钣金壁

步骤 02 单击 模型 功能选项卡 形状 区域中的"平面"按钮 平面，系统弹出图 8.2.5 所示的"平整"操控板。

图 8.2.5 "平整"操控板

步骤 03 定义草绘平面。右击，选择 定义内部草绘... 命令；选择 TOP 基准面作为草绘面；选取 RIGHT 基准面作为参考平面，方向为 右 ；单击 草绘 按钮。

步骤 04 绘制截面草图。绘制图 8.2.6 所示的截面草图，完成绘制后，单击"草绘完成"按钮 。

步骤 05 在操控板的钣金壁厚文本框中输入钣金壁厚度值 2.0，并按 Enter 键。

步骤 06 单击操控板中的预览按钮 ，预览所创建的平整钣金壁特征，然后单击操控板中的"完成"按钮 ，完成创建。

步骤 07 保存零件模型文件。

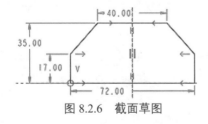

图 8.2.6 截面草图

8.2.3 平整附加壁

平整（Flat）附加钣金壁是一种正面平整的钣金薄壁，其壁厚与主钣金壁相同。

在创建平整类型的附加钣金壁时，需先在现有的钣金壁（主钣金壁）上选取某条边线作为附加钣金壁的附着边，其次需要定义平整壁的正面形状和尺寸，给出平整附加壁与主钣金壁间的夹角。下面以图 8.2.7 为例，说明平整附加钣金壁的一般创建过程。

图 8.2.7 带圆角的"平整"附加钣金壁

步骤 01 将工作目录设置至 D：\creoxc3\work\ch08.02.03，打开文件 sm_add_flat1。

步骤 02 单击 模型 功能选项卡 形状 ▼ 区域中的"平整"按钮，系统弹出图 8.2.8 所示的操控板。

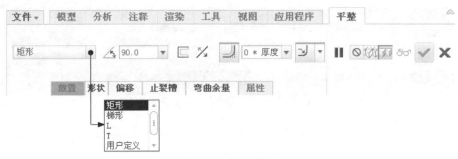

图 8.2.8 操控板

步骤 03 选取附着边。在系统 选择一个边连到侧壁上。的提示下，选取图 8.2.9 所示的模型边线为附着边。

步骤 04 定义平整附加壁的形状。在图 8.2.8 所示的操控板中，选取形状类型为 矩形 。

步骤 05 定义平整附加壁与主钣金壁间的夹角。在操控板的 图标后面的文本框中输入角度值 75.0。

步骤 06 定义折弯半径。确认 按钮（在附着边上使用或取消折弯半径）被按下，然后在后面的文本框中输入折弯半径值 3.0；折弯半径所在侧为 （内侧，即标注折弯的内侧曲面的半径），此时模型如图 8.2.10 所示。

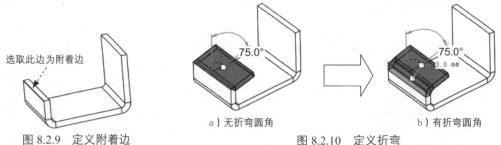

图 8.2.9 定义附着边　　图 8.2.10 定义折弯

步骤07 定义平整壁正面形状的尺寸。单击操控板中的 形状 按钮，在弹出的界面中分别输入数值 0.0、15.0、0.0，并分别按 Enter 键。

步骤08 在操控板中单击 按钮，预览所创建的特征；确认无误后，单击"完成"按钮 。

8.2.4 法兰附加壁

法兰附加壁是一种可以定义其侧面形状的钣金薄壁，其壁厚与主钣金壁相同。在创建法兰附加钣金壁时，须先在现有的钣金壁（主钣金壁）上选取某条边线作为附加钣金壁的附着边，其次需要定义其侧面形状和尺寸等参数。

下面介绍图 8.2.11 所示的 I 型法兰钣金壁的创建过程。

图 8.2.11 创建 I 型法兰附加钣金壁

步骤01 将工作目录设置为 D:\creoxc3\work\ch08.02.04，打开文件 add-flal-wall.prt。

步骤02 单击 模型 功能选项卡 形状 ▼ 区域中的"法兰"按钮 。

步骤03 选取附着边。在系统的 选取要连接到薄壁的边或边链 提示下，选取图 8.2.12 所示的模型边线为附着边。

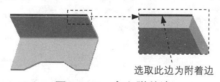

图 8.2.12 定义附着边

步骤04 选取法兰壁的侧面形状类型 I 。

步骤05 定义折弯半径。确认按钮 （在附着边上添加折弯）被按下，然后在后面的文本框中输入折弯半径值 2.0；折弯半径所在侧为 （内侧）。

步骤06 定义法兰壁的轮廓尺寸。单击 形状 按钮，在系统弹出的界面中分别输入 25.0、90.0（角度值），并分别按 Enter 键。

步骤07 在操控板中单击按钮 预览所创建的特征；确认无误后，单击"完成"按钮 。

法兰操控板选项说明如下。

在法兰操控板的"形状"下拉列表中（图 8.2.13），可设置法兰壁的侧面形状，具体效果如图 8.2.14 所示。

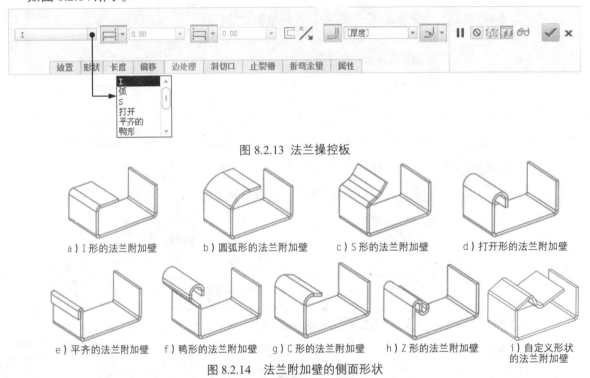

图 8.2.13 法兰操控板

图 8.2.14 法兰附加壁的侧面形状

在操控板中，图 8.2.15 所示的区域一用于设置第一个方向的长度，区域二用于设置第二个方向的长度。第一、二两个方向的长度分别为附加壁偏移附着边两个端点的尺寸，如图 8.2.16 所示。区域一和区域二各包括两个部分：长度定义方式下拉列表和长度文本框。在文本框中输入正值并按 Enter 键，附加壁向外偏移；输入负值，则附加壁向里偏移。也可拖动附着边上的两个滑块来调整相应长度值。

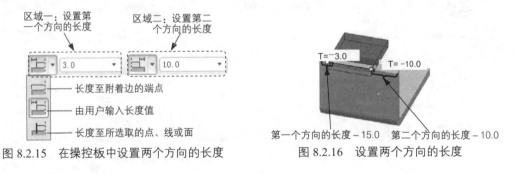

图 8.2.15 在操控板中设置两个方向的长度　　图 8.2.16 设置两个方向的长度

单击操控板中的 按钮，可切换薄壁厚度的方向（图 8.2.17）。

放置 按钮：定义法兰壁的附着边。单击操控板中的 放置 按钮，系统弹出图 8.2.18 所示的界面，通过该界面可重新定义法兰壁的附着边。

图 8.2.17　设置厚度的方向

图 8.2.18　"放置"界面

形状 按钮：设置法兰壁的侧面图形的尺寸。选择不同的侧面形状，单击 形状 按钮会出现不同图形的界面，例如，当选择 I 形状时，其 形状 界面如图 8.2.19 所示。

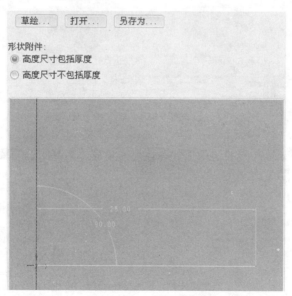

图 8.2.19　"形状"界面

长度 按钮用于设置第一、二两个方向的长度。长度 界面如图 8.2.20 所示。
斜切口 按钮用于设置斜切口的各项参数。斜切口 界面如图 8.2.21 所示。
边处理 按钮用于设置两个相邻的法兰附加钣金壁连接处的形状。边处理 界面如图 8.2.22

所示，边处理的类型有开放的、间隙、盲孔和重叠（图8.2.23）。

图 8.2.20　"长度"界面

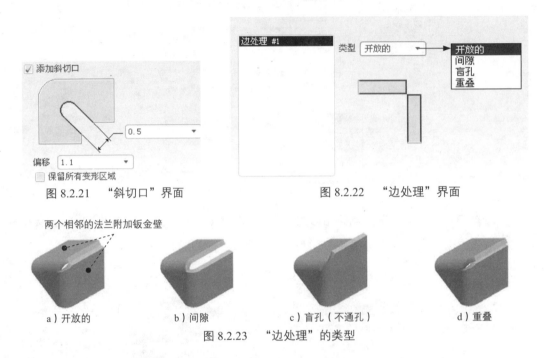

图 8.2.21　"斜切口"界面　　　　　图 8.2.22　"边处理"界面

a）开放的　　　b）间隙　　　c）盲孔（不通孔）　　　d）重叠

图 8.2.23　"边处理"的类型

8.2.5　钣金止裂槽

当附加钣金壁部分地与附着边相连，并且弯曲角度不为0时，需要在连接处的两端创建止裂槽（Relief），如图8.2.24所示。

a）源模型　　　图 8.2.24　止裂槽　　　b）添加部分附着钣金壁

Creo 3.0 系统提供的止裂槽分为4种，下面分别予以介绍。

第一种止裂槽——拉伸止裂槽（Stretch Relief）：在附加钣金壁的连接处用材料拉伸折弯构建止裂槽，如图8.2.25所示。当创建该类止裂槽时，需要定义止裂槽的宽度及角度。

第二种止裂槽——扯裂止裂槽（Rip Relief）：在附加钣金壁的连接处，通过垂直切割主壁材料至折弯线处来构建止裂槽，如图 8.2.26 所示。当创建该类止裂槽时，无须定义止裂槽的尺寸。

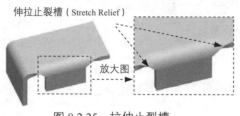 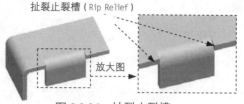

图 8.2.25　拉伸止裂槽　　　　　　　　图 8.2.26　扯裂止裂槽

第三种止裂槽——矩形止裂槽（Rect Relief）：在附加钣金壁的连接处，将主壁材料切割成矩形缺口来构建止裂槽，如图 8.2.27 所示。当创建该类止裂槽时，需要定义矩形的宽度及深度。

第四种止裂槽——长圆弧形止裂槽（Obrnd Relief）：在附加钣金壁的连接处，将主壁材料切割成长圆弧形缺口来构建止裂槽，如图 8.2.28 所示。当创建该类止裂槽时，需要定义圆弧的直径及深度。

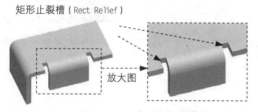 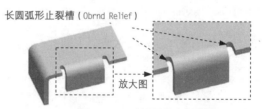

图 8.2.27　矩形止裂槽　　　　　　　　图 8.2.28　长圆弧形止裂槽

下面介绍图 8.2.29 所示的止裂槽的创建过程。

 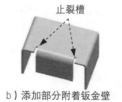

a）原模型　　　　　　　　　b）添加部分附着钣金壁

图 8.2.29　止裂槽创建范例

步骤01　将工作目录设置为 D:\creoxc3\work\ch08.02.05，打开文件 relief.prt。

步骤02　单击 模型 功能选项卡 形状 ▼ 区域中的 按钮，系统弹出"凸缘"操控板。

步骤03　选取附着边。在系统的 选择要连接到薄壁的边或边链 提示下，选取图 8.2.30 所示的模型边线。

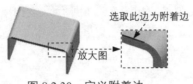

图 8.2.30 定义附着边

步骤 04 选取平整壁的形状类型 I 。

步骤 05 定义法兰壁的侧面轮廓尺寸。单击 形状 按钮，在系统弹出的界面中分别输入 16.0，90.0（角度值），并分别按 Enter 键。

步骤 06 定义长度。单击 长度 按钮，在下拉列表中均选择 盲 选项，然后在文本框中均输入数值-5.0 和-5.0（注意：在文本框中输入负值，按 Enter 键后，则显示为正值）。

步骤 07 定义折弯半径。确认按钮 （在连接边上添加折弯）被按下，然后在后面的文本框中输入折弯半径值 2.0；折弯半径所在侧为 （内侧）。

步骤 08 定义止裂槽。

（1）在操控板中单击 止裂槽 按钮，在系统弹出的界面中，采用系统默认的 止裂槽类别 为 折弯止裂槽 ，选中 单独定义每侧 复选框。

（2）定义侧 1 止裂槽。选中 侧 1 单选项，在 类型 下拉列表中选择 矩形 选项，止裂槽的深度及宽度尺寸采用默认值（图 8.2.31）。注意：深度选项 至折弯 表示止裂槽的深度至折弯线处，如图 8.2.32 所示。

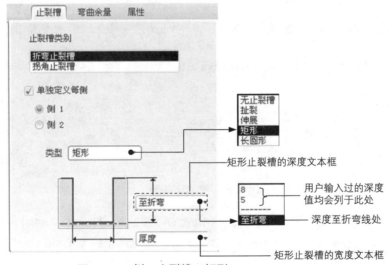

图 8.2.31 侧 1 止裂槽：矩形

（3）定义侧2止裂槽。选中 侧2 单选项，在 类型 下拉列表中选择 长圆形 选项，止裂槽尺寸采用默认值（图8.2.33）。注意：深度选项 与折弯相切 表示止裂槽矩形部分的深度至折弯线处，如图8.2.32所示。

步骤09 在操控板中单击 按钮，预览所创建的特征；确认无误后，单击"完成"按钮 。

在模型上双击所创建的止裂槽，可修改其尺寸。

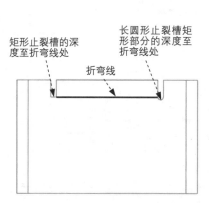

图8.2.32 止裂槽的深度说明

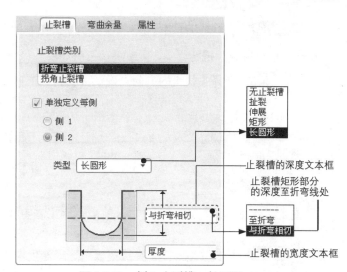

图8.2.33 侧2止裂槽：长圆形

8.2.6 钣金切除

钣金切削与实体切削都是在钣金件上切除材料，它们之间的区别如下：当草绘平面与钣金面平行时，二者没有区别；当草绘平面与钣金面不平行时，二者有很大的不同。钣金切削是将截面草图投影至模型的绿色或白色面，然后垂直于该表面去除材料，形成垂直孔，如图8.2.34所示；实体切削的孔是垂直于草绘平面去除材料，形成斜孔，如图8.2.35所示。

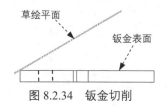

图8.2.34 钣金切削

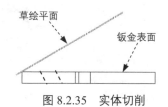

图8.2.35 实体切削

下面说明钣金切削的一般创建过程。

步骤01 将工作目录设置为 D:\creoxc3\work\ch08.02.06，打开文件 sm_cut.prt。

步骤02 单击 **模型** 功能选项卡 **形状** ▼ 区域中的 **拉伸** 按钮，此时系统弹出操控板。

步骤03 先确认"实体"类型按钮 被按下，然后确认操控板中的切削按钮 和 SMT 切削选项按钮 被按下。

步骤04 定义草绘平面。右击，选择 **定义内部草绘...** 命令；选取图 8.2.36 所示的 DTM1 基准面为草绘平面，确认图中箭头指向为特征的创建方向；然后选取 RIGHT 基准平面为参考平面，方向为 **左**。

步骤05 绘制截面草图。进入草绘环境后，绘制图 8.2.37 所示的截面草图，完成绘制后，单击"草绘完成"按钮 。

步骤06 选择去材料的方向。确认去材料的方向如图 8.2.38 所示。

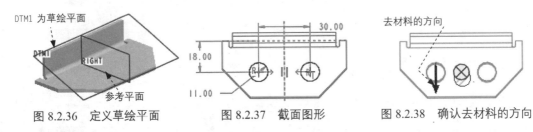

图 8.2.36 定义草绘平面　　图 8.2.37 截面图形　　图 8.2.38 确认去材料的方向

步骤07 定义切削深度。在操控板中选择深度类型 （穿过所有），并选择材料移除的方向类型 （将特征切削至钣金件绿色面所在的侧）。

步骤08 单击操控板中的 按钮预览所创建的特征，确认无误后单击 按钮。

在操控板中，如果选取 按钮，则切削效果如图 8.2.39 所示；如果选取 按钮，切削效果如图 8.2.40 所示；如果选取 按钮，则切削效果如图 8.2.41 所示。

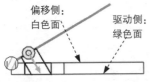 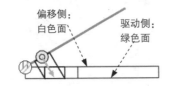 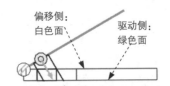

图 8.2.39 切削到驱动侧（绿色面）和偏移侧（白色面）　　图 8.2.40 切削到驱动侧（绿色面）　　图 8.2.41 切削到偏移侧（白色面）

8.3 钣金的折弯与展开

8.3.1 钣金折弯

钣金折弯（Bend）是将钣金的平面区域弯曲某个角度或弯成圆弧状。在进行折弯操作时，应注意折弯特征仅能在钣金的平面区域建立，不能跨越另一个折弯特征。

钣金折弯特征包括三个要素。

- ◆ 折弯线（Bend Line）：确定折弯位置和折弯形状的几何线。
- ◆ 折弯角度（Bend Angle）：控制折弯的弯曲程度。
- ◆ 折弯半径（Bend Radius）：折弯处的内侧或外侧半径。

下面以图 8.3.1 为例，介绍折弯的操作过程。

a）折弯前　　　　　　　　　　　　b）折弯后

图 8.3.1　范例 1

步骤 01　将工作目录设置至 D：\creoxc3\work\ch8.03.01，打开文件 bend_angle_2.prt。

步骤 02　单击 模型 功能选项卡 折弯 区域中的 折弯 按钮，系统弹出图 8.3.2 所示的"折弯"操控板。

步骤 03　在图 8.3.2 所示的"折弯"操控板中单击 按钮（使其处于被按下的状态）。

图 8.3.2　"折弯"操控板

步骤 04　绘制折弯线。单击 折弯线 按钮，选取图 8.3.3 所示的模型表面 1 为草绘平面，然后单击 草绘... 按钮，绘制图 8.3.4 所示的直线作为折弯线。

步骤 05　定义固定侧。固定侧箭头方向如图 8.3.5 所示。

如果方向跟图形中不一致可以直接单击箭头或在操控板中单击左边的 按钮，来改变方向。

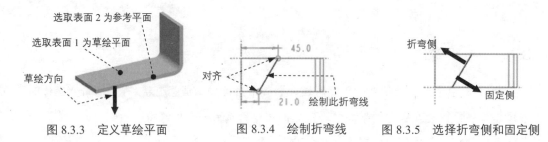

图 8.3.3 定义草绘平面　　图 8.3.4 绘制折弯线　　图 8.3.5 选择折弯侧和固定侧

步骤06 定义止裂槽。单击 止裂槽 按钮，在系统弹出界面中的 类型 下拉列表中选择 无止裂槽 选项。

步骤07 定义参数。在 ⌃ 后的文本框中输入折弯角度值 90.0，并单击其后的 ✕ 按钮；然后在 ⌐ 后的下拉列表中选择 厚度 选项，折弯半径所在侧为 ▨ 。

步骤08 单击"折弯"操控板中的 ∞ 按钮，预览所创建的折弯特征；然后单击 ✓ 按钮，完成折弯特征的创建。

8.3.2 钣金展平

在钣金设计中，可以用展平命令（Unbend）将三维的折弯钣金件展平为二维的平面薄板（图 8.3.6）。钣金展平的作用如下。

◆ 钣金展平后，可更容易了解如何剪裁薄板及其各部分的尺寸、大小。

◆ 有些钣金特征（如止裂切口）需要在钣金展平后创建。

◆ 钣金展平对于钣金的下料和创建钣金的工程图十分有用。

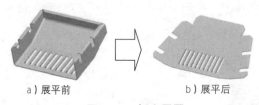

a）展平前　　　　b）展平后

图 8.3.6 钣金展平

在图 8.3.7 所示的菜单中，系统列出了三种展平方式，分别是常规展平方式、过渡展平方式和剖截面驱动展平方式，后面小节将主要介绍常用钣金的展平方式（即常规方式展平）的操作方法。

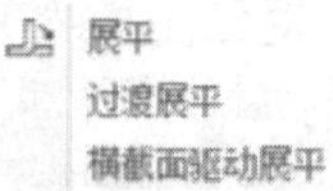

图 8.3.7 "展平选项"菜单

常规展平（Regular Unbend）是一种最为常用、限制最少的钣金展平方式。利用这种展平方式既可以对一般的弯曲钣金壁进行展平，也可以对由折弯（Bend）命令创建的钣金折弯进行展平，但它不能展平不常规的曲面。

下面以图 8.3.8 所示的例子介绍常规展平命令的操作方法。

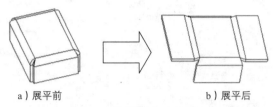

图 8.3.8 钣金的部分展平

步骤 01 将工作目录设置至 D:\creoxc3\work\ch08.03.02，打开文件 unbend_g1.prt。

步骤 02 单击 模型 功能选项卡 折弯 ▼ 区域中的"展平"按钮 ，系统弹出图 8.3.9 所示的"展平"操控板。

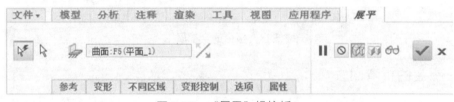

图 8.3.9 "展平"操控板

步骤 03 定义钣金展平选项。在该操控板中单击 按钮，然后再单击 参考 按钮，系统弹出图 8.3.10 所示的"参考"界面，在该界面中先将 折弯几何 区域的选项全部移除，选取图 8.3.11 所示的曲面为展平面。

步骤 04 选取固定面（边）。在"参考"界面中单击 固定几何 下的文本框，同时在系统 选择要在展平时保持固定的曲面或边. 的提示下，选取图 8.3.12 所示的模型表面为固定面。

图 8.3.10 "参考"界面

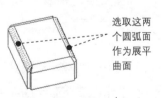

图 8.3.11 选取展平曲面

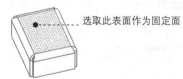

图 8.3.12 选取固定面（边）

图 8.3.10 所示的"参考"界面中各选项的说明如下：

- 折弯几何：选取要展平的曲面或者边。
- 固定几何：选择要在展平时保持固定的曲线或者边。

步骤 05 单击"展平"操控板中的 按钮，预览所创建的展平特征；然后单击 ✓ 按钮，完成展平特征的创建。

步骤 06 保存零件模型文件。

> 如果在该操控板中选择 按钮，然后单击 ✓ 按钮，则所有的钣金壁都将展平，如图 8.3.13 所示。

a）展平前　　　　　　　　　　b）展平后

图 8.3.13　钣金的全部展平

8.3.3　钣金的折弯回去

可以将展平后的钣金壁部分或全部地折弯回去（Bend Back），简称为钣金的折回，如图 8.3.14 所示。如果需要在二维平整状态下建立某些特征，则可先增加一个展平特征，再在二维平整状态下进行某些特征的创建，然后增加一个折弯回去特征恢复钣金件原来的三维状态。

a）展平钣金件　　　　　　　　　　b）钣金的折弯回去

图 8.3.14　钣金的折弯回去

图 8.3.14 所示为一个一般形式的钣金折弯回去，其操作步骤说明如下。

步骤 01 将工作目录设置为 D:\creoxc3\work\ch08.03.03，打开文件 bendback.prt。

步骤 02 单击 模型 功能选项卡 折弯▼ 区域中的"折弯回去"按钮 折弯回去，系统弹出"折回"操控板。

步骤 03 选取要折回的曲线或边。在"折回"操控板中单击 按钮，然后单击 参考 按钮，系统弹出"参考"界面，先将该界面 展平几何 下的选项全部移除，然后选取图 8.3.15 中的曲面为要折弯回去的曲面。

步骤04 选取固定面。在系统 ➡选择固定几何 的提示下,选取图 8.3.16 所示的表面为固定面。

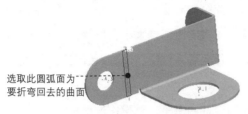
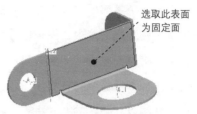

图 8.3.15　选取折弯回去的曲面　　　　　图 8.3.16　选取固定面

如果选择 按钮,则钣金全部展平的面都将折弯回去。

步骤05 单击"折回"操控板中的 按钮,完成折弯回去特征的创建。

8.4　将实体转换成钣金件

创建钣金零件还有另外一种方式,就是先创建实体零件,然后将实体零件转化为钣金件。对于复杂钣金护罩的设计,使用这种方法可简化设计过程。

当打开(或新创建)的零件为实体零件时,选择下拉菜单 模型 ➡ 操作 ➡ 转换为钣金件 命令,然后通过弹出的菜单管理器可将实体零件转换成钣金零件,转换方式有两种,分别介绍如下。

◆ （驱动曲面）:选择该选项,可将材料厚度均一的实体零件转化为钣金零件。其操作方法是先在实体零件上选取某一曲面为驱动曲面,然后输入钣金厚度值,即可产生钣金零件。完成转换后,驱动曲面所在的一侧表面为钣金零件的绿色面。

以这种方式转换时,实体上与驱动曲面不垂直的特征,在转换成钣金零件后,其与驱动曲面垂直,如图 8.4.1 所示。

a)实体零件(转换前)　　　　　　　　b)钣金零件(转换后)

图 8.4.1　"驱动曲面"转换方式举例

◆ ▣（壳）：选择该选项，可将材料厚度为非均一的实体零件转化为"壳"式钣金零件。其操作方法与抽壳特征相同。

在设计一个零部件（或产品）的护盖时，本例介绍的方法是一个很好的选择。这种方法的原理是：在装配环境中，先根据钣金件将要保护的内部零部件大小和形状，创建一个实体零件，然后将该实体零件转变成第一钣金壁，完成转变后系统便自动进入钣金设计环境，这样就可以添加其他钣金特征等。

这里介绍以"壳"的方式将实体零件转化为钣金件的例子，其操作过程如下。

步骤01 将工作目录设置为 D:\creoxc3\work\ch07.04，打开文件 solid-wall.prt。

步骤02 单击 `模型` 功能选项卡 `操作▼` 下拉列表中 `转换为钣金件` 按钮，弹出"第一壁"操控板。

步骤03 在操控板中 `第一壁` 区域单击"壳"按钮 ▣，在系统的 `选择要从零件移除的曲面▪` 提示下，选取图 8.4.2 所示的表面为壳体的删除面。

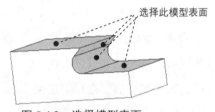

图 8.4.2 选择模型表面

步骤04 输入厚度值 3，并按回车键，单击操控板中的 ✔ 按钮。

步骤05 单击 `模型` 功能选项卡 `工程▼` 区域中的"转换"按钮 `转换`，弹出"转换"操控板。

步骤06 单击"边扯裂"按钮 ▣，弹出"边扯裂"操控板，选取如图 8.4.4 所示的边线。

步骤07 单击两次 ✔ 按钮，如图 8.4.3 所示。

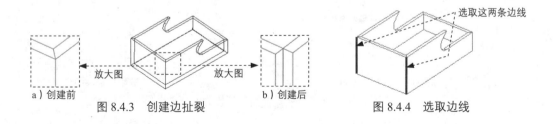

a) 创建前　　　　　　　　　　　b) 创建后

图 8.4.3 创建边扯裂　　　　　　图 8.4.4 选取边线

8.5 高级钣金特征

8.5.1 延伸钣金壁

在创建钣金壁时，可使用延伸（Extend）命令将现有的钣金壁延伸至一个平面或延伸一定的距离，如图 8.5.1 所示。

图 8.5.1 钣金壁的延伸

下面以图 8.5.1 为例，说明钣金壁延伸的一般操作过程。

步骤01 将工作目录设置为 D:\creoxc3\work\ch08.05.01，打开文件 extend.prt。

步骤02 选取要延伸的边。选取图 8.5.2 所示的模型边线作为要延伸的边。

步骤03 单击 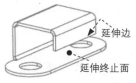 功能选项卡 区域中的"延伸"按钮 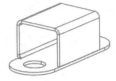，系统弹出"延伸"操控板。

步骤04 定义延伸距离。

（1）在系统弹出的"延伸"操控板中选择 命令。

（2）在系统 选择一个平面作为延伸的参考 的提示下，选取图 8.5.3 所示的钣金表面为延伸的参考平面。

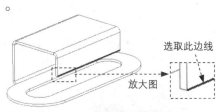

图 8.5.2 定义要延伸的边

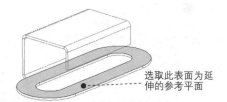

图 8.5.3 定义延伸的参考平面

步骤05 单击"延伸"操控板中的 按钮，预览所创建的特征；然后单击 按钮完成"延伸"特征的操作。

8.5.2 钣金成形

把一个实体零件（冲模）上的某个形状印贴在钣金件上，这就是钣金成形特征，成形特征也称之为印贴特征。例如：图 8.5.4a 所示的实体零件为成形冲模，该冲模中的凸起形状可以印贴在一个钣金件上而产生成形特征，如图 8.5.4b 所示。

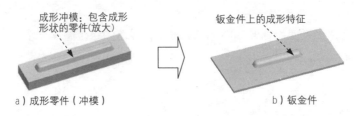

图 8.5.4　钣金成形特征

钣金成形分为凹模（Die）工具成形和凸模工具成形。在创建成形特征之前，必须先创建一个参考零件（即冲模零件），该参考零件中应包含成形几何形状的特征，参考零件可在零件模式下建立。

模具成形和冲压成形的区别主要在于这两种成形所使用的冲模不同，在模具成形冲模零件中，必须有一个基础平面作为边界面（图 8.5.5），而在冲压成形的冲模零件中，则没有此基础平面（图 8.5.6）。

图 8.5.5　模具成形的冲模　　　　图 8.5.6　冲压成形的冲模

1. 模具成形

下面举例说明以模具方式创建成形特征的一般创建过程（在本例中，Die 冲模零件已被创建），如图 8.5.7 所示。

图 8.5.7　创建成形

步骤 01　将工作目录设置为 D:\creoxc3\work\ch08.05.02，打开文件 sm-form.prt。

步骤 02　选择 模型 功能选项卡 工程▼ 区域 下的 凸模 命令，弹出"凸模"操控版。

步骤 03　在操控板上单击"打开"按钮 📂，选择 Die.prt 文件，并将其打开,此时操控板如图 8.5.8 所示。

图 8.5.8　"凹模"操控板

步骤 05　定义成形模具的放置。单击 放置 按钮，弹出"放置"窗口。

（1）定义重合约束。在"放置"窗口中，选择约束类型 重合，然后分别在模具模型和钣金件中选取图 8.5.9 所示的重合面（模具上的 FRONT 基准面与钣金件上的 FRONT 基准面）。

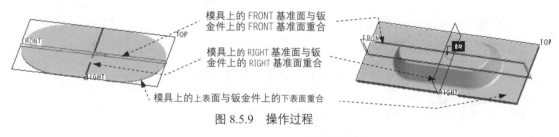

图 8.5.9　操作过程

（2）定义对齐约束。在"放置"窗口中，单击 新建约束 按钮，选择新增加的约束类型 重合，分别选取图 8.5.9 所示的重合面（模具上的 RIGHT 基准面与钣金件上的 RIGHT 基准面）。

（3）定义对齐约束。在"放置"窗口中，单击 新建约束 按钮，选择新增加的约束类型 重合，分别选取图 8.5.9 所示的重合面（模具上的 TOP 基准面与钣金件上的 TOP 基准面），此时"放置"窗口显示"完全约束"。

（4）在"凸模"操控板中单击 按钮，单击"完成"按钮 ✓。

2．以模具方式创建带排除面的成形特征

带排除面的成形特征就是指成形特征某个或几个表面是破漏的，图 8.5.10 所示是以模具方式创建带排除面的成形特征的例子，其操作步骤如下。

图 8.5.10　成形特征

任务 01 创建图 8.5.11 所示的 Die 冲模零件

步骤 01 新建一个零件的三维模型,将零件的模型命名为 sm_louver。

步骤 02 创建图 8.5.12 所示的零件基础特征——实体拉伸特征,相关提示如下。

(1)单击"拉伸"命令按钮 。

(2)特征属性:确定"实体"类型按钮 被按下,草绘平面为 TOP 基准面,草绘平面的参考方位是 右 ,参考平面是 RIGHT 基准面,特征的截面草图如图 8.5.13 所示,拉伸深度类型为 (即"盲孔"),深度值为 7。

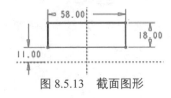

图 8.5.11 创建 Die 成形模具　　图 8.5.12 创建实体拉伸特征　　图 8.5.13 截面图形

步骤 03 添加圆角。创建图 8.5.14 所示的圆角,相关提示如下。

(1)选择 倒圆角(D)... 命令。

(2)按住 Ctrl 键,选取要圆角的边线,如图 8.5.14a 所示。

(3)圆角半径值为 2mm。

a)圆角前　　图 8.5.14 添加圆角　　b)圆角后

步骤 04 添加拉伸特征。创建图 8.5.15 所示的伸出项拉伸特征,相关提示如下。

(1)单击"拉伸"命令按钮 。

(2)特征属性:确定"实体"类型按钮 被按下,草绘平面为图 8.5.16 所示的模型表面,草绘平面的参考方位是 右 ,参考平面为 RIGHT 基准面,特征的截面草图如图 8.5.17 所示,拉伸深度选项为 ,深度值为 3。

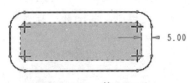

图 8.5.15 创建拉伸特征　　图 8.5.16 定义草绘平面　　图 8.5.17 截面图形

步骤 05 添加圆角。创建图 8.5.18 所示的圆角,圆角半径值为 1mm。

步骤 06 保存零件模型文件。

图 8.5.18 添加圆角

任务 02 创建如图 8.5.19 所示的成形特征

步骤 01 将工作目录设置为 D:\creoxc3\work\ch08.05.02，打开文件 sm_ex1.prt。

图 8.5.19 创建成形特征

步骤 02 单击 模型 功能选项卡 工程▼ 区域 下的 凸模 按钮，弹出"凸模"操控版。

步骤 04 在操控板上单击"打开"按钮 ，选择 sm_louver.prt 文件，并将其打开。

步骤 05 定义成形模具的放置。单击 放置 按钮，弹出"放置"窗口。

（1）定义匹配约束。在"放置"窗口中选择约束类型 重合，然后分别在模具模型和钣金件中选取图 8.5.20 所示的重合面。

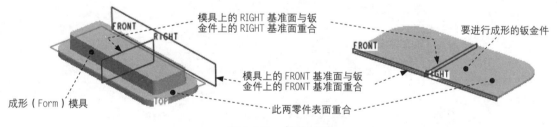

图 8.5.20 操作过程

（2）定义对齐约束。在"放置"窗口中单击 →新建约束 字符，选择新增加的约束类型 重合，分别选取图 8.5.20 所示的对齐面（模具上的 RIGHT 基准面与钣金件上的 RIGHT 基准面）。

（3）定义对齐约束。在"放置"窗口中单击 →新建约束 字符，选择新增加的约束类型 重合，分别选取图 8.5.20 所示的对齐面（模具上的 FRONT 基准面与钣金件上的 FRONT 基准面），此时屏幕上的"模板"窗口中显示"完全约束"。

步骤 06 定义排除面。单击 选项 选项卡，在弹出的界面中单击 排除冲孔模型曲面 下的空白区域,选取如图 8.5.21 所示的面作为排除面。

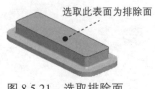

图 8.5.21　选取排除面

步骤07　在"凸模"操控板中单击 按钮,单击"完成"按钮 。

步骤08　保存零件模型文件。

3. 平整成形

平整成形（Flatten Form）用于将钣金成形特征展平,如图 8.5.22 所示。

下面说明平整成形特征的一般操作过程。

步骤01　将工作目录设置为 D:\creoxc3\work\ch08.05.02,打开文件 sm-flat-form.prt。

步骤02　单击 模型 功能选项卡 工程▼ 区域 下的 平整成型 按钮,此时系统弹出图 8.5.23 所示的"平整成型"操控板。

步骤03　选取成形表面。在模型中选取成形特征中的任意一个表面（注意：不要在模型树中选取成形特征）。

步骤04　单击"平整成型"操控板中的 按钮,可浏览所创建的特征,然后单击 按钮。

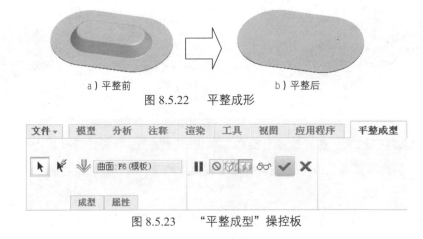

a）平整前　　　　　　　　b）平整后

图 8.5.22　平整成形

图 8.5.23　"平整成型"操控板

8.5.3　钣金的平整形态

平整形态（Flat Pattern）特征与展平（Unbend）特征的功能基本相同,都可以将三维钣金件全部展平为二维平整薄板。但要注意，平整形态特征会被自动调整到新加入的特征之后，也就是当在模型上添加平整形态特征后，钣金会以二维展平方式显示在屏幕上，但在添加新的特征时，平整形态特征即会自动被暂时隐含（Suppress），钣金模型仍显示为三维状态，以利于新特征的三维定位和定向，而在完成新特征之后，系统又自动恢复平整形态特征，因此钣金又显示为二维展平的状态。系统会永远把平整形态特征放在模型树的最后。在实际钣金设计中，作为操作技巧之一，应尽早加入平整形态特征，以利于钣金的二维工程图的创建和加工制造；另外，若不希望钣金的显示在三维与二维展平模式间来回切换，则可将平整形态特征进行隐含，当要查看钣金的二维展平状况时，再恢复被隐含的平整形态特征。

1. 选取钣金平整形态命令

选取钣金平整形态命令有如下两种方法。

方法一：选择菜单 插入(I) ➡ 折弯操作(B) ➡ 平整形态(F)... 命令。

方法二：在工具栏中单击 按钮。

注意：一个钣金件中只能创建一个平整形态特征。在创建了平整形态特征之后，菜单中的 平整形态(F)... 命令呈灰色显示（不起作用）。

2. 平整形态特征的一般创建过程

下面以图 8.5.24 为例，说明平整形态特征的一般创建过程。

选取此表面为固定面

图 8.5.24 钣金的平整形态

步骤 01 将工作目录设置为 D:\creoxc3\work\ch08.05.03，打开文件 flat_pattern.prt。

步骤 02 单击  功能选项卡 折弯 ▼ 区域中的 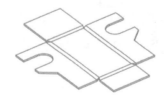 平整形态 命令。

步骤 03 在系统的 选取当展平/折弯回去时保持固定的平面或边 提示下，选取图 8.5.24 所示的表面为固定面，此时钣金即被全部展平。

步骤 04 读者可继续在钣金件上添加其他特征（如钣金切削特征），操作时仔细观察屏幕中钣金的显示变化，即二维与三维的切换。

第 9 章 钣金设计综合实例

9.1 钣金设计综合实例一

范例概述：

本范例介绍了钣金支架的设计过程，主要应用了平整钣金壁、附加平整壁、折弯、拉伸切削和镜像等特征，需要读者注意的是"附加平整壁"和"折弯"特征的创建方法及过程。下面介绍其设计过程，钣金件模型如图 9.1.1 所示。

图 9.1.1 钣金件模型

步骤01 新建一个钣金件模型，命名为 sheet-part。

步骤02 创建图 9.1.2 所示的整钣金壁特征。单击 模型 功能选项卡 形状 ▼ 区域中的"平面"按钮 平面 ；在图形区右击，从系统弹出的快捷菜单中选择 定义内部草绘... 命令，选取 TOP 基准面为草绘平面，选取 RIGHT 基准面为参考平面，方向为 右 ；绘制特征的截面草图（图 9.1.3）；钣金壁厚值为 1.0。

图 9.1.2 平整钣金壁特征

图 9.1.3 截面草图

步骤03 创建图 9.1.4 所示的附加平整壁特征。单击 模型 功能选项卡 形状 ▼ 区域中的 按钮，弹出"平整"操控板，选取图 9.1.5 所示的模型边线为附着边，平整壁的形状类型为 矩形 ，在操控板的 图标后面的文本框中输入角度值 90.0；确认 按钮被激活，在其后的文本框中输入折弯半径值 1.0；折弯半径所在侧为 （内侧），单击操控板中的 形状 按钮，修改草图内的尺寸值至图 9.1.6 所示的值，单击 止裂槽 按钮，在系统弹出的选项卡 类型

下拉列表中选择 无止裂槽 选项。

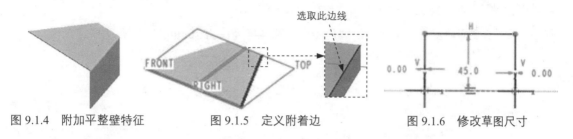

图 9.1.4 附加平整壁特征　　图 9.1.5 定义附着边　　图 9.1.6 修改草图尺寸

步骤 04 创建图 9.1.7 所示的折弯特征 1。单击 模型 功能选项卡 折弯▼ 区域 折弯▼ 节点下的 折弯 按钮，系统弹出"折弯"操控板，在"折弯"操控板中单击 按钮和 按钮（使其处于被按下的状态）；单击 折弯线 按钮，选取图 9.1.7 所示的表面为草绘平面，单击该界面中的 草绘... 按钮，绘制图 9.1.8 所示的折弯线，定义折弯侧和固定侧如图 9.1.9 所示；单击 止裂槽 按钮，在系统弹出界面中的 类型 下拉列表框中选择 无止裂槽 选项。在 后的文本框中输入角度值 90.0，在 后的下拉列表中选择 厚度 选项，折弯半径所在侧为 。

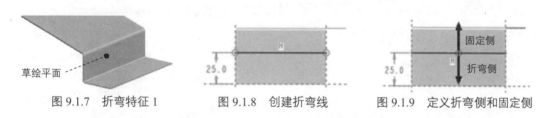

图 9.1.7 折弯特征 1　　图 9.1.8 创建折弯线　　图 9.1.9 定义折弯侧和固定侧

步骤 05 创建图 9.1.10 所示的镜像特征。选取 **步骤 03** 所创建的附加平整壁特征为镜像源特征，单击 模型 功能选项卡 编辑▼ 区域的 镜像 命令，选择 RIGHT 基准面为镜像平面。

步骤 06 参考 **步骤 04**，创建图 9.1.11 所示的折弯特征 2（具体操作参见随书光盘）。

图 9.1.10 镜像特征　　　　　图 9.1.11 折弯特征 2

步骤 07 创建图 9.1.12 所示的钣金拉伸切削特征 1。单击 模型 功能选项卡 形状▼ 区域中的 拉伸 按钮，此时系统弹出操控板；先确认"实体"类型按钮 被激活，然后确认操控板中的切削按钮 和 SMT 切削选项按钮 被按下；选取图 9.1.12 所示的模型表面为草绘平面，选取 RIGHT 基准面为参考平面，参考平面的方向为 右 ；特征的截面草图如图

9.1.13 所示,接受系统默认的箭头方向为移除材料的方向,深度类型为 ⊥,材料移除的方向类型为 ⊥（移除垂直于驱动曲面的材料）。

步骤08 创建图 9.1.14 所示倒圆角特征,圆角半径值为 10mm。

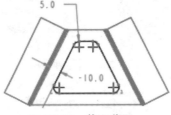

图 9.1.12　钣金拉伸切削特征 1　　　图 9.1.13　截面草图　　　图 9.1.14　倒圆角特征

步骤09 创建图 9.1.15 所示的钣金拉伸切削特征 2。单击 模型 功能选项卡 形状▼ 区域中的 拉伸 按钮,此时系统弹出操控板;先确认"实体"类型按钮 □ 被激活,然后确认操控板中的切削按钮 和 SMT 切削选项按钮 被按下;选取图 9.1.15 所示的模型表面为草绘平面,选取 RIGHT 基准面为参考平面,参考平面的方向为 右;特征的截面草图如图 9.1.16 所示,接受系统默认的箭头方向为移除材料的方向,深度类型为 ⊥,材料移除的方向类型为 ⊥（移除垂直于驱动曲面的材料）。

图 9.1.15　钣金拉伸切削特征 2　　　　　图 9.1.16　截面草图

步骤10 保存模型文件。

9.2　钣金设计综合实例二

范例概述:

本范例介绍了一个常见的打火机防风盖的设计,由于在设计过程中需要用到成形特征,所以首先创建一个模具特征,然后再新建钣金特征将倒圆角的实体零件模型转换为钣金零件。该零件模型如图 9.2.1 所示。

本案例的详细操作过程请参见随书光盘中 video\ch09.02\文件下的语音视频讲解文件。模型文件为 D:\ creoxc3 \work\ch09.02\light_cover.prt.1。

图 9.2.1 零件模型 1

9.3 钣金设计综合实例三

范例概述：

本范例介绍了夹子的部分设计过程，该设计过程中应用了平整、钣金切削、折弯和倒圆角等命令。读者在学习本实例时，需要注意特征的先后顺序，及其"折弯"中形状的创建方法。模型如图 9.3.1 所示。

图 9.3.1 零件模型 2

 本案例的详细操作过程请参见随书光盘中 video\ch09.03\文件下的语音视频讲解文件。模型文件为 D:\ creoxc3 \work\ch09.03\clamp.prt。

第 10 章 装配设计

10.1 装配设计基础入门

10.1.1 装配设计用户界面

步骤01 单击"新建"按钮，在弹出的文件"新建"对话框中，进行下列操作。

（1）选中 类型 选项组下的 ● 装配 单选项。

（2）选中 子类型 选项组下的 ● 设计 单选项。

（3）在 名称 文本框中输入文件名 asm0001。

（4）通过取消选中 □ 使用默认模板 复选框，来取消"使用默认模板"，后面将介绍如何定制和使用装配默认模板。

（5）单击该对话框中的 确定 按钮。

步骤02 选取适当的装配模板。在系统弹出的"新文件选项"对话框中进行下列操作。

（1）在模板选项组中选取 mmns_asm_design 模板命令。

（2）对话框中的两个参数 DESCRIPTION 和 MODELED_BY 与 PDM 有关，一般不对此进行操作。

（3）□ 复制相关绘图 复选框一般不用进行操作。

（4）单击该对话框中的 确定 按钮。

完成这一步操作后，系统进入装配模式（环境），此时在图形区可看到三个正交的装配基准平面（图 10.1.1）。

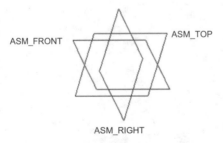

图 10.1.1　三个正交的装配基准平面

10.1.2 装配约束

在 Creo 3.0 装配环境中,通过定义装配约束,可以指定一个元件相对于装配体(组件)中其他元件(或特征)的放置方式和位置。装配约束的类型包括配对(Mate)、对齐(Align)和插入(Insert)等。一个元件通过装配约束添加到装配体中后,它的位置会随着与其有约束关系的元件的改变而相应改变,而且约束设置值作为参数可随时修改,并可与其他参数建立关系方程,这样整个装配体实际上是一个参数化的装配体。

关于装配约束,请注意以下几点。

◆ 一般来说,建立一个装配约束时,应选取元件参考和组件参考。元件参考和组件参考是元件和装配体中用于约束定位和定向的点、线、面。

◆ 系统一次只添加一个约束。

◆ 要对一个元件在装配体中完整地指定放置和定向(即完整约束),往往需要定义数个装配约束。

◆ 在 Creo 3.0 中装配元件时,可以将多于所需的约束添加到元件上。即使从数学的角度来说,元件的位置已完全约束,还可能需要指定附加约束,以确保装配件达到设计意图。建议将附加约束限制在 10 个以内,系统最多允许指定 50 个约束。

1. "距离"约束

使用"距离"约束可以定义两个装配元件中的点、线和平面之间的距离值。约束对象可以是元件中的平整表面、边线、顶点、基准点、基准平面和基准轴,所选对象不必是同一种类型,例如可以定义一条直线与一个平面之间的距离。当约束对象是两平面时,两平面平行(图 10.1.2);当约束对象是两直线时,两直线平行;当约束对象是一直线与一平面时,直线与平面平行。当距离值为 0 时,所选对象将重合、共线或共面。

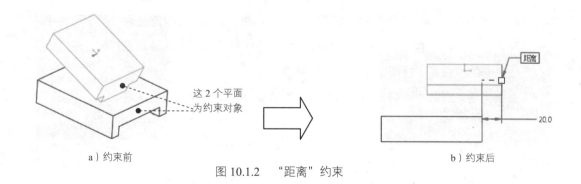

图 10.1.2 "距离"约束

2. "角度偏移"约束

用"角度偏移"约束可以定义两个装配元件中的平面之间的角度，也可以约束线与线、线与面之间的角度。该约束通常需要与其他约束配合使用，才能准确地定位角度（图10.1.3）。

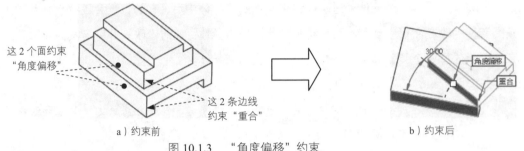

图 10.1.3　"角度偏移"约束

3. "平行"约束

用"平行"约束可以定义两个装配元件中的平面平行，如图10.1.4所示，也可以约束线与线、线与面平行。

图 10.1.4　"平行"约束

4. "重合"约束

"重合"约束是 Creo 3.0 装配中应用最多的一种约束，该约束可以定义两个装配元件中的点、线和面重合，约束的对象可以是实体的顶点、边线和平面，可以是基准特征，还可以是具有中心轴线的旋转面（柱面、锥面和球面等）。

下面根据约束对象的不同，列出几种常见的"重合"约束的应用情况。

(1)"面与面"重合。

当约束对象是两平面或基准平面时，两零件的朝向可以通过"反向"按钮来切换，如图10.1.5所示。

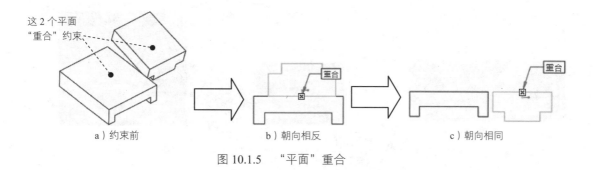

图 10.1.5 "平面"重合

当约束对象是具有中心轴线的圆柱面时,圆柱面的中心轴线将重合,如图 10.1.6 所示。

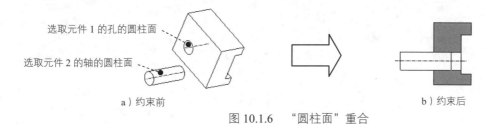

图 10.1.6 "圆柱面"重合

(2) "线与线" 重合。

当约束对象是直线或基准轴时,直线或基准轴相重合,如图 10.1.7 所示。

 图 10.1.7 所示的"线与线"重合与图 10.1.6 所示的"圆柱面"重合结果是一样的,但是选取的约束对象不同,前者需要选取轴线,后者需要选取旋转面。

图 10.1.7 "线与线"重合

(3) "线与点"重合。

"线与点"重合约束可将一条线与一个点重合,"线"可以是零件或装配件上的边线、轴线或基准曲线,"点"可以是零件或装配件上的顶点或基准点,如图 10.1.8 所示。

(4) "面与点"重合。

"面与点"重合可以使一个曲面和一个点重合,"曲面"可以是零件或装配件上的基准平面、曲面特征或零件的表面,"点"可以是零件或装配件上的顶点或基准点,如图 10.1.9 所示。

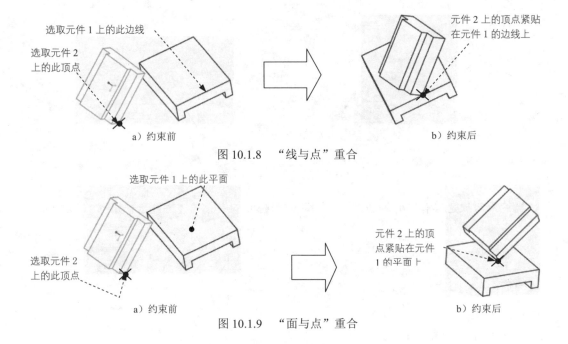

图 10.1.8 "线与点"重合

图 10.1.9 "面与点"重合

(5) "线与面"重合。

"线与面"重合可将一个曲面与一条边线重合,"曲面"可以是零件或装配件中的基准平面、表面或曲面面组,"边线"为零件或装配件上的边线,如图 10.1.10 所示。

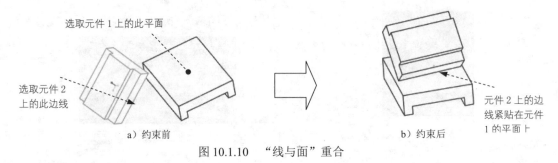

图 10.1.10 "线与面"重合

(6) "坐标系"重合。

"坐标系"重合可将两个元件的坐标系重合,或者将元件的坐标系与装配件的坐标系重合,即一个坐标系中的 X 轴、Y 轴、Z 轴与另一个坐标系中的 X 轴、Y 轴、Z 轴分别重合,如图 10.1.11 所示。

(7) "点与点"重合。

"点与点"重合可将两个元件中的顶点或基准点重合。

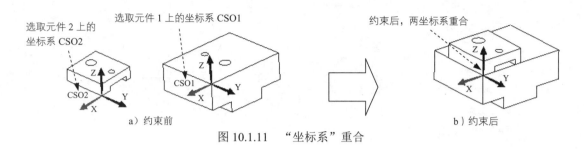

图 10.1.11 "坐标系"重合

5. "法向"约束

"法向"约束可以定义两元件中的直线或平面垂直，如图 10.1.12 所示。

图 10.1.12 "法向"约束

6. "共面"约束

"共面"约束可以使两元件中的两条直线或基准轴处于同一平面，如图 10.1.13 所示。

图 10.1.13 "共面"约束

7. "居中"约束

用"居中"约束可以控制两坐标系的原点相重合，但各坐标轴不重合，因此两零件可以绕重合的原点进行旋转。当选择两柱面"居中"时，两柱面的中心轴将重合（图 10.1.6）。

8. "相切"约束

用"相切"约束可控制两个曲面相切，如图 10.1.14 所示。

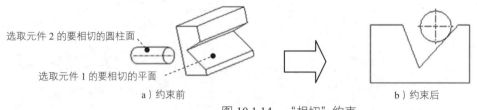

a）约束前　　　　　　　　　　　　　b）约束后

图 10.1.14　"相切"约束

9．"固定"约束

"固定"约束也是一种装配约束形式，可以用该约束将元件固定在图形区的当前位置。当向装配环境中引入第一个元件（零件）时，也可对该元件实施这种约束形式。

10．"默认"约束

"默认"约束也称为"缺省"约束，可以用该约束将元件上的默认坐标系与装配环境的默认坐标系重合。当向装配环境中引入第一个元件（零件）时，常常对该元件实施这种约束形式。

10.2　装配设计一般过程

下面以一个装配体模型——夹持器装配（glass_fix）为例（图 10.2.1），说明装配体创建的一般过程。

10.2.1　装配第一个零件

1．新建文件

步骤 01　选择下拉菜单 文件(F) ➡ 设置工作目录(W)... 命令，将工作目录设置至 D:\creoxc3\work\ch10.02.01。

步骤 02　单击"新建文件"按钮，在弹出的文件"新建"对话框中进行下列操作。

（1）选中 类型 选项组下的 ● 装配 单选项。

（2）选中 子类型 选项组下的 ● 设计 单选项。

（3）在 名称 文本框中输入文件名 glass_fix。

（4）通过取消选中 ☐ 使用默认模板 复选框，来取消"使用默认模板"。后面将介绍如何定制和使用装配默认模板。

（5）单击该对话框中的 确定 按钮。

步骤 03　选取适当的装配模板。在系统弹出的"新文件选项"对话框（图 10.2.2）中进行下列操作。

第 10 章 装配设计

图 10.2.1 夹持器装配

图 10.2.2 "新文件选项"对话框

（1）在模板选项组中选取 mmns_asm_design 模板命令。

（2）对话框中的两个参数 DESCRIPTION 和 MODELED_BY 与 PDM 有关，一般不对此进行操作。

（3） 复制相关绘图 复选框一般不用进行操作。

（4）单击该对话框中的 确定 按钮。

完成这一步操作后，系统进入装配模式（环境），此时在图形区可看到三个正交的装配基准平面（图 10.2.3）。

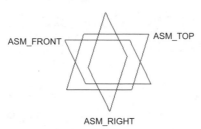

图 10.2.3 三个正交的装配基准平面

在装配模式下，要创建一个新的装配件，首先必须创建三个正交的装配基准平面，然后才可把其他元件添加到装配环境中，如果没有显示，可单击"视图控制"工具栏中的 按钮，然后在弹出的菜单中选中 ✓ 平面显示 复选框，将基准平面显示出来。

本例中，由于选取了 mmns_asm_design 模板命令，系统便自动创建三个正交的装配基准平面，所以无须再创建装配基准平面。

2. 添加第一个零件

步骤01 引入第一个零件。

（1）单击 模型 功能选项卡 元件▼ 区域中的"组装"按钮 （或单击 组装▼ 按钮，然后在弹出的菜单中选择 组装 选项）。

209

Creo3.0 速成宝典

元件▼ 区域及 组装▼ 菜单下的几个命令的说明如下。

◆ 组装：将已有的元件（零件、子装配件或骨架模型）装配到装配环境中，用"元件放置"对话框可将元件完整地约束在装配件中。

◆ （创建）：选择此命令，可在装配环境中创建不同类型的元件，如零件、子装配件、骨架模型及主体项目，也可创建一个空元件。

◆ （重复）：使用现有的约束信息在装配中添加一个当前选中零件的新实例，但是当选中零件以"默认"或"固定"约束定位时，无法使用此功能。

◆ 封装：选择此命令，可将元件不加装配约束地放置在装配环境中，它是一种非参数形式的元件装配。关于元件的"封装"详见后面的章节。

◆ 包括：选择此命令，可在活动组件中包括未放置的元件。

◆ 挠性：选择此命令，可以向所选的组件添加挠性元件（如弹簧）。

（2）此时系统弹出文件"打开"对话框，选择零件模型文件 down_cramp.prt，然后单击 打开▼ 按钮。

步骤 02 完全约束放置第一个零件。完成上步操作后，系统弹出图 10.2.4 所示的"元件放置"操控板，在该操控板中单击 放置 按钮，在"放置"界面的 约束类型 下拉列表中选择 默认 选项，将元件按默认放置，此时 状况 区域显示的信息为 完全约束 ；单击操控板中的 ✓ 按钮。

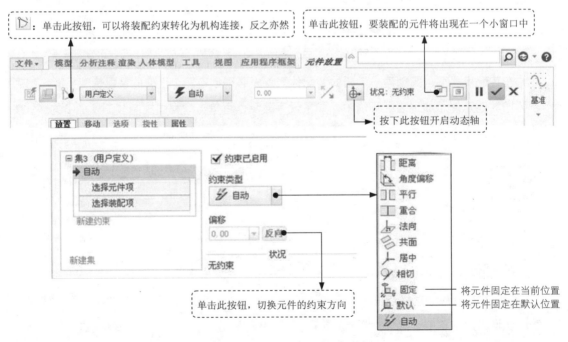

图 10.2.4 "元件放置"操控板

还有如下两种完全约束放置第一个零件的方法：
- 选择 固定 选项，将其固定，完全约束放置在当前的位置。
- 也可以让第一个零件中的某三个正交的平面与装配环境中的三个正交的基准平面（ASM_TOP、ASM_FRONT、ASM_RIGHT）重合，以实现完全约束放置。

10.2.2 装配其余零件

1. 引入第二个零件

单击 模型 功能选项卡 元件▼ 区域中的"组装"按钮 ；然后在弹出的文件"打开"对话框中选取手柄零件模型文件 top_cramp.prt，单击 打开 ▼按钮。

2. 放置第二个零件前的准备

方法一：移动元件（零件）。

步骤01 在"元件放置"操控板中单击 移动 按钮，系统弹出图 10.2.5 所示的"移动"界面（一）。

步骤02 在 运动类型 下拉列表中选择 平移 选项。

对图 10.2.5 所示的 运动类型 下拉列表中各选项的说明如下。

- 定向模式：使用定向模式定向元件。单击装配元件，然后按住鼠标中键即可对元件进行定向操作。
- 平移：沿所选的运动参考平移要装配的元件。
- 旋转：沿所选的运动参考旋转要装配的元件。
- 调整：将要装配元件的某个参考图元（如平面）与装配体的某个参考图元（如平面）对齐或配对。它不是一个固定的装配约束，而只是非参数性地移动元件。但其操作方法与固定约束的"配对"或"对齐"类似。

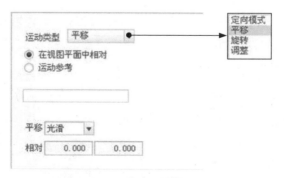

图 10.2.5 "移动"界面（一）

步骤 03 选取运动参考。在"移动"界面中选中 ⊙在视图平面中相对 单选按钮。

在图 10.2.6 所示的"移动"界面（二）中选中 ⊙运动参照 单选按钮，在屏幕下部的智能选取栏中有如图 10.2.7 所示的选项。

图 10.2.6　"移动"界面（二）　　　　　图 10.2.7　"智能选取"栏

◆ **全部**：可以选择"曲面"、"基准平面"、"边"、"轴"、"顶点"、"基准点"或者"坐标系"作为运动参考。

◆ **曲面**：选择一个曲面作为运动参考。

◆ **基准平面**：选择一个基准平面作为运动参考。

◆ **边**：选择一个边作为运动参考。

◆ **轴**：选择一个轴作为运动参考。

◆ **顶点**：选择一个顶点作为运动参考。

◆ **基准点**：选择一个基准点作为运动参考。

◆ **坐标系**：选择一个坐标系的某个坐标轴作为运动方向，即要装配的元件可沿着 X 轴、Y 轴和 Z 轴移动，或绕其转动（该选项是旋转装配元件较好的方法之一）。

对图 10.2.8 所示的"移动"界面（三）中各选项和按钮的说明如下。

◆ ⊙在视图平面中相对 单选按钮：相对于视图平面（显示器屏幕平面）移动元件。

◆ ⊙运动参照 单选按钮：相对于元件或参考移动元件。选中此单选按钮激活"参考"文本框。

◆ "运动参考"文本框：搜集元件移动的参考，运动与所选参考相关，最多可收集两个参考，选取一个参考后，便激活 ⊙法向 和 ⊙平行 单选按钮。

● ⊙法向：垂直于选定参考移动元件。

● ⊙平行：平行于选定参考移动元件。

第 10 章 装配设计

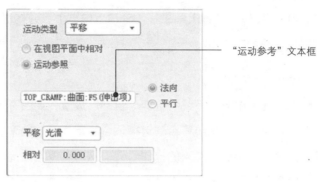

图 10.2.8 "移动"界面（三）

◆ 运动类型 选项：包括"平移"（Translation）、"旋转"（Rotation）和"调整参考"（Adjust Reference）三种主要运动类型。

◆ 相对 区域：显示元件相对于移动操作前位置的当前位置。

步骤 04 在绘图区按住鼠标左键，并移动鼠标，可看到装配元件随着鼠标的移动而平移，将其从图 10.2.9 中的位置 1 平移到图 10.2.10 中的位置 2。

步骤 05 与前面的操作相似，在"移动"界面的 运动类型 下拉列表中选择 旋转 ，然后选中 运动参照 单选项，选取图 10.2.10 中的边线为旋转参考，将 top_cramp 元件从图 10.2.10 所示的状态旋转至图 10.2.11 所示的状态，此时的位置 3 状态比较便于装配元件。

步骤 06 在"元件放置"操控板中单击 放置 按钮，系统弹出"放置"界面。

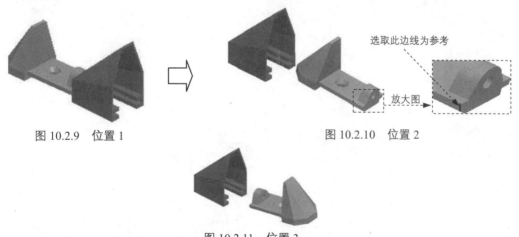

图 10.2.9 位置 1　　　　图 10.2.10 位置 2

图 10.2.11 位置 3

方法二：打开辅助窗口。

在图 10.2.4 所示的"元件放置"操控板中单击按钮 ，即可打开一个包含要装配元件的辅助窗口，如图 10.2.12 所示。在此窗口中可单独对要装入的元件（如手柄零件模型）进行缩放（滚动中键）、旋转（中键）和平移（Shift + 中键），这样就可以将要装配的元件调整到方便选取装配约束参考的位置。

3. 完全约束放置第二个零件

当引入元件到装配件中时，系统将选择"自动"放置，如图 10.2.13 所示。从装配体和元件中选择一对有效参考后，系统将自动选择适合指定参考的约束类型。约束类型的自动选择可省去手动从约束列表中选择约束的操作步骤，从而有效地提高工作效率。但在某些情况下，系统自动指定的约束不一定符合设计意图，需要重新进行选取。这里需要说明一下，本书中的例子，都是采用手动选择装配的约束类型，这主要是为了方便讲解，使讲解内容条理清楚。

步骤01 定义第一个装配约束。

（1）在"放置"界面的 约束类型 下拉列表中选择 重合 选项，。

（2）分别选取两个元件上要重合的面（图 10.2.14）。

图 10.2.12　辅助窗口

图 10.2.13　"放置"界面

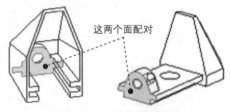

图 10.2.14　选取配对面

◆ 为了保证参考选择的准确性，建议采用列表选取的方法选取参考。
◆ 此时"放置"界面的 状态 选项组下显示的信息为 部分约束 ，所以还得继续添加装配约束，直至显示 完全约束 。

步骤02 定义第二个装配约束。

（1）在图10.2.13所示的"放置"界面中单击"新建约束"字符，在 约束类型 下拉列表中选择 重合 选项。

（2）分别选取两个元件上要重合的面（图10.2.15）。

图10.2.15　选取配对面

步骤03　定义第三个装配约束。

（1）在图10.2.16所示的"放置"界面中单击"新建约束"字符，在 约束类型 下拉列表中选择 重合 选项。

（2）分别选取两个元件上要约束的面（图10.2.17）。

图10.2.16　"放置"界面

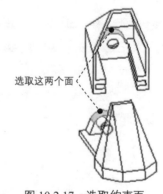

图10.2.17　选取约束面

步骤04　单击元件放置操控板中的 ✓ 按钮，完成所创建的装配体。

10.3　高级装配技术

10.3.1　复制零件

元件的复制一般采用的是"复制"、"粘贴"或"复制"、"选择性粘贴"命令，使用该方法可以对装配后的元件进行复制，而不必重复引入元件。例如，现需要对图10.3.1中的螺钉元件进行复制，如图10.3.2所示。下面说明其一般操作过程。

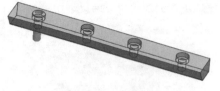
图 10.3.1 复制前

图 10.3.2 复制后

步骤01 将工作目录设置至 D:\creoxc3\work\ch10.03.01，打开 copy.asm。

步骤02 在模型树中选中螺钉元件。

步骤03 单击 模型 功能选项卡 操作 ▼ 区域中的"复制"按钮 。

步骤04 单击 模型 功能选项卡 操作 ▼ 区域 ▼ 按钮中的 ▼，在弹出的菜单中选择 选择性粘贴 命令，系统弹出"选择性粘贴"对话框。

步骤05 在"选择性粘贴"对话框中进行图 10.3.3 所示的设置，单击 确定(O) 按钮，系统弹出"移动(复制)"操控板。

步骤06 选取图 10.3.4 所示的边线为方向参考，输入移动距离值 100，如果方向相反，则输入负值。

步骤07 单击操控板中的 ✓ 按钮，完成复制。

步骤08 参考以上步骤继续复制其余的螺钉。

图 10.3.3 "选择性粘贴"对话框

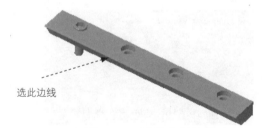
图 10.3.4 选择方向参考

10.3.2 允许假设装配

在装配过程中，Creo 3.0 会自动启用"允许假设"功能，通过假设存在某个装配约束，使元件自动地被完全约束，从而帮助用户高效率地装配元件。 ✓允许假设 复选框位于操控板中"放置"界面的 状况 选项组，用以切换系统的约束定向假设开关。在装配时，只要能够做出假设，系统将自动选中 ✓允许假设 复选框（使之有效）。"允许假设"的设置是针对具体元件的，并与该元件一起保存。

例如在图 10.3.5 所示的例子中，先要将图中的一个螺钉装配到板上的一个过孔里，在分别添加一个平面重合约束和一个线重合约束后，元件放置操控板中的 状况 选项组就显示 完全约束 ，这是因为系统自动启用了"允许假设"。假设存在第三个约束，该约束限制螺钉在孔中的径向位置，这样就完全约束了该螺钉，完成了螺钉装配。

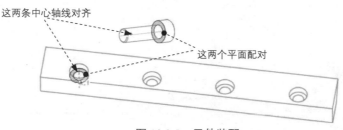

图 10.3.5　元件装配

有时系统假设的约束，虽然能使元件完全约束，但有可能并不符合设计意图，如何处理这种情况呢？可以先取消选中 □允许假设 复选框，添加和明确定义另外的约束，使元件重新完全约束；如果不定义另外的约束，用户可以使元件在"假定"位置保持包装状态，也可以将其拖出假定的位置，使其在新位置上保持包装状态（当再次单击 ☑允许假设 复选框时，元件会自动回到假设位置）。请看图 10.3.6 所示的例子。

先将元件 1 引入装配环境中，并使其完全约束，然后引入元件 2，并分别添加"配对"约束和"对齐"约束，此时 状况 选项组下的 ☑允许假设 复选框被自动选中，并且系统在对话框中显示 完全约束 信息，两个元件的装配效果如图 10.3.7 所示，而设计意图如图 10.3.8 所示。

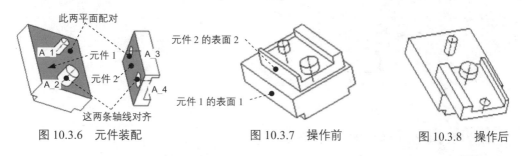

图 10.3.6　元件装配　　　图 10.3.7　操作前　　　图 10.3.8　操作后

请按下面的操作方法进行练习。

步骤01 设置工作目录并打开文件。

将工作目录设置至 D: creoxc3\work\ch10.03.02，打开文件 allow-enactment.asm。

步骤02 编辑定义元件 SLIDEWAY-BOLT.PRT，在系统弹出的元件放置操控板中进行如下操作。

（1）在"元件放置"操控板中单击 放置 按钮，在弹出的"放置"界面中取消选中 □允许假设 复选框。

217

(2)设置元件的定向。

在"放置"界面中单击"新建约束"字符,选择 约束类型 为 □□ 平行 ,分别选取图 10.3.9 所示的元件 1 上的表面 1 以及元件 2 上的表面 2,在"元件放置"操控板中单击 ✓ 按钮。

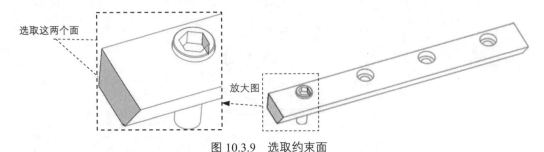

图 10.3.9 选取约束面

10.4 阵列装配

10.4.1 参考阵列

如图 10.4.1~图 10.4.3 所示,元件"参考阵列"是以装配体中某一个零件中的特征阵列为参考,来进行元件阵列的。图 10.4.3 中的六个阵列螺钉,是参考装配体中元件 1 上的六个阵列孔来进行创建的,因此在创建"参考阵列"之前,应提前在装配体的某一个零件中创建参考特征的阵列。

图 10.4.1 装配前　　图 10.4.2 装配后　　图 10.4.3 元件阵列

下面介绍创建元件 2 的"参考阵列"的操作过程。

步骤 01 将工作目录设置至 D:\creoxc3\work\ch10.04.01,打开文件 asm_pattern_ref.asm。

步骤 02 在图 10.4.4 所示的模型树中右击 BOLT.PRT(元件 2),从弹出的图 10.4.5 所示的快捷菜单中选择 阵列... 命令。

图 10.4.4 模型树　　　　图 10.4.5 快捷菜单

另一种进入的方式是选择下拉菜单 编辑(E) —→ 阵列(P)... 命令。

步骤 03 在"阵列"操控板的阵列类型框中选取 参考，单击"完成"按钮 ☑，此时，系统便自动参考元件 1 中孔的阵列，创建图 10.4.3 所示的元件阵列。如果修改阵列中的某一个元件，则系统就会像在特征阵列中一样修改每一个元件。

10.4.2 尺寸阵列

如图 10.4.6 所示，元件的"尺寸阵列"是使用装配中的约束尺寸创建阵列，所以只有使用诸如"距离"或"角度偏移"这样的约束类型才能创建元件的"尺寸阵列"。创建元件的"尺寸阵列"，遵循在"零件"模式中阵列特征的同样规则。这里请注意：如果要重定义阵列化的元件，必须在重定义元件放置后再重新创建阵列。

a）阵列前　　　　　　　　　　b）阵列后

图 10.4.6　尺寸阵列

下面开始创建元件 2 的尺寸阵列，操作步骤如下。

步骤 01 将工作目录设置至 D:\creoxc3\work\ch10.04.02，打开文件 component_pattern.asm。

步骤 02 在模型树中选取元件 2，右击，从弹出的快捷菜单中选择 阵列... 命令。

步骤 03 系统提示 ➡选取要在第一方向上改变的尺寸，选取图 10.4.7 中的尺寸 5.0。

步骤 04 在出现的增量尺寸文本框中输入数值 10.0，并按 Enter 键，如图 10.4.7 所示；也可单击"阵列"操控板中的 尺寸 按钮，在弹出的图 10.4.8 所示的"尺寸"界面中进行相应的设置或修改。

步骤 05 在"阵列"操控板中输入实例总数 5，如图 10.4.9 所示。

步骤 06 单击"阵列"操控板中的"完成"按钮 ☑，此时即得到图 10.4.6b 所示的元件 2 的阵列。

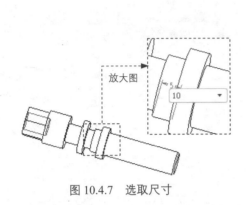
图 10.4.7 选取尺寸

图 10.4.8 "尺寸"界面

图 10.4.9 "阵列"操控板

10.5 编辑装配体中的零件

完成一个装配体后，可以对该装配体中的任何元件（包括零件和子装配件）进行下面的操作：元件的打开与删除、元件尺寸的修改、元件装配约束偏距值的修改（如配对约束和对齐约束偏距的修改），以及元件装配约束的重定义等。这些操作命令一般从模型树中获取。

下面以修改装配体 clutch.asm 中的 CLUTCH-FLANGE.PRT 零件为例，说明其操作方法。

步骤01 将工作目录设置至 D:\ creoxc3\work\ch10.05，打开文件 clutch.asm。

步骤02 在图 10.5.1 所示的装配模型树界面中单击 ，然后选中"显示"选项组下的 特征 复选框，这样每个零件中的特征都将在模型树中显示。

步骤03 单击模型树中 CLUTCH-FLANGE.PRT 前面的 符号。

步骤04 在模型树中，右击要修改的特征（如 拉伸 1），如图 10.5.2 所示，从弹出的快捷菜单中即可选取所需的编辑、编辑定义等命令，对所选取的特征进行相应操作。

在装配体 clutch.asm 中，如果要将零件 CLUTCH-FLANGE.PRT 中的尺寸 12 改成 20，如图 10.5.3 所示，操作方法如下。

步骤01 显示要修改的尺寸。在图 10.5.2 所示的模型树中，单击零件 CLUTCH-FLANGE.PRT 中的" 拉伸 1"特征，然后右击，选择 命令，系统即显示图 10.5.3 所示的该特征的尺寸。

第 10 章 装配设计

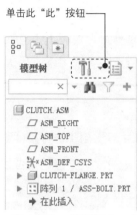

图 10.5.1 模型树（一）

图 10.5.2 模型树（三）

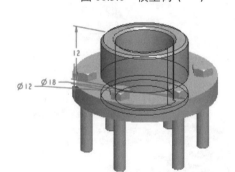
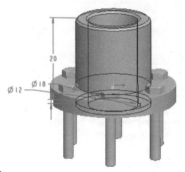

图 10.5.3 修改尺寸

步骤02 双击要修改的尺寸 12，输入新尺寸 20，然后按回车键。

步骤03 装配模型的再生。右击零件 CLUTCH-FLANGE.PRT，在弹出的菜单中选择 重新生成 命令。

◆ 装配模型修改后，必须进行"重新生成"操作，否则模型不能按修改的要求更新。
◆ 单击 模型 功能选项卡 操作 区域中的 按钮，也可以重新生成模型。

10.6 装配干涉检查

在实际的产品设计中，当产品中的各个零部件组装完成后，设计人员通常比较关心产品中各个零部件间的干涉情况，包括有没有干涉？哪些零件间有干涉？干涉量是多大？而通过模型(L) ▶ 子菜单中的 全局干涉 命令可以解决这些问题。下面以一个简单的装配体模型为例，说明干涉分析的一般操作过程。

步骤01 将工作目录设置至 D:\creoxc3\work\ch10.06，打开文件 interference_asm.asm。

步骤02 在装配模块中选择 分析 功能选项卡 检查几何 ▼ 区域 节点下的 全局干涉 命令。

步骤03 在弹出的"全局干涉"对话框中打开 分析 选项卡，如图 10.6.1 所示。

步骤04 由于 设置 区域中的 仅零件 单选按钮已经被选中（采用系统默认的设置），所以此步操作可以省略。

步骤05 单击 分析 选项卡下部 预览(P) 按钮。

步骤06 在图 10.6.1 所示的 分析 选项卡的结果区域中可看到干涉分析的结果，包括干涉的零件名称和体积大小；同时，在图 10.6.2 所示的模型上可看到干涉的部位以红色加亮的方式显示；如果装配体中没有干涉的元件，则系统在信息区显示 没有干涉零件. 。

图 10.6.1 "分析"选项卡

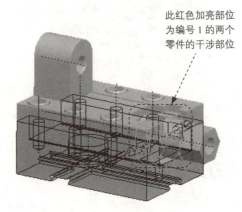

图 10.6.2 装配干涉检查

此红色加亮部位为编号 1 的两个零件的干涉部位

10.7 简化装配

对于复杂的装配体的设计，存在下列问题。

（1）重绘、再生和检索的时间太长。

（2）在设计局部结构时，感觉图面太复杂、太乱，不利于局部零部件的设计。

为了解决这些问题，可以利用简化表示（Simplfied Rep）功能，将设计中暂时不需要的零部件从装配体的工作区中移除，从而可以减少装配体的重绘、再生和检索的时间，并且简化装配体。例如，在设计轿车的过程中，设计小组在设计车厢里的座椅时，并不需要发动机、油路系统和电气系统，这样就可以用简化表示的方法将这些暂时不需要的零部件从工作区中移除。

图 10.7.1 所示为装配体 simplified_asm.asm 简化表示的例子，下面说明创建简化表示的操作方法。

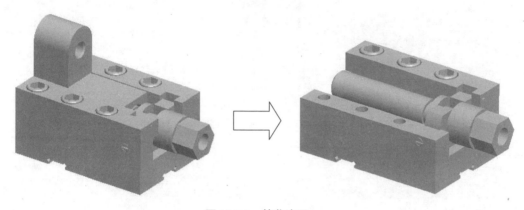

图 10.7.1 简化表示

步骤 01 将工作目录设置至 D:\creoxc3\work\ch10.07，打开文件 simplified_asm.asm。

步骤 02 选择 视图 功能选项卡 模型显示 区域 管理视图 节点下的 视图管理器 命令；在"视图管理器"对话框的 简化表示 选项卡中（图 10.7.2）单击 新建 按钮，输入简化表示的名称 Rep_Course，并按 Enter 键。

步骤 03 完成上步操作后，系统弹出图 10.7.3 所示的"编辑"对话框（一），单击图 10.7.3 所示的位置，系统弹出图 10.7.3 所示的下拉列表。

步骤 04 在"编辑"对话框中进行图 10.7.4 所示的设置。

步骤 05 单击"编辑"对话框中的按钮 确定(O)，完成视图的编辑，然后单击"视图管理器" 对话框中的 关闭 按钮。

对图 10.7.3 所示的下拉列表中的部分选项说明如下。

- 衍生 选项：表示系统默认的简化表示方法。
- 排除 选项：从装配体中排除所选元件，接受排除的元件将从工作区中移除，但是在模型树上还保留它们。
- 主表示 选项："主表示"的元件与正常元件一样，可以对其进行正常的各种操作。

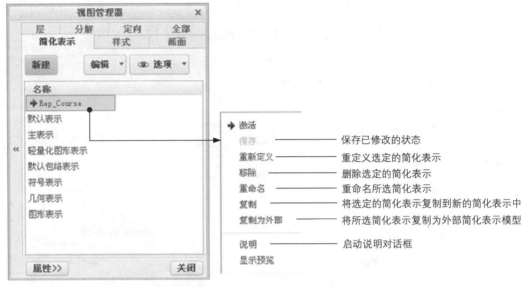

图 10.7.2 "视图管理器"对话框

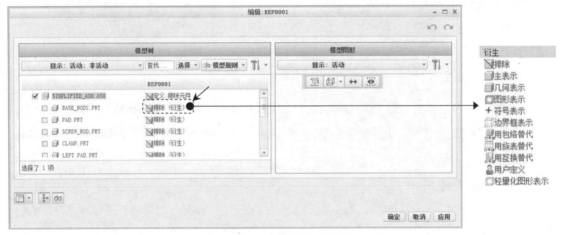

图 10.7.3 "编辑"对话框（一）

- 几何表示 选项："几何表示"的元件不能被修改，但其中的几何元素（点、线、面）保留，所以在操作元件时也可参考它们。与"主表示"相比，"几何表示"的元件检索时间较短、占用的内存较少。

- 图形表示 选项："图形表示"的元件不能被修改，而且其元件中不含有几何元素（点、线、面），所以在操作元件时也不能参考它们。这种简化方式常用于大型装配体中的快速浏览，它比"几何表示"需要更少的检索时间且占用更少内存。

- 符号表示 选项：用简单的符号来表示所选取的元件。"符号表示"的元件可保留参数、关系、质量属性和族表信息，并出现在材料清单中。

第 10 章 装配设计

◆ **边界框表示** 选项：将所选取的元件用边界框表示。
◆ **用包络替代** 选项：将所选取的元件用包络替代。包络是一种特殊的零件，它通常由简单几何创建，与所表示的元件相比，它占用的内存更少。包络零件不出现在材料清单中。
◆ **用族表替代** 选项：将所选取的元件用族表替代。
◆ **用互换替代** 选项：将所选取的元件用互换性替代。
◆ **用户定义** 选项：通过用户自定义的方式来定义简化表示。
◆ **轻量化图形表示** 选项：将所选取的元件用轻量化图形表示。

图 10.7.4　"编辑"对话框（二）

用户可以为装配体创建多个简化表示，每一个都对应于装配体的某个局部，在进行不同局部的设计时，可将相应的简化表示设置到当前工作区中。操作方法：在"视图管理器"对话框中选择相应的视图名称，然后双击（或选中视图名称后，选择 **选项** ➡ **设置为活动** 命令），此时在当前视图名称前有一个红色箭头指示，如图 10.7.2 所示。

10.8　分解装配

装配体的分解（Explode）状态也叫爆炸状态，就是将装配体中的各零部件沿着直线或坐标轴移动或旋转，使各个零件从装配体中分解出来，如图 10.8.1 所示。分解状态对于表达各元件的相对位置十分有帮助，因而常常用于表达装配体的装配过程及装配体的构成。

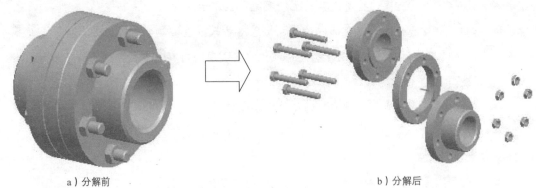

a）分解前　　　　　　　　　　　　　　　　　　b）分解后

图 10.8.1　装配体分解视图

1．创建分解视图

下面以装配体 exercise.asm 为例，说明创建装配体的分解状态的一般操作过程。

步骤01　将工作目录设置至 D:\ creoxc3\work\ch10.08，打开文件 exercise.asm。

步骤02　选择 视图 功能选项卡 模型显示 区域 管理视图 节点下的 视图管理器 命令，在"视图管理器"对话框的 分解 选项卡中单击 新建 按钮，输入分解的名称 asm_exp1，并按 Enter 键。

步骤03　单击"视图管理器"对话框中的 属性>> 按钮，在"视图管理器"对话框中单击 按钮，系统弹出图 10.8.2 所示的"分解位置"操控板。

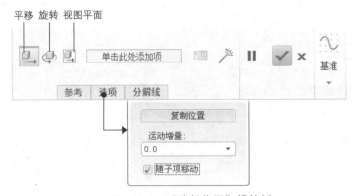

图 10.8.2　"分解位置"操控板

步骤04　定义运动。

（1）将模型放置方位调整至图 10.8.1 所示的"分解前"的方位，然后在"分解位置"操控板中单击"平移"按钮 。

（2）选取 6 个螺钉，此时系统会在螺钉上显示一个参考坐标系，拖动坐标系的轴，移动鼠标，向左移动零件。

(3)选取 6 个螺母,向右移动零件。

(4)选择主体零件 clutch-flange.prt,先向左移动,再向上移动该零件。

(5)选择另一个主体零件 clutch-flange.prt,先向右移动,再向下移动该零件。

步骤05 完成以上分解移动后,单击"分解位置"操控板中的 ✓ 按钮。

步骤06 保存分解状态。

(1)在图 10.8.3 所示的"视图管理器"对话框(一)中单击 << ... 按钮。

(2)在图 10.8.4 所示的"视图管理器"对话框(二)中依次选择 编辑▼ ➡ 保存... 命令。

图 10.8.3 "视图管理器"对话框(一)

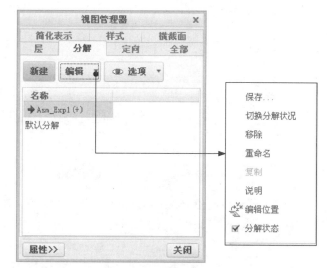

图 10.8.4 "视图管理器"对话框(二)

(3)在图 10.8.5 所示的"保存显示元素"对话框中单击 确定 按钮。

步骤07 单击"视图管理器"对话框中的 关闭 按钮。

2. 设定当前状态

用户可以为装配体创建多个分解状态,根据需要,可以将某个分解状态设置到当前工作区中。操作方法:在"视图管理器"对话框的 分解 选项卡中选择相应的视图名称,然后双击,或选中视图名称后,选择 选项▼ ➡ 设置为活动 命令,此时在当前视图位置有一个红色箭头指示。

3. 取消分解视图的分解状态

选择下拉菜单 视图(V) ➡ 模型显示 ➡ 分解图 命令,可以取消分解视图的分解状态,从而回到正常状态。

4. 创建分解偏距线

下面接着以上面的模型为例，说明创建偏距线的一般操作过程（图 10.8.6）。

步骤01 选择 视图 功能选项卡 模型显示 区域 管理视图 节点下的 视图管理器 命令，在"视图管理器"对话框的 分解 选项卡中依次选择 编辑 ➡ 编辑位置 命令。

图 10.8.5 "保存显示元素"对话框　　图 10.8.6 创建装配体的分解状态的偏距线

步骤02 修改偏距线的样式。

（1）单击"分解位置"操控板中的 分解线 按钮，然后再单击 默认线型 按钮。

（2）系统弹出图 10.8.7 所示的"线体"对话框，在下拉列表框中选择 短划线 线型，单击 应用 ➡ 关闭 按钮。

图 10.8.7 "线体"对话框

步骤03 创建装配体的分解状态的偏距线。

（1）单击"分解位置"操控板中的 分解线 按钮，然后再单击"创建修饰偏移线"按钮，如图 10.8.8 所示。

（2）此时系统弹出图 10.8.9 所示的"修饰偏移线"对话框，在智能选取栏中选择 轴 。

（3）分别选择图 10.8.10 所示的两条轴线，单击 应用 按钮。

（4）完成同样的操作后，单击 关闭 按钮，然后单击操控板中的 ✓ 按钮。

选取轴线时,在轴线上单击的位置不同,会出现不同的结果,如图 10.8.11 所示。

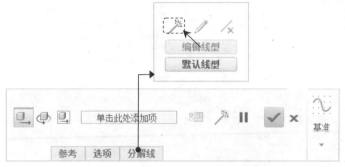

图 10.8.8 "分解位置"操控板

图 10.8.9 "修饰偏移线"对话框

图 10.8.10 操作过程

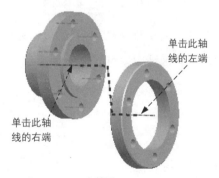

a）结果 1

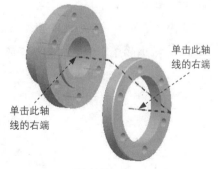

b）结果 2

图 10.8.11 不同的结果对比

步骤04 保存分解状态。

（1）在图 10.8.12 所示的"视图管理器"对话框(三)中依次单击 编辑 ➡ 保存... 按钮。

（2）在图 10.8.13 所示的"保存显示元素"对话框中单击 确定 按钮。

步骤05 单击"视图管理器"对话框中的 关闭 按钮。

图 10.8.12　"视图管理器"对话框（三）　　图 10.8.13　"保存显示元素"对话框

10.9　测量与分析

10.9.1　测量距离

下面以一个简单的模型为例，说明距离测量的一般操作过程和测量类型。

步骤 01　将工作目录设置至 D:\ creoxc3\work\ch08\ch10.09.01，打开文件 distance.prt。

步骤 02　选择 分析 功能选项卡 测量 区域中的"测量"命令 ，系统弹出"测量：汇总"对话框。

步骤 03　测量面到面的距离。

（1）在图 10.9.1 所示的"测量：距离"对话框中单击"距离"按钮 ，然后单击"展开对话框"按钮 。

（2）先选取图 10.9.2 所示的模型表面 1，按住 Ctrl 键，选取图 10.9.2 所示的模型表面 2。

（3）在图 10.9.1 所示的"测量：距离"对话框的结果区域中，可以查看测量后的结果。

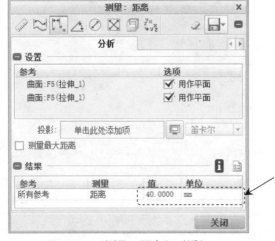

图 10.9.1　"测量：距离"对话框

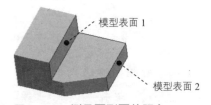

图 10.9.2　测量面到面的距离

第 10 章 装配设计

可以在"测量：距离"对话框的结果区域中查看测量结果，也可以在模型上直接显示测量或分析结果。

步骤 04 测量点到面的距离，如图 10.9.3 所示。操作方法参见 Step3。

步骤 05 测量点到线的距离，如图 10.9.4 所示。操作方法参见 Step3。

步骤 06 测量线到线的距离，如图 10.9.5 所示。操作方法参见 Step3。

步骤 07 测量点到点的距离，如图 10.9.6 所示。操作方法参见 Step3。

步骤 08 测量点到坐标系的距离，如图 10.9.7 所示。操作方法参见 Step3。

步骤 08 测量点到曲线的距离，如图 10.9.8 所示。操作方法参见 Step3。

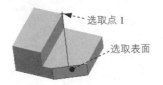 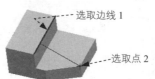 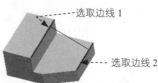

图 10.9.3　点到面的距离　　图 10.9.4　点到线的距离　　图 10.9.5　线到线的距离

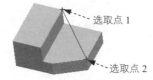 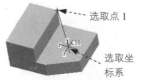 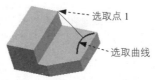

图 10.9.6　点到点的距离　　图 10.9.7　点到坐标系的距离　图 10.9.8　点到曲线的距离

步骤 10 测量点与点间的投影距离，投影参考为平面。在图 10.9.9 所示的"测量：距离"对话框（一）中进行下列操作。

（1）选取图 10.9.10 所示的点 1。

（2）按住 Ctrl 键，选取图 10.9.10 所示的点 2。

（3）在"投影"文本框中的"单击此处添加项"字符上单击，然后选取图 10.9.10 中的模型表面 3。

（4）在图 10.9.9 所示的"测量：距离"对话框（一）的结果区域中，可以查看测量的结果。

步骤 11 测量点与点间的投影距离（投影参考为直线），在图 10.9.11 所示的"测量：距离"对话框（二）中进行下列操作。

（1）选取图 10.9.12 所示的点 1。

（2）选取图 10.9.12 所示的点 2。

（3）单击"投影"文本框中的"单击此处添加项"字符，然后选取图 10.9.12 中的模型边线 3。

（4）在图 10.9.11 所示的"测量：距离"对话框（二）的结果区域中可以查看测量的结果。

图 10.9.9　"测量：距离"对话框（一）

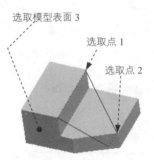

图 10.9.10　投影参考为平面

图 10.9.11　"测量：距离"对话框（二）

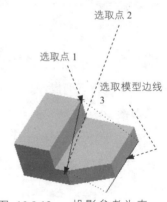

图 10.9.12　投影参考为直

10.9.2　测量角度

步骤01　将工作目录设置至 D:\creoxc3\work\ch10.09.02，打开文件 angle.prt。

步骤02　选择 **分析** 功能选项卡 **测量▼** 区域中的"测量"命令 ，系统弹出"测量：汇总"对话框。

步骤 03 在弹出的"测量：汇总"对话框中，单击"角度"按钮 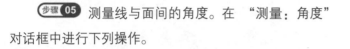。

步骤 04 测量面与面间的角度。

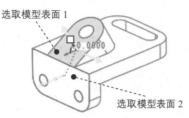

（1）选取图 10.9.13 所示的模型表面 1。

（2）选取图 10.9.13 所示的模型表面 2。

（3）在"测量：角度"对话框的结果区域中，可以查看测量的结果。

图 10.9.13　测量面与面间的角度

步骤 05 测量线与面间的角度。在"测量：角度"对话框中进行下列操作。

（1）选取图 10.9.14 所示的模型表面 1。

（2）选取图 10.9.14 所示的边线 2。

（3）在"测量：角度"对话框的结果区域中，可以查看测量的结果。

步骤 06 测量线与线间的角度。在"测量：角度"对话框中进行下列操作。

（1）选取图 10.9.15 所示的边线 1。

（2）选取图 10.9.15 所示的边线 2。

（3）在"测量：角度"对话框的结果区域中，可以查看测量的结果。

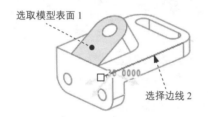 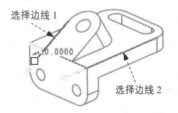

图 10.9.14　测量线与面间的角度　　　图 10.9.15　测量线与线间的角度

10.9.3　测量曲线长度

步骤 01 将工作目录设置至 D:\creoxc3\work\ch10.09.03，打开文件 curve_len.prt。

步骤 02 选择 分析 功能选项卡 测量▼ 区域中的"测量"命令 。

步骤 03 在弹出图 10.9.16 所示的"测量：长度"对话框中单击"长度"按钮 。

步骤 04 测量多个相连的曲线的长度。

（1）首先选取图 10.9.17 中的边线 1，再按住 Ctrl 键，选取图 10.9.17 中的边线 2 和边线 3。

图 10.9.16 "测量：长度"对话框

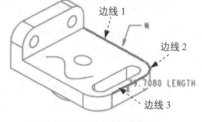

图 10.9.17 测量模型边线

（4）在图 10.9.18 所示的"测量：长度"对话框（二）的结果区域中，可以查看测量的结果。

步骤 05 测量曲线特征的总长。在"测量：长度"对话框中进行下列操作。

（1）选取图 10.9.19 所示的草绘曲线特征。

（2）在图 10.9.18 所示的对话框的结果区域中，可查看测量的结果。

图 10.9.18 "测量长度"对话框（二）

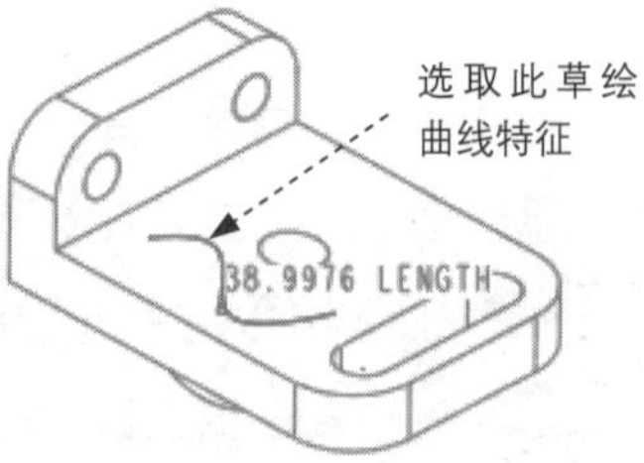

图 10.9.19 测量草绘曲线

10.9.4 测量面积

步骤 01 将工作目录设置至 D:\creoxc3\work\ch10.09.04，打开文件 area.prt。

第 10 章 装配设计

步骤 02 选择 分析 功能选项卡 测量 区域中的"测量"命令 ，系统弹出"测量：汇总"对话框。

步骤 03 在弹出图 10.9.20 所示的"测量：面积"对话框中单击"面积"按钮 。

步骤 04 测量曲面的面积。

（1）选取图 10.9.21 所示的模型表面。

（2）在图 10.9.20 所示的"测量：面积"对话框的结果区域中，可以查看测量的结果。

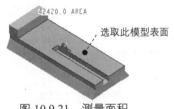

图 10.9.20 "区域"对话框　　　　　　图 10.9.21 测量面积

10.9.5 分析模型的质量属性

通过模型质量属性分析，可以获得模型的体积、总的表面积、质量、重心位置、惯性力矩以及惯性张量等数据。下面简要说明其操作过程。

步骤 01 将工作目录设置至 D:\creoxc3\work\ch10.09.05，打开文件 mass.prt。

步骤 02 选择 分析 功能选项卡 模型报告 区域 质量属性 节点下的 质量属性 命令。

步骤 03 在弹出的"质量属性"对话框中打开 分析(A) 选项卡，如图 10.9.22 所示。

步骤 04 在视图控制工具栏 节点下选中 坐标系显示 复选框，显示坐标系。

步骤 05 在 坐标系 区域取消选中 使用默认设置 复选框（否则系统自动选取默认的坐标系），然后选取图 10.9.23 所示的坐标系。

步骤 06 在图 10.9.22 所示的 分析 选项卡的结果区域中，显示出分析后的各项数据。

说明　这里模型质量的计算是采用默认的密度，如果要改变模型的密度，可选择下拉菜单 文件 ➔ 准备 ➔ 模型属性 命令。

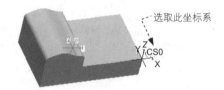

图 10.9.22　"质量属性"对话框　　图 10.9.23　模型的质量属性分析

第 11 章　装配设计综合实例

本实例详细讲解了减振器的整个装配过程，零件组装模型如图 11.1 所示。

图 11.1　组装图及分解图

1. 驱动轴、限位轴和上挡环的子装配（图 11.2）

图 11.2　组装图和分解图

步骤 01　将工作目录设置至 D:\creoxc3\work\ch11.01。

步骤 02　单击"新建文件"按钮 □，在弹出的文件"新建"对话框中进行下列操作。

（1）选中 -类型- 选项组下的 ● □ 装配 单选项。

（2）选中 子类型 选项组下的 ● 设计 单选项。

（3）在 名称 文本框中输入文件名 sub_asm_01。

（4）通过取消 □ 使用默认模板 复选框中的"√"号，来取消"使用默认模板"。

（5）单击该对话框中的 确定 按钮。

步骤 03　选取适当的装配模板。在系统弹出的"新文件选项"对话框中进行下列操作。

（1）在模板选项组中选取 mmns_asm_design 模板命令。

（2）单击该对话框中的 确定 按钮。

步骤 04　装配第一个零件（驱动轴），如图 11.3 所示。

（1）单击 模型 功能选项卡 元件 ▼ 区域中的"组装"按钮 ≌。

（2）此时，系统弹出文件"打开"对话框，选择零件 1 模型文件 initiative_shaft.prt，然后单击 打开 按钮。

（3）完全约束放置零件。进入零件装配界面，在操控板中单击 放置 按钮，在 放置 界面的 约束类型 下拉列表中选择 默认 选项，将元件按默认放置。此时 状况 区域显示的信息为 状况:完全约束 ；单击操控板中的 ✓ 按钮。

步骤05 引入第二个零件（上挡环），如图 11.4 所示。

（1）单击 模型 功能选项卡 元件▼ 区域中的"组装"按钮 。

（2）此时系统弹出文件"打开"对话框，选择零件 2 模型文件 ringer_top.prt，然后单击 打开 按钮。

（3）完全约束放置零件。

① 在操控板中单击 放置 按钮，在 放置 界面的 约束类型 下拉列表中选择 重合 选项，选择元件中的 A1 轴（图 11.5），再选择组件中的 A1 轴（图 11.5）。

② 选择约束类型为 重合 ，选择元件中的曲面 1（图 11.6），再选择组件中的曲面 2（图 11.6），此时 状况 区域显示的信息为 状况:完全约束 ，单击操控板中的 ✓ 按钮。

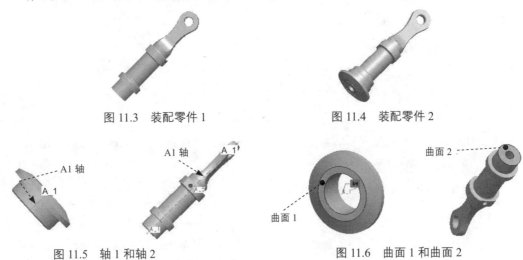

图 11.3　装配零件 1　　　　图 11.4　装配零件 2

图 11.5　轴 1 和轴 2　　　　图 11.6　曲面 1 和曲面 2

步骤06 装配第三个零件（限位轴），如图 11.7 所示。

（1）单击 模型 功能选项卡 元件▼ 区域中的"组装"按钮 。

（2）此时，系统弹出"打开"对话框，选择零件 3 模型文件 limit_shaft.prt，然后单击 打开 按钮。

（3）完全约束放置零件。

① 进入零件装配界面，在操控板中单击 放置 按钮，在 放置 界面的 约束类型 下拉列表

中选择 ■ 重合 选项，选择元件中的 A1 轴（图 11.8），再选择组件中的 A1 轴（图 11.8）。

图 11.7　装配零件 3

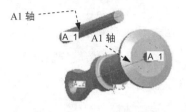

图 11.8　对齐轴线

② 选择约束类型为 距离，选择元件中的曲面 3（图 11.9），再选择组件中的曲面 2（图 11.9）（注：具体参数和操作参见随书光盘）。此时 状况 区域显示的信息为 状况:完全约束，单击操控板中的 按钮。

步骤 07　保存装配零件 1。

2. 连接轴和下挡环的子装配（图 11.10）

图 11.9　曲面 2 和曲面 3

图 11.10　组装图和分解图

（注：本步的详细操作过程请参见随书光盘中 video\ch11.01\reference\文件下的语音视频讲解文件 "handle_mold-r01.exe"）。

3. 减振器的总装配过程

步骤 01　单击 "新建" 按钮 ，在弹出的文件 "新建" 对话框中进行下列操作。

（1）选中 类型 选项组下的 ● 装配 单选按钮。

（2）选中 子类型 选项组下的 ● 设计 单选项。

（3）在 名称 文本框中输入文件名 DAMPER.ASM。

（4）通过取消 □ 使用默认模板 复选框中的"√"号，来取消"使用默认模板"。

（5）单击该对话框中的 确定 按钮。

步骤02 选取适当的装配模板。在系统弹出的"新文件选项"对话框中进行下列操作。

（1）在模板选项组中选取 mmns_asm_design 模板命令。

（2）单击该对话框中的 确定 按钮。

步骤03 装配第一个子装配。

（1）单击 模型 功能选项卡 元件▼ 区域中的"组装"按钮 。

（2）此时，系统弹出文件"打开"对话框，选择装配文件 sub_asm_01.asm，然后单击 打开▼ 按钮。

（3）完全约束放置零件。进入零件装配界面，在操控板中单击 放置 按钮，在 放置 界面的 约束类型 下拉列表中选择 □ 默认 选项，将元件按默认放置。此时 状况 区域显示的信息为 状况:完全约束 ，单击操控板中的 ✓ 按钮。

步骤04 装配零件 damping_spring.prt（弹簧）。

（1）单击 模型 功能选项卡 元件▼ 区域中的"组装"按钮 。

（2）此时，系统弹出文件"打开"对话框，选择零件模型文件 damping_spring.prt，然后单击 打开▼ 按钮。

（3）完全约束放置零件。

① 进入零件装配界面，在操控板中单击 放置 按钮，在 放置 界面的 约束类型 下拉列表中选择 ⊥ 重合 选项，选择元件中的轴 1（图 11.11），再选择组件中的轴 2（图 11.11）。

② 选择约束类型为 ⊥ 重合 ，选择元件中的平面 1（图 11.12），再选择组件中的平面 2（图 11.12），此时 状况 区域显示的信息为 状况:完全约束 ，单击操控板中的 ✓ 按钮。

图 11.11　选取对齐轴　　　　　　　图 11.12　选取配对面

步骤05 装配零件 SUB_ASM_02.ASM。

（1）单击 模型 功能选项卡 元件▼ 区域中的"组装"按钮 。

（2）此时，系统弹出文件"打开"对话框，选择装配模型文件 sub_asm_02.asm，然后单

击 打开 按钮。

（3）完全约束放置零件。

① 进入零件装配界面，在操控板中单击 放置 按钮，在 放置 界面的 约束类型 下拉列表中选择 重合 选项，选择元件中的轴3（图11.13），再选择组件中的轴4（图11.13）。

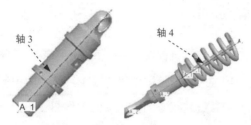

图11.13 选取对齐轴

② 选择约束类型为 重合，选择元件中的平面3（图11.14），再选择组件中的平面4（图11.14），放置元件，此时 状况 区域显示的信息为 完全约束，单击操控板中的 按钮。

图11.14 选取配对面

步骤06 在装配零件上创建旋转特征，如图11.15所示。

图11.15 增加旋转特征

（注：本步骤的详细操作过程请参见随书光盘中 video\ch11.01\reference\文件下的语音视频讲解文件"handle_mold-r02.exe"）。

步骤07 保存装配文件。

第 12 章 工程图设计

12.1 工程图设计基础入门

使用 Creo 3.0 的工程图模块，可创建 Creo 3.0 三维模型的工程图，可以用注解来注释工程图，处理尺寸，以及使用层来管理不同项目的显示。工程图中的所有视图都是相关的，如改变一个视图中的尺寸值，系统就相应地更新其他工程图视图。

工程图模块还支持多个页面，允许定制带有草绘几何的工程图，定制工程图格式等。另外，还可以利用有关接口命令，将工程图文件输出到其他系统，或将文件从其他系统输入到工程图模块中。

对工程图环境中的菜单简介如下。

（1）"布局"选项区域中的命令主要用来设置绘图模型、模型视图的放置以及视图的线型显示等，如图 12.1.1 所示。

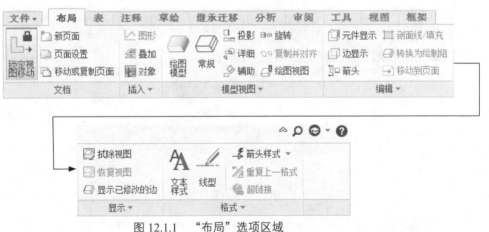

图 12.1.1 "布局"选项区域

（2）"表"选项区域中的命令主要用来创建、编辑表格等，如图 12.1.2 所示。

（3）"注释"选项区域中的命令主要用来添加尺寸及文本注释等，如图 12.1.3 所示。

（4）"草绘"选项区域中的命令主要用来在工程图中绘制及编辑所需要的视图等，如图 12.1.4 所示。

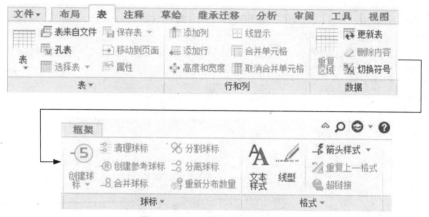

图 12.1.2 "表"选项区域

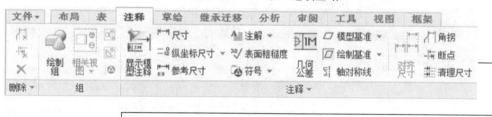

图 12.1.3 "注释"选项区域

图 12.1.4 "草绘"选项区域

（5）"继承迁移"选项区域中的命令主要用来对所创建的工程图视图进行转换、创建匹配符号等，如图 12.1.5 所示。

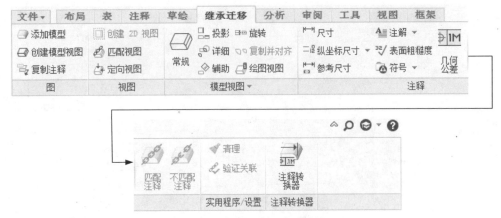

图 12.1.5 "继承迁移"选项区域

（6）"分析"选项区域中的命令主要用来对所创建的工程图视图进行测量、检查几何等，如图 12.1.6 所示。

图 12.1.6 "分析"选项区域

（7）"审阅"选项区域中的命令主要用来对所创建的工程图视图进行更新、比较等，如图 12.1.7 所示。

图 12.1.7 "审阅"选项区域

（8）"工具"选项区域中的命令主要用来对工程图进行调查、参数化设置等操作，如图 12.1.8 所示。

图 12.1.8 "工具"选项区域

（9）"视图"选项区域中的命令主要用来对创建的工程图进行可见性、模型显示等操作，如图12.1.9所示。

图 12.1.9 "视图"选项区域

（10）"框架"选项区域中的命令主要用来辅助创建视图、尺寸和表格等，如图 12.1.10 所示。

图 12.1.10 "框架"选项区域

12.2 设置工程图国标环境

创建工程图的一般过程如下。

1. 通过新建一个工程图文件，进入工程图模块环境

（1）选择"新建文件"命令或按钮。

（2）选择"绘图"（即工程图）文件类型。

（3）输入文件名称，选择工程图模型及工程图图框格式或模板。

2. 创建视图

（1）添加主视图。

（2）添加主视图的投影图（左视图、右视图、俯视图和仰视图）。

（3）如有必要，可添加详细视图（即放大图）和辅助视图等。

（4）利用视图移动命令，调整视图的位置。

（5）设置视图的显示模式，如视图中不可见的孔，可进行消隐或用虚线显示。

3. 尺寸标注

（1）显示模型尺寸，将多余的尺寸拭除。

（2）添加必要的草绘尺寸。

（3）添加尺寸公差。

（4）创建基准，进行几何公差标注，标注表面粗糙度（表面光洁度）。

  Creo 3.0 软件的中文简化汉字版和有些参考书，将 Drawing 翻译成"绘图"，本书则一概翻译成"工程图"。

国家标准（GB）对工程图制定了许多要求，例如，尺寸文本的方位和字高、尺寸箭头的大小等都有明确的规定。本书随书光盘中的 proewf5_system_file 文件夹中提供了一些 Creo 3.0 软件的系统文件，对这些系统文件进行正确配置，可以使创建的工程图基本符合我国国家标准。下面介绍这些文件的配置方法，其操作过程如下.

步骤01 将随书光盘中的 Creo 3.0_system_file 文件夹复制到 C 盘中。

步骤02 假设 Creo 3.0 软件被安装在 C:\Program Files 目录中，将随书光盘 Creo 3.0_system_file 文件夹中的 config.pro 文件复制到 Creo 3.0 安装目录中的\text 文件夹下面，即 C:\ Program Files\Creo 3.0\text 中。

步骤03 启动 Creo 3.0。注意如果在进行上述操作前已经启动了 Creo 3.0，应先退出 Creo 3.0，然后再次启动 Creo 3.0。

步骤04 选择"文件"下拉菜单中的 文件▼ ➡ 选项命令，在弹出的"Creo Parametri 选项"对话框中选择 配置编辑器 选项，即可进入软件环境设置界面，如图 12.2.1 所示。

步骤05 设置配置文件 config.pro 中的相关选项的值，如图 12.2.1 所示。

（1）drawing_setup_file 的值设置为 C:\Creo 3.0_system_file\drawing.dtl。

（2）format_setup_file 的值设置为 C:\Creo 3.0_system_file\format.dtl。

（3）pro_format_dir 的值设置为 C:\Creo 3.0_system_file\GB_format。

（4）template_designasm 的值设置为 C:\Creo 3.0_system_file\temeplate\asm_start.asm。

（5）template_drawing 的值设置为 C:\Creo 3.0_system_file\temeplate\draw.drw。

（6）template_mfgcast 的值设置为 C:\ Creo 3.0_system_file\temeplate\cast.mfg。

（7）template_mfgmold 的值设置为 C:\Creo 3.0_system_file\temeplate\mold.mfg。

（8）template_sheetmetalpart 的值设置为 C:\Creo 3.0_system_file\temeplate\sheetstart.prt。

（9）template_solidpart 的值设置为 C:\Creo 3.0_system_file\temeplate\start.prt。

步骤06 把设置加到工作环境中。在图 12.2.1 所示的"配置编辑器"设置界面中单击 确定 按钮。

步骤07 退出 Creo 3.0，再次启动 Creo 3.0，系统新的配置即可生效。

图 12.2.1 "配置编辑器"设置界面

12.3 新建工程图

步骤01 在工具栏中单击"新建"按钮 。

步骤02 选取文件类型，输入文件名，取消选中 使用默认模板 复选框。在弹出的文件"新建"对话框中进行下列操作。

（1）选择 类型 选项组中的 绘图 单选项。

（2）在 名称 文本框中输入工程图的文件名，如 new-drw。

（3）取消 使用默认模板 中的"√"号，不使用默认的模板。

（4）单击该对话框中的 确定 按钮。

步骤03 选取适当的工程图模板或图框格式。在系统弹出的"新建绘图"对话框中（图12.3.1）进行下列操作。

（1）在"默认模型"选项组中选取要对其生成工程图的零件或装配模型。一般系统会自动选取当前活动的模型，如果要选取活动模型以外的模型，请单击 浏览 按钮，然后选取模型文件，并将其打开，如图 12.3.2 所示。

（2）在 指定模板 选项组中选取工程图模板。该区域下有三个选项。

◆ ◎使用模板：创建工程图时，使用某个工程图模板。

◆ ◎格式为空：不使用模板，但使用某个图框格式。

◆ ◎空：既不使用模板，也不使用图框格式。

如果选取其中的 ◎空 单选项，需进行下列操作（图 12.3.1 和图 12.3.3）。

图 12.3.1　选择图幅大小　　图 12.3.3　"大小"选项

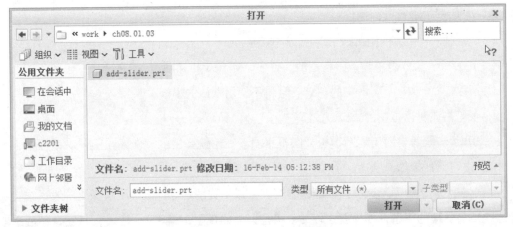

图 12.3.2　"打开"对话框

如果图纸的幅面尺寸为标准尺寸（如 A2、A0 等），应先在 方向 选项组中单击"纵向"放置按钮或"横向"放置按钮，然后在 大小 选项组中选取图纸的幅面；如果图纸的尺寸为非标准尺寸，则应先在 方向 选项组中单击"可变"按钮，然后在 大小 选项组中输入图幅的高度和宽度尺寸及采用的单位。

如果选取 ⦿ 格式为空 单选项，需进行下列操作（图 12.3.1 和图 12.3.4）。

在 格式 选项组中单击 浏览... 按钮，然后选取某个格式文件，并将其打开。

在实际工作中，经常采用 ⦿ 格式为空 单选项。

如果选取 ⦿ 使用模板 单选项，需进行下列操作（图 12.3.1 和图 12.3.5）。

在 模板 选项组的模板文件列表中选择某个模板或单击 浏览... 按钮，然后选取其他模板，并将其打开。

（3）单击该对话框中的 确定 按钮。完成这一步操作后，系统即进入工程图模式（环境）。

图 12.3.4 "新建绘图"对话框

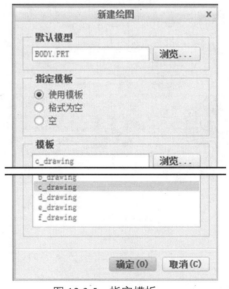

图 12.3.5 指定模板

12.4 工程图视图的创建

12.4.1 基本视图

视图是按照三维模型的投影关系生成的，主要用来表达部件模型的外部结构及形状。本节首先介绍其中的两个基本视图：主视图和投影侧视图的一般创建过程。

1. 创建主视图

下面介绍如何创建 link_base.prt 零件模型主视图，如图 12.4.1 所示。操作步骤如下。

步骤01 设置工作目录。选择下拉菜单 文件 ➡ 管理会话(M) ➡ 选择工作目录(W)/更改工作目录. 命令，将工作目录设置至 creoxc3\work\ch12.04.01。

步骤02 在工具栏中单击"新建"按钮，选择三维模型 link_base.prt 作为绘图模型，选取图纸大小为 A4，进入工程图模块。

步骤03 使用命令。在绘图区中右击，系统弹出图 12.4.2 所示的快捷菜单，在该快捷菜单中选择 常规 命令。

图 12.4.1　主视图

图 12.4.2　快捷菜单

说明

还有一种进入"普通视图"（即"一般视图"）命令的方法，就是在区选择 布局 选项卡下 模型视图▼ 区域的"常规视图"按钮 。

◆ 如果在"新建制图"对话框中没有默认模型，也没有选取模型，那么在执行 常规 命令后，系统会弹出一个文件"打开"对话框，允许用户选择一个三维模型来创建其工程图。

◆ 图 12.4.1 所示的主视图已经被切换到线框显示状态，切换视图的显示方法与在建模环境中的方法相同，还有另一种方法在本书后面会详细介绍。

步骤04 在系统  的提示下，在屏幕图形区选择一点，系统弹出"绘图视图"对话框。

步骤05 定向视图。视图的定向一般采用下面两种方法。

方法一：采用参考进行定向。

（1）定义放置参考 1。

① 在"绘图视图"对话框中单击"类别"下的"视图类型"选项；在该选项卡界面的 视图方向 选项组中选中 选取定向方法 中的 ⊙ 几何参考，如图 12.4.3 所示。

② 单击对话框中 参考1 旁的箭头 ▼，在弹出的方位列表中选择 前 选项，再选择图 12.4.4 中的模型表面。这一步操作的意义是使所选模型表面朝向前面，即与屏幕平行且面向操作者。

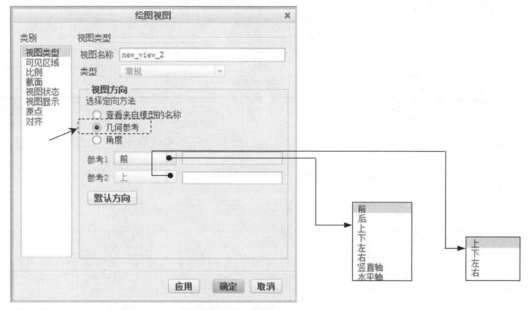

图 12.4.3 "绘图视图"对话框

（2）定义放置参考 2。单击对话框中 参考2 旁的箭头 ▼，在弹出的方位列表中选择 上，再选取图 12.4.4 中的模型表面。这一步操作的意义是使所选模型表面朝向屏幕的顶部。此时，模型按前面操作的方向要求，以图 12.4.4 所示的方位摆放在屏幕中。

 如果此时希望返回以前的默认状态，则单击对话框中的 默认方向 按钮。

方法二：采用已保存的视图方位进行定向。

（1）选择 视图 功能选项卡 模型显示 区域 管理视图 ▼ 节点下的 视图管理器 命令，系统弹出图 12.4.5 所示的"视图管理器"对话框，在 定向 选项卡中单击 新建 按钮，并命名新建视图为 V1，按 Enter 键确认，然后选择 编辑 ▼ ➡ 重新定义 命令。

（2）系统弹出"方向"对话框，可以按照方法一中同样的操作步骤将模型在空间摆放好，然后单击 确定 ➡ 关闭 按钮。

（3）在模型的零件或装配环境中保存了视图 V1 后，就可以在工程图环境中用第二种方法定向视图。操作方法是：在"绘图视图"对话框中找到视图名称 V1，则系统即按 V1 的方位定向视图。

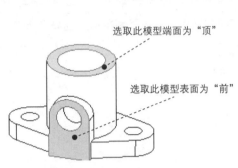

图 12.4.4　模型的定向　　　　　　　图 12.4.5　"视图管理器"对话框

步骤 06　单击"绘图视图"对话框中的 确定 按钮，关闭对话框。至此，就完成了主视图的创建。

2. 创建投影视图

在 Creo 3.0 中可以创建投影视图，投影视图包括右视图、左视图、俯视图和仰视图。下面以创建左视图为例，说明创建这类视图的一般操作过程。

步骤 01　右击图 12.4.6 所示的主视图，系统弹出图 12.4.7 所示的快捷菜单，然后选择该快捷菜单中 投影视图 命令。

步骤 02　在系统 选择绘图视图的中心点 的提示下，在图形区的主视图右部任意选择一点，系统自动创建左视图，如图 12.4.6 所示。如果在主视图的左边任意选择一点，则会产生右视图。

 还有一种进入"投影视图"命令的方法，就是单击 布局 选项卡下 模型视图 区域的 投影视图 按钮。利用这种方法创建投影视图时，必须首先单击其父视图。

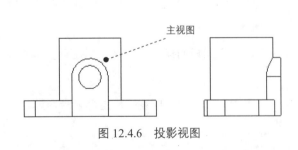

图 12.4.6　投影视图　　　　　　　　图 12.4.7　快捷菜单

12.4.2 全剖视图

全剖视图如图 12.4.8 所示。

步骤01 打开文件 D:\creoxc3\work\ch12.04.02\all_cut_view.drw。

步骤02 选择图 12.4.8 所示的主视图，然后右击，从弹出的快捷菜单中选择 投影视图 命令。

步骤03 在系统 选择绘图视图的中心点 的提示下，在图形区主视图的上方选择一点。

步骤04 双击上一步创建的投影视图，系统弹出图 12.4.9 所示的"绘图视图"对话框。

步骤05 设置剖视图选项。

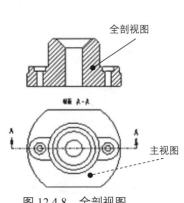

图 12.4.8　全剖视图　　　　图 12.4.9　"绘图视图"对话框

（1）在图 12.4.9 所示的"绘图视图"对话框中选择 类别 选项组中的 截面 选项。

（2）将 截面选项 设置为 ● 2D 横截面 ，然后单击 + 按钮。

（3）将 模型边可见性 设置为 ● 总计 。

（4）在"名称"下拉列表中选取剖截面 ✓ A （A 剖截面在零件模块中已提前创建），在"剖切区域"下拉列表中选择 完整 选项。

（5）单击对话框中的 确定 按钮，关闭对话框。

在上面步骤（3）中，如果在图 12.4.9 所示的对话框中选择 模型边可见性 中的 ● 区域 单选项，则产生的视图如图 12.4.10 所示，一般将这样的视图称为"剖面图（断面图）"。

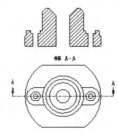

图 12.4.10 "区域剖截面"视图

12.4.3 半剖视图

在半剖视图中，参考平面指定的一侧以剖视图显示，而在另一侧以普通视图显示，所以需要创建剖截面。

步骤01 将工作目录设置至 D:\creoxc3\work\ch12.04.03，打开 half-view.drw 工程图文件。

步骤02 选取图 12.4.11 所示的主视图，然后右击，从弹出的快捷菜单中选择 投影视图 命令。

步骤03 在系统 选择绘图视图的中心点. 的提示下，在图形区主视图的上方任意位置单击。

步骤04 双击上一步创建的投影视图，系统弹出"绘图视图"对话框。

步骤05 设置剖视图选项。

（1）选取 类别 区域中的 截面 选项。

（2）将 截面选项 设置为 2D 横截面，将 模型边可见性 设置为 总计，然后单击 + 按钮。

（3）在 名称 下拉列表中选取剖截面 A（A 剖截面在零件模块中已提前创建），在 剖切区域 下拉列表中选取 半倍 选项。

（4）在系统 为半截面创建选择参考平面. 的提示下，选取图 12.4.11 所示的 RIGHT 基准平面，此时视图如图 12.4.12 所示，图中箭头表明半剖视图的创建方向；单击绘图区 RIGHT 基准平面右侧任一点使箭头指向右侧；单击对话框中的 应用 按钮，系统生成半剖视图，单击"绘图视图"对话框中的 关闭 按钮。

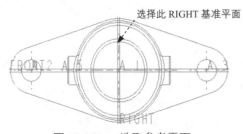
图 12.4.11 选取参考平面

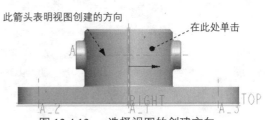
图 12.4.12 选择视图的创建方向

步骤06 添加箭头。

（1）选取半剖视图，右击，从弹出的菜单中选择 添加箭头 命令。

（2）在系统 给箭头选出一个截面在其处垂直的视图。中键取消。 的提示下，单击主视图，系统自动生成箭头。

12.4.4 旋转剖视图

旋转剖视图是完整截面视图，但它的截面是一个偏距截面（因此需创建偏距剖截面）。其显示绕某一轴展开区域的截面视图，在"绘图视图"对话框中用到的是"全部对齐"选项，且需选取某个轴。

旋转剖视图如图 12.4.13 所示，操作步骤如下。

步骤01 将工作目录设置至 D:\creoxc3\work\ch12.04.04，打开文件 cover_drw_2.drw。

步骤02 先单击选中图 12.4.13 所示的主视图，然后右击，从系统弹出的快捷菜单中选择 投影视图 命令。

步骤03 在系统 选择绘图视图的中心点. 的提示下，在图形区的主视图右侧任意位置单击，放置投影图。

步骤04 双击上一步中创建的投影视图，系统弹出"绘图视图"对话框。

步骤05 设置剖视图选项。

（1）在对话框中选取 类别 区域中的 截面 选项。

（2）将 截面选项 设置为 2D 横截面，将 模型边可见性 设置为 总计，然后单击 + 按钮。

（3）在 名称 下拉列表中选取剖截面 B（B 剖截面是偏距剖截面，在零件模块中已提前创建），在 剖切区域 下拉列表中选取 全部(对齐) 选项。

（4）在系统 选择轴(在轴线上选择). 的提示下，选取图 12.4.14 所示的轴线（如果在视图中基准轴没有显示，需单击 按钮打开基准轴的显示）。

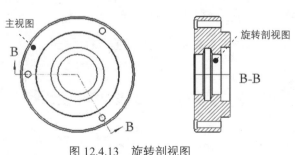

图 12.4.13 旋转剖视图

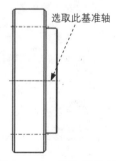

图 12.4.14 选取基准轴

步骤 06 单击对话框中的 确定 按钮,关闭对话框。

步骤 07 添加箭头。选取图 12.4.13 所示的旋转剖视图,然后右击,从弹出的快捷菜单中选择 添加箭头 命令;单击主视图,系统自动生成箭头。

12.4.5 阶梯剖视图

阶梯剖视图属于 2D 截面视图,其与全剖视图在本质上没有区别,但它的截面是偏距截面。创建阶梯剖视图的关键是创建好偏距截面,可以根据不同的需要创建偏距截面来实现阶梯剖视以达到充分表达视图的需要。阶梯剖视图如图 12.4.15 所示,创建操作步骤如下。

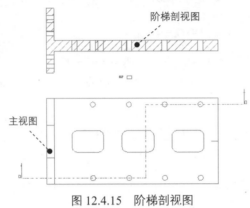

图 12.4.15 阶梯剖视图

步骤 01 将工作目录设置至 D:\ creoxc3\work\ch12.04.05,打开 step-view.drw 工程图文件。

步骤 02 先单击选中图 12.4.15 所示的主视图,然后右击,从系统弹出的快捷菜单中选择 投影视图 命令。

步骤 03 在系统 选择绘图视图的中心点 的提示下,在图形区主视图的上方任意位置单击,放置投影图。

步骤 04 双击上一步中创建的投影视图,系统弹出"绘图视图"对话框。

步骤 05 设置剖视图选项。在"绘图视图"对话框中选取 类别 区域中的 截面 选项;将 截面选项 设置为 2D 横截面,将 模型边可见性 设置为 总计,然后单击 + 按钮;在 名称 下拉列表中选取剖截面 A,在 剖切区域 下拉列表中选取 完整 选项;单击对话框中的 确定 按钮,关闭对话框。

步骤 06 添加箭头。选取图 12.4.15 所示的阶梯剖视图,然后右击,从弹出的快捷菜单中选择 添加箭头 命令;单击主视图,系统自动生成箭头。

12.4.6 破断视图

在机械制图中,经常遇到一些细长形的零件,若要反映整个零件的尺寸形状,需用大幅面的图纸来绘制。为了既节省图纸幅面,又可以反映零件形状尺寸,在实际绘图中常采用破断视图。破断视图指的是从零件视图中删除选定两点之间的视图部分,将余下的两部分合并成一个带破断线的视图。创建破断视图之前,应当在当前视图上绘制破断线。通常有两种方法绘制破断线:一是通过创建几个断点,然后以绘制通过这些断点的直线(垂直线或者水平线)作为破断线;二是通过绘制样条曲线、选取视图轮廓为"S"的曲线或几何上的心电图形等形状来作为破断线。确认后系统将删除视图中两破断线间的视图部分,合并保留需要显示的部分(即破断视图)。下面以创建图 12.4.16 所示长轴的破断视图为例,说明创建破断视图的一般操作步骤。

图 12.4.16 破断视图

步骤 01 将工作目录设置至 D:\ creoxc3\work\ch12.04.06,打开文件 shaft_drw.drw。

 在创建投影视图时,如果视图显示为着色,而不是线框模式,请读者参考后面章节中的操作步骤,先将投影视图的显示模式调整为"无隐藏线"模式,再进行其他操作。本章或以后章节中出现此情况,将不在操作步骤中指出。

步骤 02 双击图形区中的视图,系统弹出"绘图视图"对话框。

步骤 03 在该对话框中选取 类别 区域中的 可见区域 选项,将 视图可见性 设置为 破断视图。

步骤 04 单击"添加断点"按钮 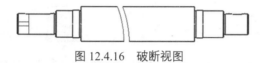,再选取图 12.4.17 所示的点(注意:点在图元上,不是在视图轮廓线上),接着在系统 草绘一条水平或垂直的破断线。的提示下绘制一条垂直线作为第一破断线(不用单击"草绘直线"按钮,直接以刚才选取的点作为起点绘制垂直线),此时视图如图 12.4.19 所示,然后选取图 12.4.18 所示的点,此时自动生成第二破断线,如图 12.4.19 所示。

图 12.4.17 选取点

图 12.4.18 绘制垂直线和选取点

图 12.4.19　第二破断线

步骤05　选取破断线造型。在 破断线造型 栏中选取 草绘 选项。

步骤06　绘制图 12.4.20 所示的样条曲线（不用单击草绘样条曲线按钮 ~，直接在图形区绘制样条曲线），草绘完成后单击中键，此时生成草绘样式的破断线，如图 12.4.21 所示。

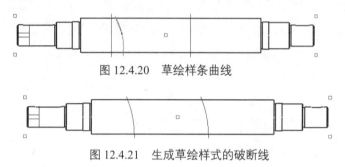

图 12.4.20　草绘样条曲线

图 12.4.21　生成草绘样式的破断线

如果在草绘样条曲线时，样条曲线和视图的相对位置不同，则视图被删除的部分不同，如图 12.4.22 所示。

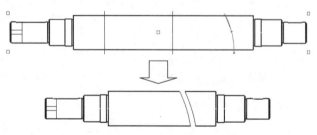

图 12.4.22　样条曲线相对位置不同时的破断视图

步骤07　单击"绘图视图"对话框中的 确定 按钮，关闭对话框，此时生成图 12.4.16 所示的破断视图。

◆ 选取不同的"破断线线体"将会得到不同的破断线效果，如图 12.4.23 所示。
◆ 在工程图配置文件中,可以用 broken_view_offset 参数来设置破断线的间距，也可在图形区先解除视图锁定，然后拖动破断视图中的一个视图来改变破断线的间距。

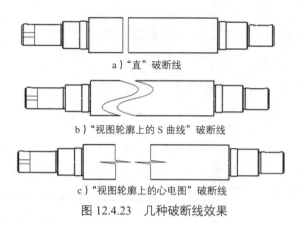

a)"直"破断线

b)"视图轮廓上的 S 曲线"破断线

c)"视图轮廓上的心电图"破断线

图 12.4.23　几种破断线效果

12.4.7　局部视图

下面创建图 12.4.24 所示的"部分"视图，操作方法如下。

步骤 01 打开文件 D:\creoxc3\work\ch12.04.07\small-view.drw。

步骤 02 先单击图 12.4.24 所示的主视图，然后右击，从系统弹出的快捷菜单中选择 投影视图 命令。

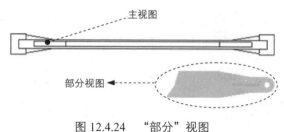

图 12.4.24　"部分"视图

步骤 03 在系统 选择绘图视图的中心点. 的提示下，在图形区主视图的下面选择一点，系统立即产生投影图。

步骤 04 双击上一步中创建的投影视图。

步骤 05 系统弹出图 12.4.25 所示的"绘图视图"对话框，在该对话框中选择 类型 选项组中的 可见区域 选项，将 视图可见性 设置为 局部视图 。

步骤 06 绘制部分视图的边界线。

（1）此时系统提示 选择新的参考点。单击"确定"完成. ，在投影视图的边线上选择一点，如图 12.4.26 所示。

如果不在模型的边线上选择点，系统则不认可，此时在拾取的点附近出现一个十字线。

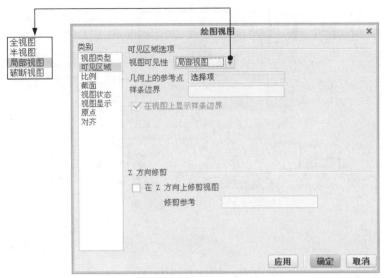

图 12.4.25 "绘图视图"对话框

（2）在系统 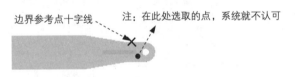 的提示下，直接绘制图 12.4.27 所示的样条线来定义部分视图的边界，当绘制到封合时，单击鼠标中键结束绘制（在绘制边界线前，不要选择样条线的绘制命令，而是直接单击进行绘制）。

步骤07 单击对话框中的 确定 按钮，关闭对话框。

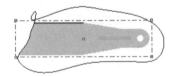

图 12.4.26 边界中心点　　　　图 12.4.27 草绘轮廓线

12.4.8 局部剖视图

局部剖视图以剖视的形式显示选定区域的视图，可以用于某些复杂的视图中，使图样简洁，增加图样的可读性。在一个视图中还可以做多个局部截面，这些截面可以不在一个平面上，用以更加全面地表达零件的结构。

创建局部剖视图如图 12.4.28 所示，操作步骤如下。

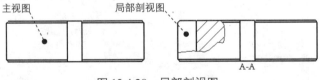

图 12.4.28 局部剖视图

步骤01 将工作目录设置至 D:\creoxc3\work\ch12.04.08,打开 tool_disk_drw_2.drw 工程图文件。

步骤02 创建图 12.4.28 所示主视图的右视图(投影视图)。

步骤03 双击上一步中创建的投影视图,系统弹出"绘图视图"对话框。

步骤04 设置剖视图选项。

(1)在"绘图视图"对话框中选取 类别 区域中的 截面 选项。

(2)将 截面选项 设置为 ⦿ 2D 横截面 ,将 模型边可见性 设置为 ⦿ 总计 ,然后单击 + 按钮。

(3)在 名称 下拉列表中选取剖截面 ✓A (A 剖截面在零件模块中已提前创建),在 剖切区域 下拉列表中选取 局部 选项。

步骤05 绘制局部剖视图的边界线。

(1)此时系统提示 ➩选择截面间断的中心点< A >. ,在投影视图(图 12.4.29)的边线上选取一点(如果不在模型边线上选取点,系统不认可),这时在选取的点附近出现一个十字线。

(2)在系统 ➩草绘样条,不相交其它样条,来定义一轮廓线. 的提示下,直接绘制图 12.4.30 所示的样条线来定义局部剖视图的边界,当绘制到封闭时,单击中键结束绘制。

步骤06 单击 确定 按钮,关闭对话框。

图 12.4.29 截面间断的中心点

图 12.4.30 草绘轮廓线

12.4.9 局部放大视图

下面创建图 12.4.31 所示的"局部放大视图",操作过程如下。

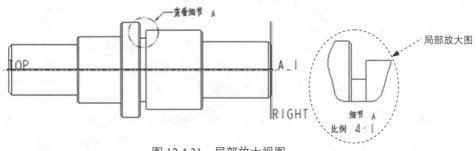
图 12.4.31 局部放大视图

步骤01 打开文件 D:\creoxc3\work\ch12.04.09\enlarged-view.drw。

步骤 02 单击 布局 选项卡下 模型视图▼ 区域的 详细视图 按钮。

步骤 03 在系统 ➡在一现有视图上选择要查看细节的中心点. 的提示下,在图 12.4.32 所示的位置选择一点(在主视图非边线的地方选择的点,系统不认可),此时在拾取的点附近出现一个十字线。

步骤 04 绘制放大视图的轮廓线。在系统 草绘样条,不相交其它样条,来定义一轮廓线. 的提示下,绘制图 12.4.33 所示的样条线以定义放大视图的轮廓,当绘制到封合时,单击鼠标中键结束绘制(在绘制边界线前,不要选择样条线的绘制命令,而是直接单击进行绘制)。

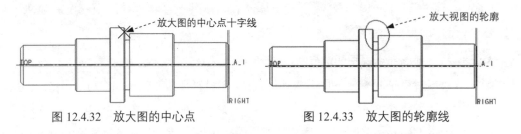

图 12.4.32 放大图的中心点　　　　图 12.4.33 放大图的轮廓线

步骤 05 在系统 ➡选择绘图视图的中心点. 的提示下,在图形区中选择一点用来放置放大图。

步骤 06 设置轮廓线的边界类型。

(1)在创建的局部放大视图上双击,系统弹出图 12.4.34 所示的"绘图视图"对话框。

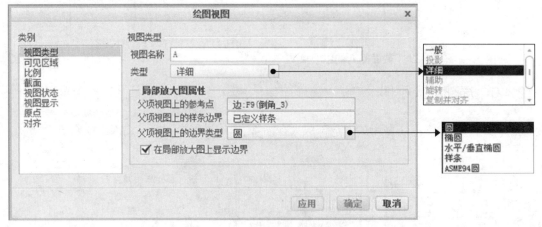

图 12.4.34 "绘图视图"对话框

(2)在 视图名 文本框中输入放大图的名称 A;在 父项视图上的边界类型 下拉菜单中选择"圆"选项,然后单击 应用 按钮,此时轮廓线变成一个双点画线的圆,如图 12.4.31 所示。

步骤 07 设置局部放大视图的比例。在图 12.4.34 所示的"绘图视图"对话框的 类别 选项组中选择 比例 选项,在 比例和透视图选项 区域的 ⦿ 自定义比例 单选框中输入定制比例 4。

第12章 工程图设计

步骤08 单击对话框中的 确定 按钮,关闭对话框。

12.5 工程图视图操作

12.5.1 删除视图

若要将某个视图删除,则可首先右击该视图,然后在系统弹出的快捷菜单中选择 删除(D) 命令。注意:当要删除一个带有子视图的视图时,系统会弹出图 12.5.1 所示的提示窗口,要求确认是否删除该视图,此时若选择"是",就会将该视图的所有子视图连同该视图一并删除!因此,在删除带有子视图的视图时,务必注意这一点。

图 12.5.1 "确认"对话框

12.5.2 移动视图与锁定视图

在创建完视图后,如果它们在图纸上的位置不合适、视图间距太紧或太松,用户可以移动视图,操作方法如图 12.5.2 所示(如果移动的视图有子视图,子视图也随着移动)。如果视图被锁定了,就不能移动视图,只有取消锁定后才能移动。

如果视图位置已经调整好,可启动"锁定视图移动"功能,禁止视图的移动。操作方法:在绘图区的空白处右击,系统弹出图 12.5.3 所示的快捷菜单,选择该菜单中的 锁定视图移动 命令。如果要取消"锁定视图移动",可再次选择该命令,去掉该命令前面的 ✓ 。

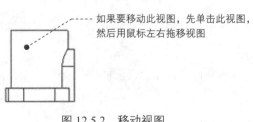

图 12.5.2 移动视图

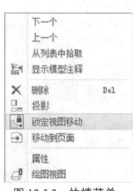

图 12.5.3 快捷菜单

12.5.3 视图显示模式

1. 视图显示

工程图中的视图可以设置为下列几种显示模式，设置完成后，系统保持这种设置而与"环境"对话框中的设置无关，且不受视图显示按钮 ⬜、⬜ 和 ⬜ 的控制。

- ◆ 隐藏线：视图中的不可见边线以虚线显示。
- ◆ 线框：视图中的不可见边线以实线显示。
- ◆ 消隐：视图中的不可见边线不显示。

配置文件 config.pro 中的选项 hlr_for_quilts 控制系统在隐藏线删除过程中如何显示面组。如果将其设置为 yes，系统将在隐藏线删除过程中包括面组；如果设置为 no，系统则在隐藏线删除过程中不包括面组。

下面以模型 body 的左视图为例，说明如何通过"视图显示"操作将左视图设置为无隐藏线显示状态，如图 12.5.4 所示。

步骤01 先选择图 12.5.4a，然后双击。

> 还有一种方法是，先选择图 12.5.4a，再右击，从弹出的快捷菜单中选择 属性(R) 命令。

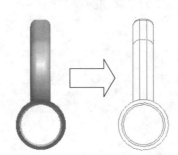

a）视图的默认显示　b）视图的消隐显示

图 12.5.4　视图

步骤02 系统弹出图 12.5.5 所示的"绘图视图"对话框，在该对话框中选择 类别 选项组中的 视图显示 选项。

步骤03 按照图 12.5.5 所示的对话框进行参数设置，即"显示样式"设置为"消隐"，然后单击对话框中的 确定 按钮，关闭对话框。

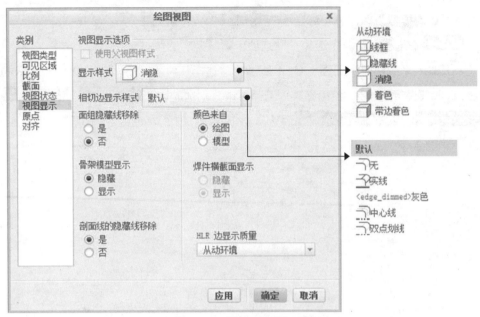

图 12.5.5 "绘图视图"对话框

2. 边显示

可以设置视图中个别边线的显示方式。如在图 12.5.6 所示的模型中,箭头所指的边线有隐藏线、拭除直线、隐藏方式和消隐等几种显示方式,分别如图 12.5.7~图 12.5.10 所示。

配置文件 config.pro 中的命令 select_hidden_edges_in_dwg 用于控制工程图中的不可见边线能否被选取。

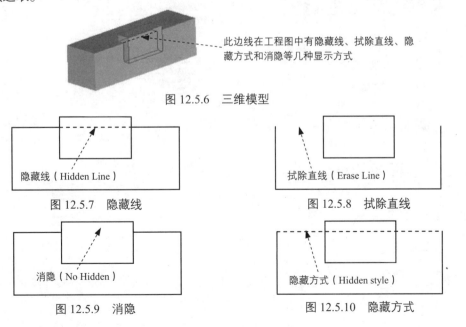

图 12.5.6 三维模型

图 12.5.7 隐藏线　　图 12.5.8 拭除直线

图 12.5.9 消隐　　图 12.5.10 隐藏方式

265

下面以此模型为例，说明边显示的操作过程。

步骤01 在工程图环境中选择 布局 选项卡下 编辑▼ 区域的 边显示... 命令。

步骤02 系统此时弹出图 12.5.11 所示的"选择"对话框，以及图 12.5.12 所示的菜单管理器，选取要设置的边线，然后在菜单管理器中分别选取 Hidden Line (隐藏线) 、 Erase Line (拭除直线) 、 No Hidden (消隐) 或 Hidden Style (隐藏方式) 命令，以达到图 12.5.7~图 12.5.10 所示的效果；选择 Done (完成) 命令。

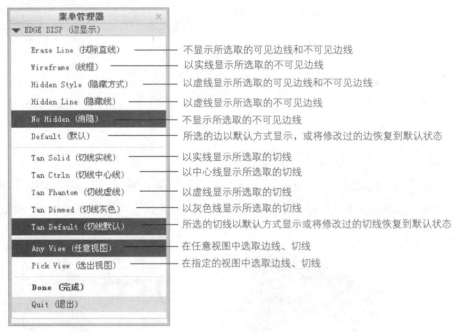

图 12.5.11 "选择"对话框

图 12.5.12 "边显示"菜单

步骤03 如有必要，单击"重画"命令按钮 ，查看视图显示的变化

12.6 工程图的标注

12.6.1 尺寸标注

1. 驱动尺寸

被驱动尺寸来源于零件模块中的三维模型的尺寸，它们源于统一的内部数据库。在工程

图模式下，可以利用 注释 工具栏下的"显示模型注释"命令将被驱动尺寸在工程图中自动地显现出来。在三维模型上修改模型的尺寸，这些尺寸在工程图中随之变化，反之亦然。这里有一点要注意：在工程图中可以修改被驱动尺寸值的小数位数，但是舍入之后的尺寸值不驱动模型几何。

下面以图 12.6.1 所示的零件 measurement-ok01.drw 为例，说明创建被驱动尺寸的一般操作过程。

步骤01 打开文件 D:\creoxc3\work\ch12.06.01\measurement.drw。

步骤02 单击 注释 选项卡下 注释▼ 区域的 按钮，系统弹出图 12.6.2 所示的"显示模型注释"对话框；按住 Ctrl 键，在图形区选择图 12.6.1 所示的主视图和投影视图。

步骤03 在系统弹出的图 12.6.2 所示的"显示模型注释"对话框中进行下列操作。

（1）单击对话框顶部的 选项卡。

（2）选取显示类型。在对话框的 类型 下拉列表中选择 全部 选项，然后单击 按钮，如果还想显示轴线，则在对话框中单击 选项卡，然后单击 按钮。

（3）单击对话框底部的 确定 按钮。

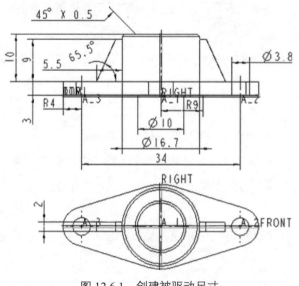

图 12.6.1 创建被驱动尺寸

2. 草绘尺寸

在工程图模式下利用 注释 选项卡下 注释▼ 区域的 命令，可以手动标注两个草绘图元间、草绘图元与模型对象间以及模型对象本身的尺寸，这类尺寸称为"草绘尺寸"，其可以被删除。还要注意：在模型对象上创建的"草绘尺寸"不能驱动模型。

图 12.6.2 "显示模型注释"对话框

在 Creo 3.0 中，草绘尺寸分为一般草绘尺寸、草绘参考尺寸和草绘坐标尺寸三种类型，它们主要用于手动标注工程图中两个草绘图元间、草绘图元与模型对象间以及模型对象本身的尺寸，坐标尺寸是一般草绘尺寸的坐标表达形式。

在单击 注释 功能选项卡下 注释▼ 区域，"尺寸"和"参考尺寸"菜单中都有如下几个选项。

◆ 新参考：每次选取新的参照进行标注。

◆ 纵坐标尺寸：创建单一方向的坐标表示的尺寸标注。

◆ 自动标注纵坐标：在模具设计和钣金件平整形态零件上自动创建纵坐标尺寸。

由于草绘尺寸和草绘参考尺寸的创建方法一样，所以下面仅以一般草绘尺寸为例，说明尺寸的创建方法。

下面以图 12.6.3 所示的零件模型 measurement-ok02.drw 为例，说明在模型上创建草绘"新参考"尺寸的一般操作过程。

步骤 01 单击 注释 功能选项卡下 注释▼ 区域的 尺寸 按钮，弹出"选择参考"对话框。

步骤 02 在图 12.6.3 所示的 1 点处单击（1 点在模型的边线上），以选取该边线。

步骤 03 按住键盘上的 Ctrl 键在图 12.6.3 中 2 点处单击，以选取该点。

步骤 04 在图 12.6.3 所示的 3 点处单击鼠标中键，确定尺寸文本的位置。

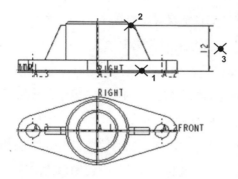

图 12.6.3 "新参考"尺寸标注

3. 尺寸的操作

尺寸的操作包括尺寸的移动、拭除和删除（仅对草绘尺寸），尺寸的切换视图，修改尺寸的数值和属性等。下面分别对它们进行介绍。

类型 1：移动尺寸及其尺寸文本

选择要移动的尺寸，当尺寸加亮后，将鼠标指针放到要移动的尺寸文本上单击（要移动的尺寸的各个顶点处会出现小圆圈），然后按住鼠标左键，并移动鼠标，尺寸及尺寸文本会随着鼠标移动，移到所需的位置后，松开鼠标的左键。

 当在要移动的尺寸文本上单击后，可能会没有小圆圈出现，此时可以在尺寸文本上换一个位置单击，直到出现小圆圈为止。

类型 2：尺寸编辑的快捷菜单

选择要编辑的尺寸，当尺寸加亮后，将鼠标指针放到要移动的尺寸文本上单击（要移动的尺寸的各个顶点处会出现小圆圈），然后右击，此时系统会依照单击位置的不同弹出不同的快捷菜单。如果右击在尺寸标注位置线或尺寸文本上，则弹出图 12.6.4 所示的快捷菜单，其各主要选项的说明如下。

图 12.6.4 快捷菜单

- 编辑连接：该选项的功能是修改对象的附件（修改附件）。
- 拭除：选择该选项后，系统会拭除选取的尺寸（包括尺寸文本和尺寸界线），也就是使该尺寸在工程图中不显示。

尺寸"拭除"操作完成后，如果要恢复它的显示，操作方法如下。

步骤01 在绘图树中单击 ▶ 注释 前的节点。

步骤02 选中被拭除的尺寸并右击，在弹出的快捷菜单中选择 取消拭除 命令。

- 移动到视图：该选项的功能是将尺寸从一个视图移动到另一个视图。操作方法：选择该选项后，接着选择要移动到的目的视图。

类型 3：尺寸界线的破断

尺寸界线的破断是将尺寸界线的一部分断开，如图 12.6.5 所示；而删除破断的作用是将尺寸线断开的部分恢复。其操作方法是在工具栏中选择 注释 ➡ 断点 命令，在要破断的尺寸界线上选择两点，"破断"即可形成；如果选择该尺寸，然后在破断的尺寸界线上右击，在弹出的快捷菜单中选取 移除断点 命令，即可将断开的部分恢复。

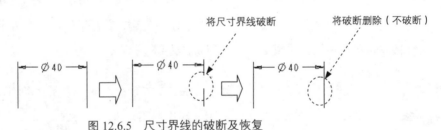

图 12.6.5 尺寸界线的破断及恢复

12.6.2 基准特征标注

1. 在工程图模块中创建基准轴

下面将在模型 drw_datum 的工程图中创建图 12.6.6 所示的基准轴 D，以说明在工程图模块中创建基准轴的一般操作过程。

步骤01 将工作目录设置至 D:\creoxc3\work\ch12.06.02\，打开文件 drw_datum.drw。

步骤02 选择 注释 选项卡下 注释▼ 注释区域 □ 模型基准 ▼ 下拉菜单中的 模型基准轴 命令。

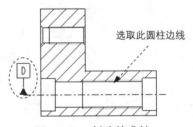

图 12.6.6 创建基准轴

步骤03 系统弹出"轴"对话框，在此对话框中进行下列操作。

（1）在"轴"对话框的"名称"文本框中输入基准名 D。

（2）单击该对话框中的 定义... 按钮，在弹出的"基准轴"菜单中选取 Thru Cyl (过柱面) 命令，然后选择图 12.6.6 所示的圆柱边线。

（3）在"轴"对话框的 显示 选项组中单击 A◄ 按钮。

（4）在"轴"对话框的 放置 选项组中选择 ● 在基准上 单选项。

（5）在"轴"对话框中单击 确定 按钮，系统即在每个视图中创建基准符号。

步骤04 分别将基准符号移至合适的位置，基准的移动操作与尺寸的移动操作方法一样。

步骤05 视情况将某个视图中不需要的基准符号拭除。

2. 在工程图模块中创建基准面

下面将在模型 drw_datum 的工程图中创建图 12.6.7 所示的基准 E，以说明在工程图模块中创建基准面的一般操作过程。

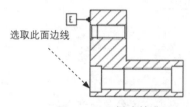

图 12.6.7　创建基准面

步骤01 选择 注释 选项卡下 注释▼ 区域 ▱ 模型基准 ▼ 下拉菜单中的 ▱ 模型基准平面 命令。

步骤02 系统弹出"基准"对话框，在此对话框中进行下列操作。

（1）在"基准"对话框的"名称"文本框中输入基准名 E。

（2）单击该对话框中的 在曲面上... 按钮，然后选择图 12.6.7 所示的端面边线。

（3）在"基准"对话框的 显示 选项组中单击 A◄ 按钮。

（4）在"基准"对话框的 放置 选项组中选择 ● 在基准上 单选项。

（5）在"基准"对话框中单击 确定 按钮。

步骤03 将基准符号移至合适的位置。

步骤04 视情况将某个视图中不需要的基准符号拭除。

3. 基准的拭除与删除

拭除基准的含义是在工程图环境中不显示基准符号，它同尺寸的拭除一样；而基准的删除是将其从模型中真正完全地去除。所以基准的删除要切换到零件模块中进行，其操作方法如下。

（1）切换到模型窗口。

（2）从模型树中找到基准名称，并右击该名称，从弹出的快捷菜单中选择"删除"命令。

◆ 一个基准被拭除后，系统还不允许重名，只有切换到零件模块中，将其从模型中删除后才能给出同样的基准名。
◆ 如果一个基准被某个几何公差所使用，则只有首先删除该几何公差，才能删除该基准。

12.6.3　几何公差标注

下面将在模型 drw_datum 的工程图中创建图 12.6.8 所示的几何公差，以此说明在工程图模块中创建几何公差的一般操作过程。

步骤01　首先将工作目录设置至 D:\ creoxc3\work\ch12.06.03\，打开文件 drw_tol.drw。

步骤02　单击 注释 选项卡下 注释 区域的 按钮。

步骤03　系统弹出图 12.6.8 所示的"几何公差"对话框，在此对话框进行下列操作。

（1）在左边的公差符号区域中单击位置公差符号 ⊥。

（2）在 模型参考 选项卡中进行下列操作。

① 定义公差参考。如图 12.6.8 所示，单击"参考"选项组中的"类型"箭头 ，从下拉列表中选取 曲面 选项，如图 12.6.9 所示；查询选取图 12.6.9 中所指的面。

由于当前所标注的是一个面相对于一个孔轴线的位置公差，它实质上是指这个面相对于基准轴 D 的位置公差，所以其公差参考要选取孔的轴线。

② 定义公差的放置。如图 12.6.8 所示，单击"放置"选项组中的"类型"箭头 ，从下拉列表中选取 带引线 选项，如图 12.6.10 所示；此时系统弹出"引线类型"菜单管理器，先选择图 12.6.11 中所指的面，然后在合适的位置单击中键放置几何公差。

（3）在 基准参考 选项卡中进行下列操作。

① 选择"几何公差"对话框顶部的 基准参考 选项卡。

第 12 章 工程图设计

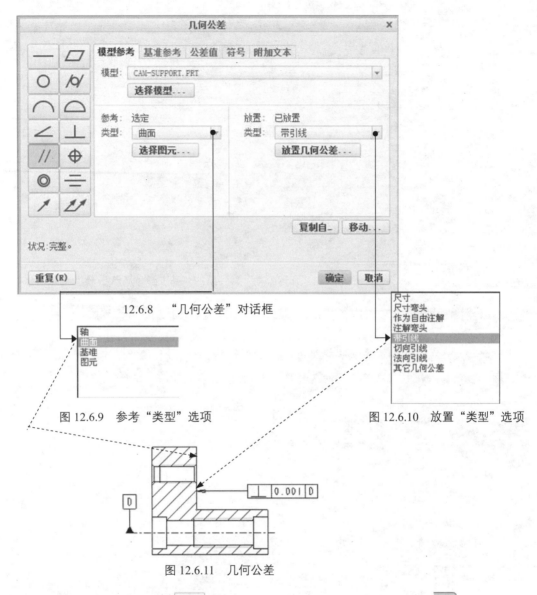

图 12.6.8 "几何公差"对话框

图 12.6.9 参考"类型"选项

图 12.6.10 放置"类型"选项

图 12.6.11 几何公差

② 如图 12.6.12 所示，单击 主要 子选项卡中的"基本"选项组下的箭头 ，从下拉列表中选取基准 D。

 如果该位置公差参考的基准不止一个，请选择 次要 和 第三 子选项卡，再进行同样的操作，以增加次要、第三参考。

273

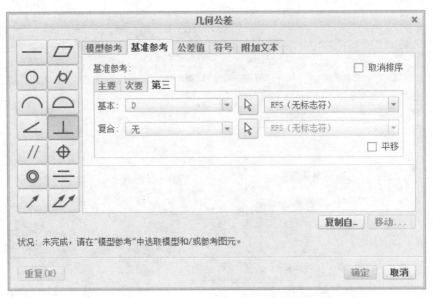

图 12.6.12 "几何公差"对话框的"基准参考"选项卡

（4）在 公差值 选项卡中接受系统默认的总公差值 0.001，按 Enter 键。

 如果要注明材料条件，请单击"材料条件"选项组中的箭头 ，从下拉列表中选取所希望的选项，如图 12.6.13 和图 12.6.14 所示。

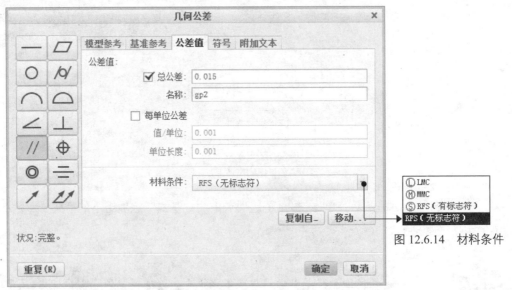

图 12.6.14 材料条件

图 12.6.13 "几何公差"对话框的"公差值"选项卡

（5）单击"几何公差"对话框中的 确定 按钮。

在"几何公差"对话框中还有一个 附加文本 选项卡（图 12.6.15），此选项卡用来添加附加文本和文本符号。

图 12.6.15 所示的 附加文本 选项卡中各选项的说明如下。

- ☑ 文本居上 复选框：选中此复选框，系统会弹出图 12.6.16 所示的"文本符号"对话框。在 ☑ 文本居上 复选框下方的文本框中输入文本或文本符号（也可以在"文本符号"对话框中选取），此文本框中的内容将出现在"几何公差"的控制框上方。

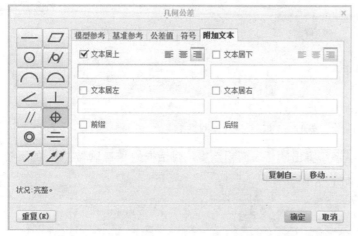

图 12.6.15 "几何公差"对话框的"附加文本"选项卡

图 12.6.16 "文本符号"对话框

- ☑ 文本居右 复选框：在 ☑ 文本居右 复选框下方的文本框中输入文本或文本符号，此文本框中的内容将出现在"几何公差"的控制框右方。
- ☑ 前缀 或 ☑ 后缀 复选框：在 ☑ 前缀 或 ☑ 后缀 复选框下方的文本框中输入文本或文本符号，前缀会插入到几何公差文本"公差值"的前面，后缀则会插入到几何公差文本"公差值"的后面，并且具有与几何公差文本相同的文本样式。

12.6.4 表面粗糙度标注

下面在模型 body 的工程图中创建图 12.6.17 所示的表面粗糙度（表面光洁度），以此说明在工程图模块中创建表面粗糙度的一般操作过程。

步骤01 单击 注释 选项卡下 注释 ▼ 区域的 32√ 按钮。

步骤02 检索表面粗糙度。从"打开"对话框中选取 machined，单击 打开 ▼ 按钮，选取 standard1.sym，单击 打开 ▼ 按钮（图 12.6.18）。

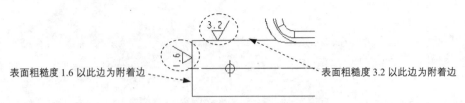

图 12.6.17 创建表面粗糙度

图 12.6.18 "打开"对话框

步骤 03 选取附着类型。从系统弹出的"表面粗糙度"对话框的 **放置** 区域 **类型** 的下拉列表中选择 **垂直于图元** 命令（图 12.6.19）。

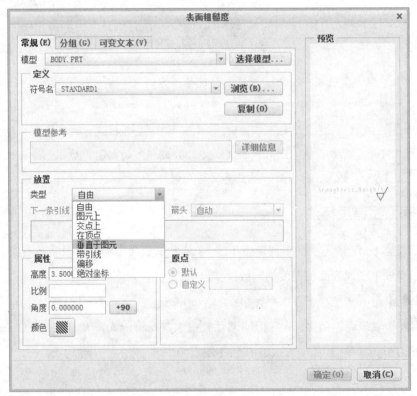

图 12.6.19 "表面粗糙度"对话框

步骤 04 定义放置参考考。在 [使用鼠标左键选择附加参考] 的提示下，选取图 12.6.17 所示的边线，然后单击 [可变文本(V)] 选项，在 roughness_height 文本框中输入数值 3.2，在图纸空白处单击鼠标中键，单击 [确定(O)] 按钮。

12.6.5 注释文字

单击 [注释] 选项卡下 [注释▼] 区域的 [注解] 按钮右侧的 ▼，系统弹出"注解类型"下拉列表，在该下拉列表中，可以创建用户所要求的属性的注释，如注释可连接到模型的一个或多个边上，也可以是"自由的"。创建第一个注释后，Creo 3.0 使用先前指定的属性要求来创建后面的注释。

1. 创建无方向指引注释

下面以图 12.6.20 中所示的注释为例，说明创建无方向指引注释的一般操作过程。

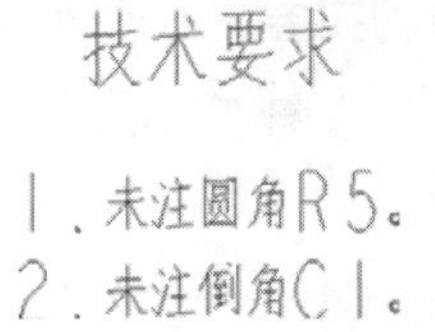

技术要求
1. 未注圆角R5。
2. 未注倒角C1。

图 12.6.20　无方向指引的注释

步骤 01 首先将工作目录设置至 D:\creoxc3\work\ch12.06.05\，打开文件 text.drw。

步骤 02 选择 [注释] 选项卡下 [注释▼] 区域的 [注解] 下拉列表中的 [独立注解] 命令。

步骤 03 在弹出的图 12.6.21 所示的"选择点"对话框中选取 [Xy] 命令，并在屏幕选择一点作为注释的放置点。

步骤 04 输入"技术要求"，在图纸的空白处单击两次，退出注释的输入。

步骤 05 在功能区中选择 [注释] ➡ [注解▼] ➡ [独立注解] 命令，在注释"技术要求"下面选择一点。

步骤 06 输入"1. 未注圆角 R5"，按 Enter 键，然后输入"2. 未注倒角 C1"，在图纸的空白处单击两次，退出注释的输入。

步骤 07 调整注释中的文本——"技术要求"的位置和大小。

图 12.6.21　"选择点"对话框

2. 创建有方向指引注释

下面以图 12.6.22 中的注释为例，说明创建有方向指引注释的一般操作过程：

步骤 01 选择 注释 选项卡下 注释 ▼ 区域的 注解 下拉列表中的 引线注解 命令。

步骤 02 定义注释导引线的起始点。选择注释导引线的起始点，如图 12.6.22 所示。

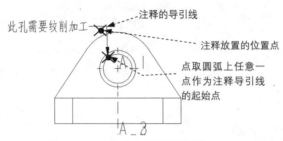

图 12.6.22　有方向指引的注释

步骤 03 定义注释文本的位置点，在屏幕上选择一点作为注释的放置点。

步骤 04 输入"此孔需铰削加工"，在图纸的空白处单击两次，退出注释的输入。

3. 注释的编辑

双击要编辑的注释，此时系统弹出图 12.6.23 所示的"格式"选项卡，在该选项卡中可以修改注释样式、文本样式及格式样式。

图 12.6.23　"格式"选项卡

第13章 工程图设计综合实例

按照图 13.1 所示的要求,创建零件工程图。注意:创建工程图前,需正确配置 Creo 3.0 软件的工程图环境。

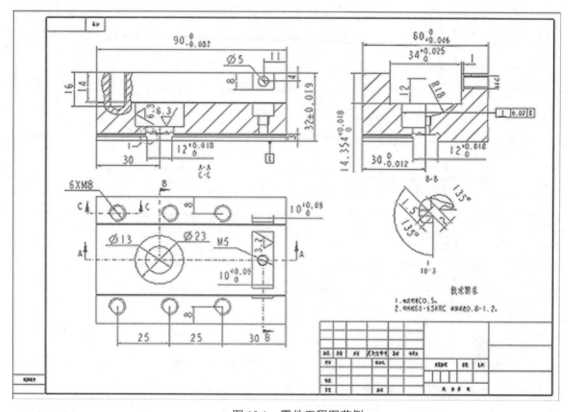

图 13.1 零件工程图范例

本案例的详细操作过程请参见随书光盘中 video\ch13.01\文件下的语音视频讲解文件。模型文件为 D:\creoxc3\work\ch13.01\base_body.prt.1。

第 14 章 模具设计

14.1 概述

在 Creo 3.0 软件中，与注射模具设计有关的模块主要有三个：模具设计模块（Pro/MOLDESIGN）、模座设计模块（Expert Moldbase Extension，简称 EMX）和塑料顾问（Plastic Advisor）模块。

在模具设计模块中，用户可以创建、修改和分析模具元件及其组件（模仁），并可根据设计模型中的变化对其快速更新，同时还可实现如下功能。

- 设置注射零件的收缩率。收缩率的大小与注射零件的材料特性、几何形状和制模条件相对应。
- 对一个型腔或多型腔模具进行概念性设计。
- 对模具型腔、型芯、型腔嵌入块、砂型芯、滑块、提升器和定义模制零件形状的其他元件进行设计。
- 在模具组件中添加标准元件，如模具基础、推销、注入口套管、螺钉（栓）、配件和创建相应间隙孔用的其他元件。
- 设计注射流道和水线。
- 拔模检测（Draft Check）、分型面检查（Parting Surface Check）等分析工具。

在模座设计模块（EMX）中，用户可以将模具元件直接装配到标准或是定制的模座中，对整个模具进行更完全、更详细的设计，从而大大缩短模具的研发时间。

在塑料顾问（Plastic Advisor）模块中，通过用户简单的设定，系统将自动进行塑料射出成型的模流分析，这样，模具设计人员在模具设计阶段，就可以掌握塑料在型腔中的填充情况，便于及早改进设计。

本章主要介绍 Creo 3.0 的模具设计模块。

14.2 Creo 3.0 模具设计流程

使用 Creo 3.0 软件进行（注射）模具设计的一般流程如下。

（1）在零件和组件模式下，对原始塑料零件（模型）进行三维建模。

(2)创建模具模型,包括以下两个步骤。

◆ 根据原始塑料零件,定义参考模型。

◆ 定义模具坯料(工件)。

(3)在参考模型上进行拔模检测,以确定它是否能顺利地脱模。

(4)设置模具模型的收缩率。

(5)定义分型曲面。

(6)增加浇口、流道和水线作为模具特征。

(7)将坯料(工件)分割成若干个单独的体积块。

(8)抽取模具体积块,以生成模具元件。

(9)创建浇注件。

(10)定义开模步骤。

(11)利用"塑料顾问"功能模块进行模流分析。

(12)根据模具的尺寸选取合适的模座。

(13)如果需要,可进行模座的相关设计。

(14)制作模具工程图,包括对推出系统和水线等进行布局。由于模具工程图的制作方法与一般零部件工程图的制作方法基本相同,本书不再进行介绍。

下面以图 14.2.1 所示的端盖零件(end-cover.prt)为例,说明用 Creo 3.0 软件设计模具的一般过程和方法。

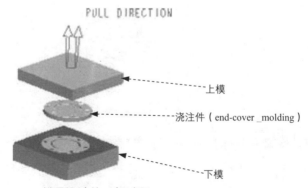

图 14.2.1 模具设计的一般过程

14.2.1 新建一个模具文件

步骤01 设置工作目录。选择下拉菜单 文件 → 管理会话(M) → 选择工作目录(W) 更改工作目录. 命令,将工作目录设置至 D:\creoxc3\work\ch14.02.01。

步骤02　选择下拉菜单 文件(F) → 新建(N)... 命令（或者单击新建按钮 □）。

步骤03　在"新建"对话框中，在 类型 区域中选中 ⦿ 制造 单选项，在 子类型 区域中选中 ⦿ 模具型腔 单选项，在 名称 文本框中输入文件名 end-cover_mold，取消选中 ☑ 使用默认模板 复选框，单击对话框的 确定 按钮。

步骤04　在"新文件选项"对话框中，选取 mmns_mfg_mold 模板，单击 确定 按钮。

　完成这一步操作后，系统进入模具设计模式（环境）。此时，在图形区可看到三个正交的默认基准平面和图 14.2.2 所示的"模具"选项卡。

图 14.2.2　"模具"选项卡

14.2.2　建立模具模型

在开始设计模具前，应先创建一个"模具模型"（Mold Model），模具模型主要包括参考模型（Ref Model）和坯料（Workpiece）两部分，如图 14.2.3 所示。参考模型是设计模具的参考，它来源于设计模型（零件），坯料表示直接参与熔料成型的模具元件的总体积。

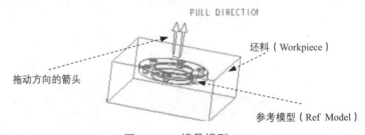

图 14.2.3　模具模型

关于设计模型（Design Model）与参考模型（Reference Model）说明如下。

模具的设计模型（零件）通常代表产品设计者对其最终产品的构思。设计模型一般在 Creo3.0 的零件模块环境（Part mode）或装配模块环境（Assembly Mode）中提前创建。通常设计模型几乎包含使产品发挥功能所必需的所有设计元素，但不包含制模技术所需要的元素。一般情况下，设计模型不设置收缩。为了方便零件的模具设计，在设计模型中最好创建开模所需要的拔模和圆角特征。

模具的参考模型通常表示应浇注的零件。参考模型通常用 Shrinkage（收缩） 命令进行收缩。

有时设计模型包含需要进行注射加工的设计元素,在这种情况下,这些元素应在参考模型上更改,模具设计模型是参考模型的源。设计模型与参考模型间的关系取决于创建参考模型时所用的方法。

装配参考模型时,可将设计模型几何复制(通过参考合并)到参考模型。在这种情况下,可将收缩应用到参考模型、创建拔模、倒圆角和其他特征,所有这些改变都不会影响设计模型。但是,设计模型中的任何改变会自动在参考模型中反映出来。另一种方法是,可将设计模型指定为模具的参考模型,在这种情况下,它们是相同的模型。

在以上两种情况下,当在"模具"模块中工作时,可设置设计模型与模具之间的参数关系,一旦设定了关系,在改变设计模型时,任何相关的模具元件都会被更新,以反映所作出的改变。

任务01 隐藏拖动方向的箭头

在视图控制工具栏中单击"拖拉方向显示"按钮,使其箭头隐藏。

 隐藏拖动方向箭头可以使屏幕更加简洁,当采用着色和裙边的方法设计分型面时,光线投影方向与拖动方向相反。

任务02 定义参考模型

步骤01 单击 **模具** 功能选项卡 参考模型和工件 区域 参考模型▼,然后在系统弹出的列表中选择 组装参考模型 命令,系统弹出"打开"对话框。

 本书中的 参考模型▼ 按钮在后文中将简化为 参考模型▼ 按钮。

步骤02 在"打开"对话框中选取三维零件模型 end-cover.prt 作为参考零件模型,然后单击 打开 按钮。

步骤03 定义约束参考模型的放置位置。在系统弹出的图 14.2.4 所示的"元件放置"操控板中进行如下操作。

图 14.2.4 "元件放置"操控板

（1）指定第一个约束。在操控板中单击 放置 按钮，在"放置"界面的"约束类型"下拉列表中选择 □□重合 选项，选取参考件的 FRONT 基准平面为元件参考，选取装配体的 MAIN_PARTING_PLN 基准平面为组件参考。

（2）指定第二个约束。单击 ➡新建约束 字符，在"约束类型"下拉列表中选择 □□重合 选项，选取参考件的 RIGHT 基准平面为元件参考，选取装配体的 MOLD_RIGHT 基准平面为组件参考。

（3）指定第三个约束。单击 ➡新建约束 字符，在"约束类型"下拉列表中选择 □□重合 选项，选取参考件的 TOP 基准平面为元件参考，选取装配体的 MOLD_FRONT 基准平面为组件参考。

（4）至此，约束定义完成，在操控板中单击"完成"按钮 ✓ 。

步骤 04 此时系统弹出图 14.2.5 所示的"创建参考模型"对话框，选中 ⦿ 按参照合并 单选项，然后在 参照模型 区域的 名称 文本框中接受系统给出默认的参考模型名称 END-COVER_MOLD_REF（也可以输入其他字符作为参考模型名称），再单击 确定 按钮。完成后的结果如图 14.2.6 所示。

在图 14.2.5 所示的对话框中，有三个单选项，分别介绍如下。

◆ ⦿ 按参照合并 ：选择此单选项，系统会复制一个与设计模型完全一样的零件模型（其默认的文件名为***_ref.prt）加入模具装配体，以后分型面的创建、模具元件体积块的创建和拆模等操作便可参考复制的模型来进行。

◆ ⦿ 同一模型 ：选择此单选项，系统则会直接将设计模型加入模具装配体，以后各项操作便直接参考设计模型来进行。

◆ ⦿ 继承：选择此单选项，参考零件将会继承设计零件中的所有几何和特征信息。用户可指定在不更改原始零件的情况下，要在继承零件上进行修改的几何及特征数据。"继承"可为在不更改设计零件的情况下修改参考零件提供更大的自由度。

任务 03 定义坯料

步骤 01 单击 模具 功能选项卡 参考模型和工件 区域中的 工件 按钮，然后在系统弹出的列表中选择 ▭创建工件 命令，系统弹出"创建元件"对话框。

图 14.2.5 "创建参考模型"对话框

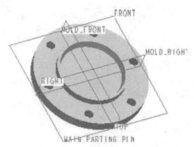

图 14.2.6 模型放置结果

步骤02 在系统弹出的图 14.2.7 所示的"创建元件"对话框中,在 类型 区域选中 ⦿ 零件 单选项,在 子类型 区域选中 ⦿ 实体 单选项,在 名称 文本框中,输入坯料的名称 end-cover-wp,然后单击 确定(0) 按钮。

步骤03 在系统弹出的图 14.2.8 所示的"创建选项"对话框中,选中 ⦿ 创建特征 单选项,然后单击 确定 按钮。

图 14.2.7 "创建元件"对话框

图 14.2.8 "创建选项"对话框

在图 14.2.7 所示的"元件创建"对话框的 子类型 区域中,有三个可用的单选项,分别介绍如下。

◆ ⦿ 实体:选择此单选项,可以创建一个实体零件作为坯料。

◆ ⦿ 相交:选择此单选项,可以选择多个零件进行交截而产生一个坯料零件。

◆ ⦿ 镜像:选择此单选项,用户可以对现有的零件进行镜像(需要选择一个镜像中心平面),以镜像后的零件作为坯料。

步骤 04 创建坯料特征。

（1）选择命令。单击 模具 功能选项卡 形状 ▼ 区域中的 拉伸 按钮。

（2）定义草绘截面放置属性。在绘图区中右击，从快捷菜单中选择 定义内部草绘... 命令，在"草绘"对话框中，选择 MOLD_FRONT 基准平面为草绘平面，MOLD_RIGHT 基准平面为草绘平面的参考平面，方向为 右，然后单击 草绘 按钮，系统进入截面草绘环境。

① 进入截面草绘环境后，系统弹出"参考"对话框，选取 A_2 轴和 MAIN_PARTING_PLN 基准平面为草绘参考，然后单击 关闭(C) 按钮，绘制图 14.2.9 所示的特征截面，完成绘制后，单击工具栏中的"完成"按钮 ✓。

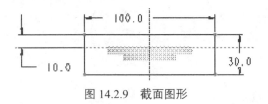

图 14.2.9 截面图形

② 选取深度类型并输入深度值。在操控板中，选取深度类型 日 （"对称"），再在深度文本框中输入深度值 100.0，并按回车键

③ 预览特征：在操控板中单击 ✓ ∞ 按钮，可预览所创建的拉伸特征。

④ 完成特征：在操控板中单击 ✓ 按钮，则完成特征的创建。

14.2.3 设置收缩率

从模具中取出后，注射件由于温度及压力的变化会产生收缩现象。为此，Creo 3.0 软件提供了收缩率（Shrinkage）功能，来纠正注射成品零件体积收缩上的偏差。用户通过设置适当的收缩率来放大参考模型，便可以获得正确尺寸的注射零件。继续以前面的模型为例，设置收缩率的一般操作过程如下。

步骤 01 单击 模具 功能选项卡 生产特征 ▼ 区域中的"小三角"按钮 ▼，在系统弹出的图 14.2.10 所示的下拉菜单中单击 按比例收缩 后的 ▶ 按钮，然后选择 按尺寸收缩 命令。

步骤 02 系统弹出图 14.2.11 所示的"按尺寸收缩"对话框，确认 公式 区域的 1+S 按钮被按下，在 收缩选项 区域选中 ☑ 更改设计零件尺寸 复选框，在 收缩率 区域的 比率 栏中输入收缩率 0.006，并按回车键，然后单击对话框中的 ✓ 按钮。

图 14.2.10 所示的 按比例收缩 ▶ 菜单的说明如下。

◆ 按尺寸收缩：按尺寸来设定收缩率，根据选择的公式，系统用公式 1+S 或 1/(1−S) 计算比例因子。选择"按尺寸"收缩时，收缩率不仅会应用到参考模型，也可以应用到设计模型，从而使设计模型的尺寸受到影响。

图 14.2.10 "按比例收缩"菜单　　图 14.2.11 "按尺寸收缩"对话框

◆ 　按比例收缩：按比例来设定收缩率。注意：如果选择"按比例"收缩，应先选择某个坐标系作为收缩基准，并且分别对 X、Y、Z 轴方向设定收缩率。采用"按比例"收缩，收缩率只会应用到参考模型，不会应用到设计模型。

使用 　按尺寸收缩 方式设置收缩率时，请注意如下。

◆ 在使用按尺寸方式对参考模型设置收缩率时，收缩率也会同时应用到设计模型上，从而使设计模型的尺寸受到影响，所以如果采用按尺寸收缩，可在图 14.2.11 所示的"按尺寸收缩"对话框的  区域中，取消选中 更改设计零件尺寸 复选框，使设计模型恢复到没有收缩的状态，这是 　按尺寸收缩 与 　按比例收缩 的主要区别。

◆ 收缩率不累积。例如，输入数值 0.005 作为立方体 100×100×100 的整体收缩率，然后输入值 0.01 作为一侧的收缩率，则沿此侧的距离是（1+0.01）×100 = 101，而不是（1+0.005+0.01）×100 = 101.5。尺寸的单个收缩率始终取代整体模型收缩率。

◆ 配置文件选项 shrinkage_value_display 用于控制模型的尺寸显示方式，它有两个可选值：percent_shrink（以百分比显示）和 final_value（按最后值显示）。

图 14.2.11 所示的"按尺寸收缩"对话框的 公式 区域中的两个按钮说明如下。

◆ 1+S：S 为收缩率，代表在原来模型几何大小上放大（1+S）倍。

◆ 1/（1−S）：如果指定了收缩，则修改公式会引起所有尺寸值或缩放值的更新。例如：用初始公式（1+S）定义了按尺寸收缩，如果将此公式改为 1/（1−S），系统将提示确认或取消更改；如果确认更改，则在已按尺寸应用了收缩的情况下，必须从第一个受影响的特征再生模型。在前面的公式中，如果 S 值为正值，模型将产生放大效果；反之，若 S 值为负值，模型将产生缩小效果。

使用 [按比例收缩] 方式设置收缩率时，请注意如下内容。

如果在"模具"或"铸造"模块中，应用"按比例"收缩，那么：

◆ 设计模型的尺寸不会受到影响。
◆ 如果在模具模型中装配了多个参考模型，系统将提示指定要应用收缩的模型，组件偏距也被收缩。
◆ 如果在"零件"模块中将按比例收缩应用到设计模型，则"收缩"特征属于设计模型，而不属于参考模型。收缩被参考模型几何精确地反映出来，但不能在"模具"或"铸造"模式中清除。
◆ 按比例收缩的应用应先于分型曲面或体积块的定义。
◆ 按比例收缩影响零件几何（曲面和边）以及基准特征（曲线、轴、平面、点等）。

14.2.4 创建模具分型曲面

如果采用分割（Split）的方法来产生模具元件（如上模型腔、下模型腔、型芯、滑块、镶块和销等），则必须先根据参考模型的形状创建一系列的曲面特征，然后再以这些曲面为参考，将坯料分割成各个模具元件。用于分割参考的这些曲面称为分型曲面，也叫分型面或分模面。分割上、下型腔的分型面一般称为主分型面；分割型芯、滑块、镶块和销的分型面一般分别称为型芯分型面、滑块分型面、镶块分型面和销分型面。完成后的分型面必须与要分割的坯料或体积块完全相交，但分型面不能自身相交。分型面特征在组件级中创建，该特征的创建是模具设计的关键。

继续以前面的模型为例讲解如何创建分型面（图 14.2.12），以分离模具的上模型腔和下模型腔。操作过程如下。

步骤01 单击 **模具** 功能选项卡 [分型面和模具体积块 ▼] 区域中的"分型面"按钮 [图标]，系统弹出"分型面"选项卡。

步骤02 在系统弹出的"分型面"选项卡中的 [控制] 区域单击"属性"按钮 [图标]，在图 14.2.13 所示的"属性"对话框中，输入分型面名称 main_ps，单击 [确定] 按钮。

步骤03 通过"拉伸"方法创建主分型面。

（1）选择命令。单击 **分型面** 功能选项卡 [形状 ▼] 区域中的 [拉伸] 按钮。

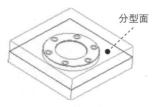

图 14.2.12　创建分型面

图 14.2.13　"属性"对话框

（2）定义草绘截面放置属性。鼠标右击，从弹出的菜单中选择 定义内部草绘... 命令；在系统 ↳选取一个平面或曲面以定义草绘平面。的提示下，选取图 14.2.14 所示的坯料前表面为草绘平面，选取图 14.2.15 所示的坯料侧表面为参考平面，方向为 右 ；单击 草绘 按钮，至此系统进入截面草绘环境。

（3）绘制截面草图。在图形区右击，从弹出的菜单中选择 参考(R)... 命令，选取坯料的边线和 MAIM_PARTING_PLN 基准平面为草绘参考；绘制图 14.2.16 所示的截面草图（截面草图为一条线段）；完成截面的绘制后，单击工具栏中的"完成"按钮 ✓ 。

图 14.2.14　草绘平面

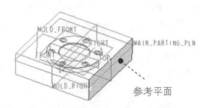

图 14.2.15　参考平面

（4）设置深度选项。

① 在操控板中选取深度类型 ⊥（到选定的）。

② 将模型调整到合适位置，选取图 14.2.17 所示的模型表面为拉伸终止面。

③ 在操控板中单击"完成"按钮 ✓ ，完成特征的创建。

步骤 04　在工具栏中单击"确定"按钮 ✓ ，完成分型面的创建。

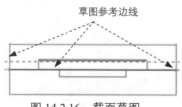

图 14.2.16　截面草图

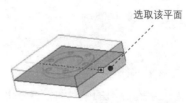

图 14.2.17　拉伸终止面

若在模型树中未显示分型面特征，可选择 ⫶▼ ━━▶ 树过滤器(F)... 命令，在系统弹出的"模型树项目"对话框中，选中 ☑特征 复选框，然后单击 确定 按钮。

289

14.2.5 创建模具元件的体积块

选择 **模具** 功能选项卡 分型面和模具体积块 ▼ 区域中的 模具体积块 ▼ ➡ 体积块分割 命令，可进入"分割体积块"菜单（图 14.2.18）。

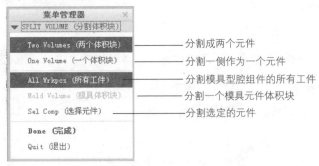

图 14.2.18 "分割体积块"菜单

模具的体积块没有实体材料，它由坯料中的封闭曲面组成，模具体积块在屏幕上以紫红色显示。在模具的整个设计过程中，创建体积块是从坯料和参考零件模型到最终抽取模具元件的中间步骤。通过构造体积块创建模具元件，然后用实体材料填充体积块，可将该体积块转换成功能强大的 Creo 3.0 零件。

用分型面创建上下两个体积块的方法如下。

介绍在零件 end-cover 的模具坯料中，利用前面创建的分型面——main-ps 将其分成上下两个体积块，这两个体积块将来会抽取为模具的型腔和型芯。

步骤01 选择 **模具** 功能选项卡 分型面和模具体积块 ▼ 区域中的 模具体积块 ▼ ➡ 体积块分割 命令，（用"分割"的方法构建体积块）。

步骤02 在系统弹出 ▼ SPLIT VOLUME（分割体积块） 菜单中，选择 Two Volumes（两个体积块） ➡ All Wrkpcs（所有工件） ➡ Done（完成）命令，此时系统弹出图 14.2.19 所示的"分割"对话框和图 14.2.20 所示的"选择"对话框。

步骤03 用"列表选取"的方法选取分型面。

（1）在系统 ▷为分割工件选取分型面。的提示下，在模型中主分型面的位置右击，从快捷菜单中选取 从列表中拾取 命令。

（2）在弹出的"从列表中拾取"对话框中，选取列表中的 面组:F7(MAIN_PS) 分型面，然后单击 确定(0) 按钮。

（3）在"选择"对话框中单击 确定 按钮。

步骤04 在"分割"对话框中单击 确定 按钮。

步骤05 此时，系统弹出图 14.2.21 所示的"属性"对话框（一），同时模型的下半部分变亮，在该对话框中单击 着色 按钮，着色后的模型如图 14.2.22 所示，然后，在对话框中输入名称 lower-vol，单击 确定 按钮。

图 14.2.19 "分割"对话框

图 14.2.20 "选择"对话框

图 14.2.21 "属性"对话框（一）

步骤06 此时，系统弹出图 14.2.23 所示的"属性"对话框（二），同时模型的上半部分变亮，在该对话框中单击 着色 按钮，着色后的模型如图 14.2.24 所示，然后在对话框中输入名称 upper_vol，单击 确定 按钮。

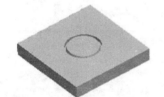
图 14.2.22 着色后的下半部分体积块

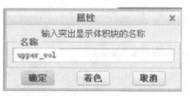
图 14.2.23 "属性"对话框（二）

图 14.2.24 着色后的上半部分体积块

14.2.6 抽取模具元件

在 Creo 3.0 模具设计中，模具元件常常是通过用实体材料填充先前定义的模具体积块而形成的，我们将这一自动执行的过程称为抽取。

完成抽取后，模具元件成为功能强大的 Creo 3.0 零件，并在模型树中显示出来。当然它们可在"零件"模块中检索到或打开，并能用于绘图，以及用 Pro/NC 加工。在"零件"模块中可以为模具元件增加新特征，如倒角、圆角、冷却通路、拔模、浇口和流道。

抽取的元件保留与其父体积块的相关性，如果体积块被修改，则再生模具模型时，相应的模具元件也被更新。

下面以零件 end-cover.prt 的模具为例，说明如何利用前面创建的各体积块来抽取模具元件。

选择 模具 功能选项卡 元件 ▼ 区域中的 模具元件 ▼ ➡ 型腔镶块 命令，在系统弹出的图 14.2.25 所示的"创建模具元件"对话框中，单击 ≡ 按钮，选择所有体积块，然后单击

确定 按钮。

图 14.2.25 "创建模具元件"对话框

14.2.7 生成浇注件

完成了抽取元件的创建以后，系统便可产生浇注件，在这一过程中，系统自动将熔融材料通过浇道（注入口）、浇口和流道填充模具型腔。

下面以生成零件 end-cover 的浇注件为例，说明其操作过程。

步骤01 选择 **模具** 功能选项卡 元件 ▼ 区域中的 创建铸模 命令。

步骤02 在图 14.2.26 所示的系统提示框中，输入浇注零件名称 end-cover_molding，并单击两次 ✓ 按钮。

图 14.2.26 系统提示信息框

　　从上面的操作可以看出浇注件的创建过程非常简单，那么创建浇注件有什么意义呢？下面进行简要说明。

◆ 检验分型面的正确性：如果分型面上有破孔，分型面没有与坯料完全相交，分型面自交，那么浇注件的创建将失败。

◆ 检验拆模顺序的正确性：拆模顺序不当，也会导致浇注件的创建失败。

◆ 检验流道和水线的正确性：流道和水线的设计不正确，浇注件也无法创建。

◆ 浇注件成功创建后，通过查看浇注件，可以验证浇注件是否与设计件（模型）相符，以便进一步检查分型面、体积块的创建是否完善。

◆ 开模干涉检查：对于建立好的浇注件，可以在模具开启操作时，进行干涉检查，以便确认浇注件可以顺利拔模。

◆ 在 Creo 3.0 的塑料顾问模块（plastic advisor）中，用户可以对建立好的浇注件进行塑料流动分析、填充时间分析等。

14.2.8 定义模具开启

通过定义模具开启,可以模拟模具的开启过程,检查特定的模具元件在开模时是否与其他模具元件发生干涉。下面以 end-cover.asm 为例,说明开模的一般操作方法和步骤。

任务 01 将参考零件、坯料和分型面遮蔽起来

将模型中的参考零件、坯料和分型面遮蔽后,则工作区中模具模型中的这些元素将不显示,这样可使屏幕简洁,方便后面的模具开启操作。

步骤 01 遮蔽参考零件和坯料。

(1)选择 视图 功能选项卡 可见性 区域中的"模具显示"按钮,系统弹出图 14.2.27 所示的"遮蔽和取消遮蔽"对话框(一)。

图 14.2.27 "遮蔽和取消遮蔽"对话框(一)

(2)在"遮蔽和取消遮蔽"对话框(一)左边的"可见元件"列表中,按住 Ctrl 键,选择参考零件 END-COVER_MOLD_REF 和 END-COVER_WP 坯料。

(3)单击对话框下部的 遮蔽 按钮。

步骤 02 遮蔽分型面。

(1)在对话框右边的"过滤"区域中,按下 分型面 按钮,此时"遮蔽和取消遮蔽"对话框(二)如图 14.2.28 所示。

(2)在对话框的"可见曲面"列表中选择分型面 MAIN_PS 。

(3)单击对话框下部的 遮蔽 按钮。

也可以从模型树上启动"遮蔽"命令,对相应的模具元素(如参考零件、坯料、体积块、分型面)进行遮蔽。例如,对于参考零件的遮蔽,可选择模型树中的 END-COVER_MOLD_REF.PRT 选项,然后右击,从弹出的快捷菜单中选择 遮蔽 命令。但在模具的某些设计过程中,无法采用这种方法对模具元素进行遮蔽或显示操作,这时就需要采用前面介绍的方法进行操作,因为在模具的任何操作过程中,用户随时都可以选择 视图 功能选项卡 可见性 区域中的"模具显示"按钮,对所需要模具元素进行遮蔽或显示。由于在模具(特别是复杂的模具)的设计过程中,用户为了方便选取或查看一些模具元素,经常需要进行遮蔽或显示操作,建议读者要熟练掌握采用"模具显示"按钮 对模具元素进行遮蔽或显示的操作方法。

图 14.2.28 "遮蔽和取消遮蔽"对话框(二)

步骤03 单击对话框下部的 确定 按钮,完成操作。

如果要取消参考零件、坯料的遮蔽(在模型中重新显示这两个元件),可在"遮蔽和取消遮蔽"对话框中按下列步骤进行操作。

(1)单击对话框上部的 取消遮蔽 选项卡标签, 系统打开该选项卡。

(2)在对话框右边的"过滤"区域中,按下 元件 按钮,此时"遮蔽和取消遮蔽"对话框(三)如图 14.2.29 所示。

(3)在对话框的"遮蔽的元件"列表中,按住 Ctrl 键,选择参考零件 END-COVER_MOLD_REF 和坯料 END-COVER_WP。

(4)单击对话框下部的 取消遮蔽 按钮。

如果要取消分型面的遮蔽,可按下列步骤进行操作。

(1)打开 取消遮蔽 选项卡后,按下"过滤"区域中的 分型面 按钮,此时"遮蔽和取消遮蔽"对话框（四）如图 14.2.30 所示。

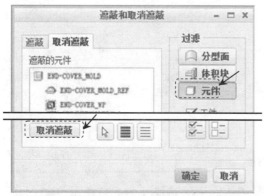
图 14.2.29 "遮蔽和取消遮蔽"对话框（三）

图 14.2.30 "遮蔽和取消遮蔽"对话框（四）

（2）在对话框的"遮蔽的曲面"列表中，选择分型面 MAIN_PS 。

（3）单击对话框下部的 取消遮蔽 按钮。

任务 02 开模步骤 1：移动上模

步骤 01 选择 模具 功能选项卡 分析 ▼ 区域中的 命令，系统弹出图 14.2.31 所示的"菜单管理器"菜单。

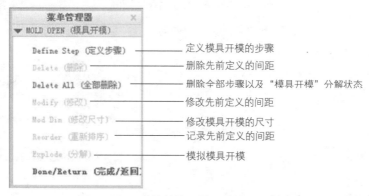
图 14.2.31 "菜单管理器"菜单

步骤 02 在系统弹出的"菜单管理器"菜单中选择 Define Step （定义步骤）命令，在系统弹出的图 14.2.32 所示的 ▼ DEFINE STEP （定义步骤）菜单中选择 Define Move （定义移动）命令。

对需要在移动前进行拔模检测的零件，可以选择 Draft Check （拔模检测）命令，进行拔模角度的检测。该产品零件没有拔模角度，此处就不进行拔模检测操作。

步骤 03 用"列表选取"的方法选取要移动的模具元件。在系统 ⇨为迁移号码1 选取构件。的提示下，选取上模，在"选择"对话框中单击 确定 按钮。

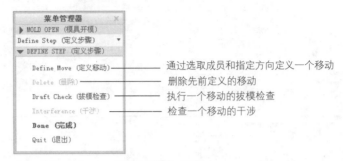

图 14.2.32 "模具开模"菜单

步骤 04 在系统 ⇨通过选取边、轴或表面选取分解方向。 提示下，选取图 14.2.33 所示的边线为移动方向，然后在系统 ⇨输入沿指定方向的位移 的提示下，输入要移动的距离值 60.0，并按回车键。

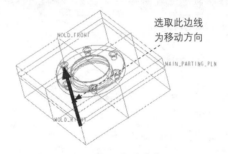

图 14.2.33 选取移动方向

步骤 05 上模干涉检查。

（1）在 ▼ DEFINE STEP（定义步骤） 菜单中选择 Interference（干涉） 命令，在系统弹出的 ▼ 模具移动 菜单中选择 移动 1 ，系统弹出 ▼ MOLD INTER（模具干涉） 菜单。

（2）在系统 ⇨选取统计零件。 提示下，在模型树中，选择铸模零件 ☐ END-COVER_MOLDING.PRT ，此时系统提示 ● 没有发现干涉。 。

（3）在 ▼ MOLD INTER（模具干涉） 菜单中选择 Done/Return（完成/返回） 命令。

（4）在 ▼ DEFINE STEP（定义步骤） 菜单中选择 Done（完成） 命令。移动上模后，模型如图 14.2.34 所示。

图 14.2.34 移动上模

任务 03 开模步骤2：移动下模

步骤 01 参考开模步骤1的操作方法，选取下模，选取图14.2.35所示的边线为移动方向，然后输入要移动的距离值-60.0，并按回车键。

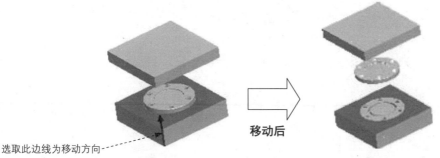

选取此边线为移动方向

移动后

图 14.2.35 移动下模

步骤 02 下模干涉检查。

（1）在 ▼DEFINE STEP（定义步骤）菜单中选择 Interference（干涉）命令，在系统弹出的 ▼模具移动 菜单中选择 移动1，系统弹出 ▼MOLD INTER（模具干涉）菜单。

（2）在系统 ⇨选取统计零件. 提示下，在模型树中选择铸模零件 □END-COVER_MOLDING.PRT，此时系统提示 •没有发现干涉。

（3）在 ▼MOLD INTER（模具干涉）菜单中选择 Done/Return（完成/返回）命令。

步骤 03 在 ▼DEFINE STEP（定义步骤）菜单中选择 Done（完成）命令，然后选择 Done/Return（完成/返回）命令，完成上、下模的开模动作。

步骤 04 保存设计结果。文件▼ ➡ 另存为(A) ➡ 保存备份(B) 将对象备份到当前目录。命令。

14.2.9 模具文件的有效管理

一个模具设计完成后将包含许多文件，例如，前面介绍的（end-cover.prt）零件模具就含有下列文件（图14.2.36）。

```
end-cover.prt.1
end-cover_mold.asm.1
end-cover_mold_ref.prt.1
end-cover_molding.prt.1
end-cover_wp.prt.1
lower_vol.prt.1
upper_vol.prt.1
```

图 14.2.36 模具设计完成后所包含的文件

◆ end-cover.prt.1：（原始）设计模型（零件）文件。

- end-cover_mold.asm.1：模具设计文件，该文件名的前缀 end-cover_mold 由用户在新建模具时任意指定，后缀.asm.1 由系统默认指定。
- end-cover_mold_ref.prt.1：参考模型(零件)文件。该文件名的前缀 end-cover_mold_ref 在"创建参考模型"对话框中由系统默认指定，系统指定时，end-cover_mold_ref 中的 end-cover_mold 与模具设计文件 end-cover_mold.asm.1 的前缀一致，而_ref 则由系统自动指定。当然在"创建参考模型"对话框中，用户也可任意对参考模型(零件)文件进行命名，不过在模具的实际设计过程中，还是由系统默认指定比较好一些。
- end-cover_wp.prt.1：坯料（工件）文件。该文件名的前缀 end-cover _wp 是在"元件创建"对话框中由用户指定的。
- upper_vol.prt.1：上模型腔零件文件。在默认情况下，该文件名的前缀 upper_vol 与其对应的上模体积块的名称一致。当然，用户也可以在模具组件中将其打开，然后用下拉菜单 文件(F) ➡ 重命名(R) 命令对其进行重命名。
- lower_vol.prt.1：下模型腔零件文件。默认情况下，该文件名的前缀 lower_vol 与其对应的下模体积块的名称一致。
- end-cover_molding.prt.1：浇注件文件。该文件名的前缀 end-cover_molding 是由用户指定的。

由于模具设计完成后会生成众多的文件，而且这些模具文件都是相互关联的，如果这些文件管理不好，模具设计文件将无法打开或者不能打开最新版本，从而给模具设计带来诸多不便，这一点必须引起读者的高度注意。

这里介绍一种有效组织和管理模具文件的方法，就是为每个塑件的模具设计分别创建一个目录，将原始设计模型（零件）文件置于对应的目录中，在模具设计开始前，需先将工作目录设置到对应的目录中，然后新建模具设计文件。下面还是以（end-cover）零件为例，说明其操作过程。

步骤01 在硬盘 C:\下创建一个 end-cover_mold_test 目录。

步骤02 将原始设计模型文件 end-cover.prt 复制到目录 C:\ end-cover_mold_test 下。

步骤03 启动 Creo3.0 软件。

步骤04 选择下拉菜单 文件(F) ➡ 设置工作目录(W)... 命令，将 Creo 3.0 的工作目录设置至 C:\ end_cover_mold_test。

步骤05 在工具栏中单击新建文件的按钮 □，新建模具设计文件 end_cover_mold。

步骤06 完成设计后,选择下拉菜单 文件 ➡ 另存为(A) ➡ 保存备份(B) 将对象备份到当前目录。

命令，保存模具设计文件 end-cover_mold.asm。

14.2.10 关于模具的精度

1. 概述

模具的相对精度是相对于生成的成型产品的大小，相对精度有效范围从 0.0001～0.01mm，默认值为 0.0012 m m。配置文件选项 accuracy_lower_bound 可定义此范围的下边界，下边界的指定值必须在 1.0000×10^{-6} m m～1.0000×10^{-4} m m。如果增加精度，再生时间也会增加。通常，应该将相对精度值设置为小于模型的最短边长度与模型外框的最长边长度的比值。如没有其他原因，应使用默认精度。

绝对精度改进了不同尺寸或不同精度模型的匹配性（如在其他系统中创建的输入模型）。为避免添加新特征到模型时可能出现的问题，我们建议在为模型增加附加特征前，设置参考模型为绝对精度。绝对精度在以下情况下非常有用。

- ◆ 芯操作过程中，从一个模具复制几何到另一个模具，如"合并"和"切除"。
- ◆ 为制造和铸造而设计的模型。
- ◆ 将输入几何的精度匹配到其目标模型。

在下列情况下，可能需要改变精度。

- ◆ 在模型上放置小特征。
- ◆ 两个尺寸相差很大的模型相交（通过合并或切除）。对于两个要合并的模型，它们必须具有相同的绝对精度。为此，要估计每个模型的尺寸，并乘以其相应的当前精度。如果结果不同，则需输入生成相同结果的模型精度值，可能需要通过输入更多小数位数来提高较大模型的成型精度。例如，较小模型的尺寸为 200mm，且精度为 0.01mm，产生的结果为 2mm；如果较大模型的尺寸为 2000mm，且精度为 0.01mm，则产生的结果为 20mm，只有将较大模型的精度改为 0.001mm 才会产生相同的结果。

2. 控制模型的精度

改变模型精度以前，应确定要使用相对精度还是绝对精度。

要使用绝对精度，必须把配置文件选项 enable_absolute_accuracy 设为 yes。另外，配置文件选项 default_abs_accuracy 设置了绝对精度的默认值，当从"绝对精度"菜单中选择"输入值"时，系统会将该默认值包括在提示中。

14.3 分型面设计

14.3.1 一般分型面的设计方法

在 Creo 3.0 的模具设计中，创建分型面与一般曲面特征没有本质的区别，其操作方法一般为单击 模具 功能选项卡 分型面和模具体积块 ▼ 区域中的"分型面"按钮 ，进入分型面的创建模式。下面举例说明采用拉伸法设计分型面的一般方法和操作过程。

任务 01 打开模具模型

将工作目录设置至 D:\creoxc3\work\ch14.03.01，然后打开文件 analysis-part-mold.asm。

任务 02 创建分型面

步骤 01 单击 模具 功能选项卡 分型面和模具体积块 ▼ 区域中的"分型面"按钮 。

步骤 02 在系统弹出的"分型面"操控板中的 控制 区域中单击"属性"按钮 ，在"属性"对话框中输入分型面的名称 main-ps，并单击 确定 按钮。

步骤 03 通过"拉伸"的方法创建主分型面（图 14.3.1）。

（1）选择命令。单击 分型面 功能选项卡 形状 ▼ 区域中的 拉伸 按钮，此时系统弹出"拉伸"操控板。

（2）定义草绘截面放置属性。右击，从弹出的菜单中选择 定义内部草绘... 命令，在系统 选取一个平面或曲面以定义草绘平面。的提示下，选取图 14.3.2 所示的草绘平面和参考平面，接受图 14.3.2 中默认的箭头方向为草绘视图方向；单击 草绘 按钮，至此系统进入截面草绘环境。

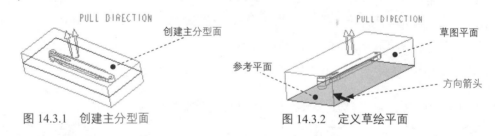

图 14.3.1　创建主分型面　　　　图 14.3.2　定义草绘平面

（3）绘制截面草图。选取图 14.3.3 所示的坯料的边线和 MAIN_PARTING_PIN 基准平面为草绘参考，绘制图 14.3.3 所示的截面草图（截面草图为一条线段）；完成截面的绘制后，单击工具栏中的"完成"按钮 。

（4）设置深度选项。

① 在操控板中，选取深度类型 （到选定的）。

② 将模型调整到图 14.3.4 所示的视图方位，选取图中所示的坯料表面为拉伸终止面。

③ 在操控板中单击"完成"按钮 ✓，完成特征的创建。

步骤 04 在"分型面"选项卡中，单击"确定"按钮 ✓，完成分型面的创建。

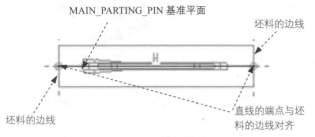

图 14.3.3 截面草图

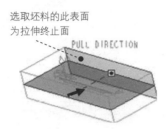

图 14.3.4 选取拉伸终止面

任务 03 构建模具元件的体积块

步骤 01 选择 模具 功能选项卡 分型面和模具体积块 区域中的按钮 模具体积块 ➡ 体积块分割 命令，可进入"分割体积块"菜单。

步骤 02 在系统弹出的 ▼ SPLIT VOLUME (分割体积块) 菜单中，依次选择 Two Volumes (两个体积块)、All Wrkpcs (所有工件)、Done (完成) 命令，此时系统弹出"分割"对话框和"选择"对话框。

步骤 03 用"列表选取"的方法选取分型面。

（1）在系统 ➪ 为分割工件选取分型面。的提示下，先将鼠标指针移至模型中分型面的位置右击，从快捷菜单中选 从列表中拾取 命令。

（2）在"从列表中拾取"对话框中，单击列表中的 面组:F7(MAIN_PS) 分型面，然后单击 确定(O) 按钮。

（3）单击"选择"对话框中的 确定 按钮。

步骤 04 单击"分割"对话框中的 确定 按钮。

步骤 05 此时系统弹出"属性"对话框，同时下半部分变亮，在该对话框中单击 着色 按钮，着色后的模型如图 14.3.5 所示；然后在对话框中输入名称 lower-vol，单击 确定 按钮。

步骤 06 此时系统弹出"属性"对话框，同时上半部分变亮，在该对话框中单击 着色 按钮，着色后的模型如图 14.3.6 所示；然后在对话框中输入名称 upper-vol，单击 确定 按钮。

任务 04 抽取模具元件

步骤 01 选择 模具 功能选项卡 元件 ▼ 区域中 模具元件 ▼ ➡ 型腔镶块 命令，系统弹出

"创建模具元件"对话框。

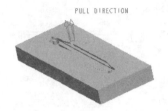
图 14.3.5　着色后的下半部分体积块

图 14.3.6　着色后的上半部分体积块

步骤02　在系统弹出的"创建模具元件"对话框中，单击 按钮，选择所有体积块，然后单击 确定 按钮。

若此时系统弹出提示信息框，单击 按钮即可。

任务05　生成浇注件

步骤01　选择 模具 功能选项卡 元件 区域中的 创建铸模 命令，系统弹出提示信息框。

步骤02　在系统提示框中，输入浇注零件名称 analysis-part-molding，并单击两次 按钮。

14.3.2　采用阴影法设计分型面

在模具模块中，可以采用阴影法设计分型面，这种设计分型面的方法是利用光线投射会产生阴影的原理，在模具模型中迅速创建所需要的分型面。例如，在图 14.3.7a 所示的模具模型中，在确定了光线的投影方向后，系统先在参考模型上对着光线的一侧确定能够产生阴影的最大曲面，然后将该曲面延伸到坯料的四周表面，最后便得到图 14.3.7b 所示的分型面。

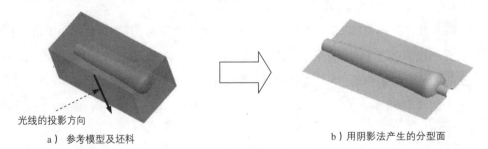

a）参考模型及坯料　　　　　　　　　　　　　b）用阴影法产生的分型面

图 14.3.7　用阴影法设计分型面

采用阴影法设计分型面的命令 阴影曲面 位于 曲面设计▼ 区域的下拉列表中,利用该命令创建分型面应注意以下几点:

- 参考模型和坯料不得遮蔽,否则 阴影曲面 命令呈灰色而无法使用。
- 使用该命令前,需对参考模型创建足够的拔模特征。
- 使用 阴影曲面 命令创建的分型面是一个组件特征,如果删除一组边、删除一个曲面或改变环的数量,系统将会正确地再生该分型面。

采用阴影法设计分型面的一般操作过程如下。

步骤01 单击 模具 功能选项卡 分型面和模具体积块▼ 区域中的"分型面"按钮，系统弹出"分型面"操控板。

步骤02 在系统弹出的"分型面"操控板中的 控制 区域单击 按钮,在"属性"对话框中输入分型面名称 ps,单击 确定 按钮。

步骤03 单击 分型面 功能选项卡中的 曲面设计▼ 按钮,在系统弹出的快捷菜单中单击 阴影曲面 按钮,系统弹出图 14.3.8 所示的"阴影曲面"对话框。

图 14.3.8 所示的"阴影曲面"对话框中各元素的说明如下。

- ShutOff Ext (关闭扩展)元素:用于定义"束子"的外围轮廓,一般以草绘的方式来定义"束子"的轮廓。
- Draft Angle (拔模角度)元素:用于定义"束子"四周侧面的拔模角度(倾斜角度)。
- ShutOff Plane (关闭平面)元素:用于定义"束子"的终止平面。

图 14.3.8 "阴影曲面"对话框

步骤04 指定阴影零件。可选取单个或多个参考模型。

- 如果模具模型中只有一个参考模型,系统会默认选取它,此时"阴影曲面"对话框中的 Shadow Parts (阴影零件)元素的信息状态为"已定义"。
- 如果模具模型中有多个参考模型(一模多穴时),就会出现"特征参考"菜单。按住 Ctrl 键,选取多个要使用的参考模型。如果选取了很多参考零件,则"阴影曲面"对话框中的 ShutOff Plane (关闭平面)元素自动激活,用户必须选取或创建一个基准平面作为一个"切断"(Shutoff Plane)平面(也叫"关闭"平面)。

步骤05 指定工件(坯料)。必须选取 Creo 3.0 在其上创建阴影特征的一个元件。如果模具模型中只有一个工件，系统会默认选取该工件，此时"阴影曲面"对话框中的 `Workpiece(工件)` 元素的信息状态为"已定义"。

步骤 06 选取平面、曲线、边、轴或坐标系，以指定光线投影的方向。

步骤 07 根据参考模型边缘的状况，可在阴影曲面上创建"束子"特征。"束子"特征是阴影曲面上的凸起状曲面，如图 14.3.9 所示。对于参考模型边缘比较复杂的模具，创建"束子"特征有利于模具的开启和加工。用户可使用"阴影曲面"对话框中的 `ShutOff Ext (关闭扩展)`、`Draft Angle (拔模角度)` 和 `ShutOff Plane (关闭平面)` 三个元素创建"束子"特征。

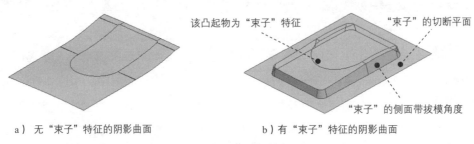

a）无"束子"特征的阴影曲面　　　　b）有"束子"特征的阴影曲面

图 14.3.9　创建"束子"特征

步骤 08 单击"阴影曲面"对话框中的 预览 按钮，预览所创建的阴影曲面，然后单击 确定 按钮完成操作。

14.3.3　采用裙边法设计分型面

裙边法（Skirt）是 Creo 3.0 的模具模块所提供的另一种创建分型面的方法，这是一种沿着参考模型的轮廓线来建立分型面的方法。采用这种方法设计分型面时，首先要创建分型线（Parting Line），然后利用该分型线来产生分型面。分型线通常是参考模型的轮廓线，一般可用轮廓曲线（Silhouette）来建立。

在完成分型线的创建后，通过指定开模方向，系统会自动将外部环路延伸至坯料表面及填充内部环路来产生分型面。采用裙边法设计分型面的一般操作过程如下。

1. 新建一个模具制造模型文件，进入模具模块

步骤 01 将工作目录设置至 D:\creoxc3\work\ch14.03.03。

步骤 02 打开文件 remote_control-mold.asm。

2. 创建模具分型曲面

下面将创建图 14.3.10 所示的分型面，以分离模具的上模型腔和下模型腔。

第 14 章 模具设计

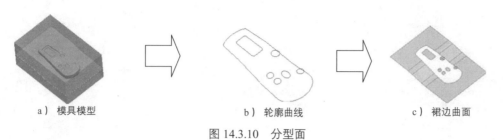

a）模具模型　　　　　　b）轮廓曲线　　　　　　c）裙边曲面

图 14.3.10　分型面

任务 01　创建轮廓曲线

步骤 01　单击 模具 功能选项卡中 设计特征 区域的"轮廓曲线"按钮 ⬡ ，系统弹出"轮廓曲线"对话框，在对话框中单击 预览 按钮，预览所创建的轮廓曲线。

步骤 02　在"轮廓曲线"对话框中选择 Loop Selection (环选择)，单击对话框中的 定义 按钮，系统弹出"环选择"对话框，在对话框中选择 链 选项卡，按住 Ctrl 键，依次选择 1-1　上部、3-1　上部、4-1　上部、5-1　上部、6-1　上部 和 7-1　上部 选项，单击 下部 按钮，在"环选择"对话框中单击 确定 按钮。

步骤 03　在"轮廓曲线"对话框中单击 确定 按钮，完成"轮廓曲线"特征的创建。

任务 02　采用裙边法设计分型面

步骤 01　单击 模具 功能选项卡 分型面和模具体积块 ▼ 区域中的"分型面"按钮 ▢ ，系统弹出"分型面"选项卡。

步骤 02　在系统弹出的"分型面"操控板中的 控制 区域单击"属性"按钮 📄 ，在"属性"对话框中输入分型面名称 ps，单击 确定 按钮。

步骤 03　单击 分型面 操控板中 曲面设计 ▼ 区域中的"裙边曲面"按钮 ⬡ ，此时系统弹出"裙边曲面"对话框。

步骤 04　选取轮廓曲线。在系统 ➡选择包含曲线的特征。 的提示下，用列表选取的方法选取轮廓曲线（列表中的 F7(SILH_CURVE_1) 项），然后选择 Done (完成) 命令。

步骤 05　延伸裙边曲面。单击"裙边曲面"对话框中的 预览 按钮，预览所创建的分型面，在图 14.3.11a 中可以看到，此时分型面延伸曲面存在褶皱。进行下面对分型面延伸方向进行调整的操作后，可以使分型面变得平整，如图 14.3.11b 所示。

（1）在"裙边曲面"对话框中双击 Extension (延伸) 元素，系统弹出"延伸控制"对话框，在该对话框中选择 延伸方向 选项卡。

（2）定义延伸点集 1。

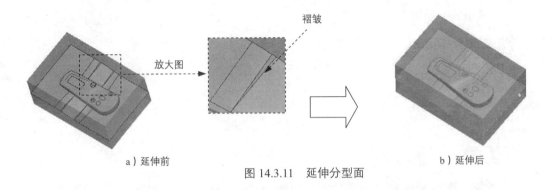

a）延伸前　　　　　　　　　　　　　　　　　b）延伸后

图 14.3.11　延伸分型面

① 在 延伸方向 选项卡中单击 添加 按钮，系统弹出 GEN PNT SEL（一般点选取） 菜单，同时提示 选择曲线端点和/或边界的其它点来设置方向。；按住 Ctrl 键，在模型中选取图 14.3.12 所示的两个点，然后单击"选取"对话框中的 确定 按钮；再在 GEN PNT SEL（一般点选取） 菜单中选择 Done（完成） 命令。

② 在 GEN SEL DIR（一般选取方向） 菜单中选择 Plane（平面） 命令，然后选取图 14.3.12 所示的模型表面；将方向箭头调整为图 14.3.12 所示的方向，接受箭头方向为延伸方向，选择 Okay（确定） 命令。

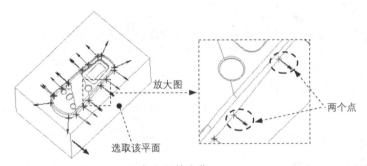

图 14.3.12　定义延伸点集 1

（3）定义延伸点集 2。

① 在"延伸控制"对话框中单击 添加 按钮；在 选择曲线端点和/或边界的其它点来设置方向。 的提示下，按住 Ctrl 键，选取图 14.3.13 所示的两个点，然后单击"选取"对话框中的 确定 按钮；在 GEN PNT SEL（一般点选取） 菜单中选择 Done（完成） 命令。

② 在弹出的 GEN SEL DIR（一般选取方向） 菜单中选择 Plane（平面） 命令，然后选取图 14.3.13 所示的平面；调整延伸方向，如图 14.3.13 所示，然后选择 Okay（确定） 命令。

（4）定义延伸点集 3。

① 在"延伸控制"对话框中单击 添加 按钮；按住 Ctrl 键，选取图 14.3.14 所示的两个点，然后单击"选取"对话框中的 确定 按钮；选择 Done（完成） 命令。

② 在弹出的 ▼GEN SEL DIR（一般选取方向）菜单中选择 Plane（平面）命令，然后选取图14.3.14所示的模型表面；接受图14.3.14所示的箭头方向为延伸方向，选择 Okay（确定）命令（若方向相反，应先单击 Flip（反向）命令，再单击 Okay（确定）命令）。

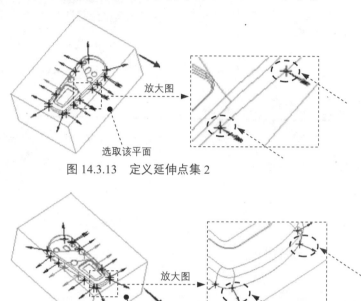

图 14.3.13　定义延伸点集 2

图 14.3.14　定义延伸点集 3

（5）定义延伸点集 4。

① 在"延伸控制"对话框中单击 添加 按钮；按住 Ctrl 键，选取图 14.3.15 所示的两个点，然后单击"选取"对话框中的 确定 按钮；选择 Done（完成）命令。

② 在弹出的 ▼GEN SEL DIR（一般选取方向）菜单中，选择 Plane（平面）命令，然后选取图 14.3.15 所示的模型表面；接受图 14.3.15 所示的箭头方向为延伸方向。定义了以上 4 个延伸点集后，选择 Okay（确定）命令，此时单击 确定 按钮。

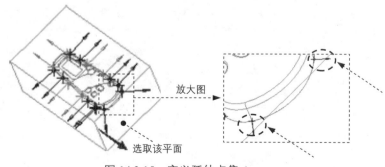

图 14.3.15　定义延伸点集 4

（6）在"延伸控制"对话框中单击 确定 按钮，然后在"裙边曲面"对话框中单击 预览 按钮，预览所创建的分型面。

（7）在"裙边曲面"对话框中单击 确定 按钮，完成分型面的创建。

步骤 06 在工具栏中单击"确定"按钮 ✓，完成分型面的创建。

第15章 模具设计综合实例

本实例将介绍一个订书器垫的模具设计,如图 15.1 所示。在该模具设计过程中,将采用"阴影法"对模具分型面进行设计。通过本实例的学习,希望读者能够对"阴影法"这一设计方法有一定的了解。下面介绍该模具的设计过程。

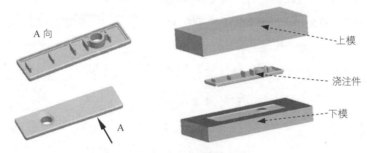

图 15.1 订书器垫的模具设计

1. 新建一个模具制造模型文件,进入模具模块

步骤01 设置工作目录。选择下拉菜单 **文件** → **管理会话(M)** → **选择工作目录(W)/更改工作目录** 命令(或单击 **主页** 选项卡中的 按钮),将工作目录设置至 D:\creoxc3\work\ch15,单击 **确定** 按钮。

步骤02 选择下拉菜单 **文件** → **新建(N)** 命令(或单击"新建"按钮)。

步骤03 在"新建"对话框中的 **类型** 区域中选中 ● **制造** 单选项,在 **子类型** 区域中选中 ● **模具型腔** 单选项,在 **名称** 文本框中输入文件名 stapler_pad_mold,取消 ☑ **使用默认模板** 复选框中的"√"号,然后单击 **确定** 按钮。

步骤04 在系统弹出的"新文件选项"对话框中选取 **mmns_mfg_mold** 模板,单击 **确定** 按钮。

2. 建立模具模型

在开始设计一个模具前,应先创建一个"模具模型",模具模型包括参照模型(Ref Model)和坯料(Workpiece),如图 15.2 所示。

图 15.2 参照模型和坯料

任务 01　引入参照模型

步骤 01　单击 **模具** 功能选项卡 参考模型和工件 区域的按钮 参考模型▼，在系统弹出的菜单中单击 组装参考模型 按钮。

步骤 02　在系统弹出的"打开"对话框中，选取三维零件模型 stapler_pad.prt 作为参考零件模型，并将其选中，单击 打开 按钮。

步骤 03　系统弹出"元件放置"操控板，在"约束"类型下拉列表中选择 默认 选项，将参考模型按默认放置，再在操控板中单击 ✓ 按钮。

步骤 04　此时系统弹出 "创建参考模型"对话框，选中 ● 按参考合并 单选项，然后在 参考模型 区域的 名称 文本框中接受系统给出的默认的参考模型名称 STAPLER_PAD_MOLD_REF（也可以输入其他字符作为参考模型名称），再单击 确定 按钮，系统弹出"警告"对话框，单击 确定 按钮。

任务 02　创建坯料

步骤 01　单击 **模具** 功能选项卡 参考模型和工件 区域的"工件"按钮 下的 工件▼ 按钮，在系统弹出的菜单中单击 创建工件 按钮。

步骤 02　系统弹出"创建元件"对话框，在 类型 区域选中 ● 零件 单选项，在 子类型 区域选中 ● 实体 单选项，在 名称 文本框中输入坯料的名称 stapler_pad_wp，然后单击 确定 按钮。

步骤 03　在系统弹出的"创建选项"对话框中选中 ● 创建特征 单选项，然后单击 确定 按钮。

步骤 04　创建坯料特征。

（1）选择命令。单击 **模具** 功能选项卡 形状▼ 区域中的 拉伸 按钮。

（2）定义草绘截面放置属性。在绘图区中右击，从快捷菜单中选择 定义内部草绘... 命令，系统弹出"草绘"对话框，然后选择参照模型中的 MOLD_RIGHT 基准平面作为草绘平面，选取 MAIN_PARTING_PLN 平面为参照平面，方向为 上，然后单击 草绘 按钮，系统进入截面草绘环境。

（3）进入截面草绘环境后，系统弹出"参考"对话框，选取 MAIN_PARTING_PLN 基准平面和 MOLD_FRONT 基准平面为草绘参照，然后单击 关闭(C) 按钮，绘制图 15.3 所示的截面草图；完成绘制后，单击"草绘"操控板中的"确定"按钮 ✓。

（4）选取深度类型并输入深度值。在操控板中选择深度类型 日（对称），在深度文本框中输入深度值 70.0 并按回车键。

（5）完成特征。在操控板中单击 ✓ 按钮，完成拉伸特征的创建。

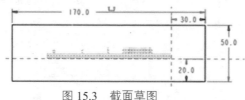

图 15.3 截面草图

3. 设置收缩率

步骤 01 单击 **模具** 功能选项卡 生产特征 ▼ 按钮中的小三角按钮 ▼，在系统弹出的菜单中单击 按比例收缩 ▶ 后的 ▶，在系统弹出的菜单中单击 按尺寸收缩 按钮。

步骤 02 系统弹出"按尺寸收缩"对话框，确认 公式 区域的 1+S 按钮被按下，在 收缩选项 区域选中 ☑ 更改设计零件尺寸 复选框，在 收缩率 区域的 比率 栏中输入收缩率值 0.006，并按回车键，然后单击对话框中的 ✓ 按钮。

4. 建立浇注系统

在零件 stapler_pad 的模具坯料中应创建浇道和浇口，这里省略。

5. 用阴影法创建分型面

下面将创建图 15.4 所示的分型面，以分离模具的上模型腔和下模型腔。

步骤 01 单击 **模具** 功能选项卡 分型面和模具体积块 ▼ 区域中的"分型面"按钮 ⬚，系统弹出 分型面 功能选项卡。

步骤 02 在系统弹出的 分型面 功能选项卡中的 控制 区域单击"属性"按钮 ⬚，在"属性"文本框中输入分型面名称 ps，单击 确定 按钮。

步骤 03 单击 分型面 功能选项卡中的 曲面设计 ▼ 按钮，在系统弹出的菜单中单击 阴影曲面 按钮。系统弹出"阴影曲面"对话框。

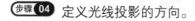

图 15.4 主分型面

步骤 04 定义光线投影的方向。

（1）在"阴影曲面"对话框中双击 Direction (方向) 元素，系统弹出"一般选择方向"菜单。

（2）在 ▼ GEN SEL DIR (一般选择方向) 菜单中选择 Plane (平面) 命令。

（3）在系统 ⇨选择将垂直于此方向的平面. 的提示下，选取图15.5所示的坯料表面；将投影的方向切换至图15.5中箭头所示的方向，然后选择 Okay (确定) 命令。

步骤05 在阴影曲面上创建"修剪平面"特征。

（1）在"阴影曲面"对话框中双击 Clip Plane (修剪平面) 元素。

（2）系统弹出 ▼ ADD RMV REF (加入删除参考) 菜单，选择该菜单中的 Add (添加) 命令。

（3）设置修剪平面。在系统 ⇨选择一修剪平面. 的提示下，采用"列表选取法"选取图15.6所示的模型内表面为修剪平面。

（4）在 ▼ ADD RMV REF (加入删除参照) 菜单中选择 Done/Return (完成/返回) 命令。

步骤06 单击"阴影曲面"对话框中的 预览 按钮，预览所创建的分型面，然后单击 确定 按钮完成操作。

步骤07 在"分型面"选项卡中单击"确定"按钮 ✓，完成分型面的创建。

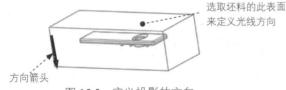
图15.5　定义投影的方向

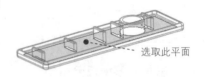
图15.6　设置修剪平面

6. 构建模具元件的体积块

步骤01 选择 模具 功能选项卡 分型面和模具体积块 ▼ 区域中的按钮 模具体积块 ▼ ➡ ⬚体积块分割 命令（即用"分割"的方法构建体积块）。

步骤02 在系统弹出的 ▼ SPLIT VOLUME (分割体积块) 菜单中，依次选择 Two Volumes (两个体积块)、All Wrkpcs (所有工件)、Done (完成) 命令，此时系统弹出"分割"对话框和"选择"对话框。

步骤03 用"列表选取"的方法选取分型面。

（1）在系统 ⇨为分割工件选择分型面. 的提示下，在模型中主分型面的位置右击，从弹出的快捷菜单中选 从列表中拾取 命令。

（2）在系统弹出的"从列表中拾取"对话框中选取列表中的 面组:F7(PS) 分型面，然后单击 确定(0) 按钮。

（3）在"选择"对话框中单击 确定 按钮。

第 15 章 模具设计综合实

步骤 04 在"分割"对话框中单击 确定 按钮。

步骤 05 此时，系统弹出"属性"对话框，同时模型的下半部分变亮，在该对话框中单击 着色 按钮，着色后的模型如图 15.7 所示，然后，在对话框中输入名称 lower_mold，单击 确定 按钮。

步骤 06 此时，系统返回"属性"对话框，同时模型的上半部分变亮，在该对话框中单击 着色 按钮，着色后的模型如图 15.8 所示，然后，在对话框中输入名称 upper_mold，单击 确定 按钮。

图 15.7 着色后的下半部分体积块

图 15.8 着色后的上半部分体积块

7. 抽取模具元件

步骤 01 单击 模具 功能选项卡 元件 ▼ 区域中的 模具元件▼ 按钮，在系统弹出的下拉菜单中单击 型腔镶块 按钮。

步骤 02 在系统弹出的"创建模具元件"对话框中单击 按钮，选择所有体积块，然后单击 确定 按钮。

8. 生成浇注件

步骤 01 单击 模具 功能选项卡 元件 ▼ 区域中的 创建铸模 按钮。

步骤 02 在系统提示框中输入浇注零件名称 handle_molding，并单击两次 ✓ 按钮。

9. 定义开模动作

任务 01 将参考零件、坯料和分型面遮蔽起来

将模型中的参考零件、坯料和分型面遮蔽后，则工作区中模具模型中的这些元素将不显示，这样可使屏幕简洁，方便后面的模具开启操作。

步骤 01 遮蔽参考零件和坯料。

（1）选择 视图 功能选项卡 可见性 区域中的按钮"模具显示"命令 ，系统弹出"遮蔽和取消遮蔽"对话框。

（2）在"遮蔽和取消遮蔽"对话框左边的"可见元件"列表中按住 Ctrl 键，选择参考零件 STAPLER_PAD_MOLD_REF 和坯料 STAPLER_PAD_WP。

313

（3）单击对话框下部的 遮蔽 按钮。

步骤02 遮蔽分型面。

（1）在对话框右边的"过滤"区域中按下 分型面 按钮。

（2）在对话框的"可见曲面"列表中选择分型面 PS 。

（3）单击对话框下部的 遮蔽 按钮。

步骤03 单击对话框下部的 关闭 按钮，完成操作。

任务02 开模步骤1：移动上模

步骤01 单击 模具 功能选项卡 分析 区域中的"模具开模"按钮，系统弹出 MOLD OPEN（模具开模）菜单管理器。

步骤02 在系统弹出的 MOLD OPEN（模具开模）菜单管理器中依次单击 Define Step（定义步骤）和 Define Move（定义移动）命令，系统弹出"选择"对话框，选取上模，在"选择"对话框中单击 确定 按钮。

步骤03 在系统 通过选择边、轴或面选择分解方向. 提示下，选取图 15.9a 所示的边线为移动方向，然后在系统 输入沿指定方向的位移 的提示下，输入要移动的距离值-50，并按回车键，在 DEFINE STEP（定义步骤）菜单中单击 Done（完成）按钮，结果如图 15.9b 所示。

a）移动前　　　　　　　图 15.9　移动上模　　　　　　b）移动后

任务03 开模步骤2：移动下模

步骤01 参照开模步骤1的操作方法，选取下模，选取图 15.10a 示的边线为移动方向，然后输入要移动的距离值 50，并按回车键，在 DEFINE STEP（定义步骤）菜单中单击 Done（完成）按钮，结果如图 15.10b 所示。

a）移动前　　　　　　　图 15.10　移动下模　　　　　　b）移动后

步骤02 在 ▼MOLD OPEN（模具开模）菜单管理器中单击 Done/Return（完成/返回）按钮。

步骤03 保存设计结果。单击 模具 功能选项卡中 操作▼ 区域的 重新生成▼ 按钮，在系统弹出的下拉菜单中单击 重新生成 按钮，选择下拉菜单 文件▼ ➡ 保存(S) 命令。

第 16 章 数控加工与编程

16.1 数控加工基础入门

16.1.1 概述

数控技术即数字控制技术（Numerical Control Technology），指用计算机以数字指令方式控制机床动作的技术。

数控加工具有产品精度高、自动化程度高、生产效率高以及生产成本低等特点，在制造业及航天加工业，数控加工是所有生产技术中相当重要的一环，尤其是汽车或航天产业零部件，其几何外形复杂且精度要求较高，更突出了 NC 加工制造技术的优点。

数控编程一般可以分为手工编程和自动编程。手工编程是指从零件图样分析、工艺处理、数值计算、编写程序单直到程序校核等各步骤的数控编程工作，均由人工完成。该方法适用于零件形状不太复杂、加工程序较短的情况，而对于复杂形状的零件，如具有非圆曲线、列表曲面和组合曲面的零件，或者零件形状虽不复杂、但是程序很长，则比较适合于自动编程。

自动数控编程是从零件的设计模型（即参考模型）获得数控加工程序的全部过程。其主要任务是计算加工走刀过程中的刀位点（Cutter Location Point，简称 CL 点），从而生成 CL 数据文件。采用自动编程技术可以帮助人们解决复杂零件的数控加工编程问题，其大部分工作由计算机来完成，编程效率大大提高，还能解决手工编程无法解决的许多复杂形状零件的加工编程问题。

16.1.2 数控加工用户界面

首先进行下面的操作，打开指定文件。

步骤 01 选择下拉菜单 `文件` ➡ `管理会话(M)` ➡ `选择工作目录(W) 更改工作目录。` 命令，将工作目录设置至 D:\ creoxc3\work\ch16.01.02。

步骤 02 选择下拉菜单 `文件` ➡ `打开(O)` 命令，打开文件 volume_milling.asm。

打开文件 volume_milling.asm 后，系统显示图 16.1.1 所示的数控工作界面，下面对该工作界面进行简要说明。

数控工作界面包括快速访问工具栏、功能区、视图控制工具条、消息区、标题栏、图形区及导航选项卡区。

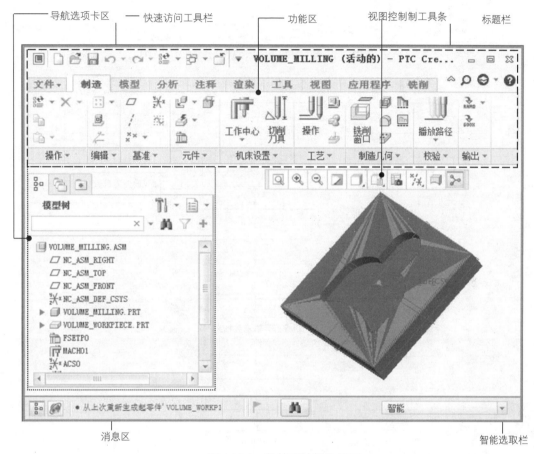

图 16.1.1 数控模块操作界面

16.2 Creo 3.0 数控加工一般过程

Creo 3.0 能够模拟数控加工的全过程，其一般流程如下（图 16.2.1）。

（1）创建制造模型，包括创建或获取设计模型以及工件规划。

（2）设置制造数据，包括选择加工机床、设置夹具和刀具。

（3）操作设置（如进给速度、进给量和机床主轴转速等）。

（4）设置 NC 序列，进行加工仿真。

（5）创建 CL 数据文件。

（6）利用后处理器生成 NC 代码。

在进行数控加工操作之前，首先需要新建一个数控制造模型文件，进入 Creo 3.0 数控加工操作界面，其操作提示如下。

步骤 01 设置工作目录。选择下拉菜单 文件 ➡ 管理会话(M) ➡ 选择工作目录(W)/更改工作目录。命令，将工作目录设置至 D:\ creoxc3\work\ch16.02.01。

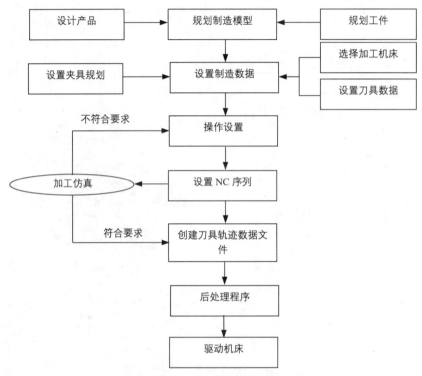

图 16.2.1　Creo 数控加工流程图

16.2.1　新建一个数控模型文件

步骤 02 在工具栏中单击"新建"按钮 □，系统弹出"新建"对话框（图 16.2.2）。

步骤 03 在"新建"对话框中选中 类型 选项组中的 制造 选项，选中 子类型 选项组中的 NC装配 选项，在 名称 后的文本框中输入文件名 volume_milling，取消选中 □ 使用默认模板 复选框，单击该对话框中的 确定 按钮。

步骤 04 在系统弹出的图 16.2.3 所示的"新文件选项"对话框的模板选项组中选取 mmns_mfg_nc 模板，然后在该对话框中单击 确定 按钮。

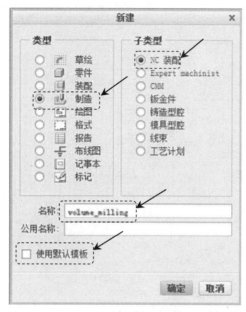

图 16.2.2 "新建"对话框

图 16.2.3 "新文件选项"对话框

16.2.2 创建制造模型

在进行加工制造流程的各项规划之前，必须先设置制造模型。常规的制造模型由一个设计模型和一个工件模型组成，其中设计模型在创建 NC 序列时将其用作参考，因此也称为"参考模型"。如果不涉及材料的去除，则不必定义工件模型。因此，加工组件的最低配置为一个参考零件。根据加工需要，制造模型还可以包含其他可能属于制造组件的一部分，如转台或夹具等组件。

创建制造模型时，它一般由以下三个单独的文件组成。

- 制造组件——manufacturename.asm。
- 设计模型——filename.prt。
- 工件（可选）——filename.prt。

1. 引入参考模型

步骤01 选取命令。单击 制造 功能选项卡 元件▼ 区域中的"组装参考模型"按钮 （或单击 参考模型▼ 按钮，然后在弹出的菜单中选择 组装参考模型 命令）。

步骤02 从弹出的"打开"对话框中选取三维零件模型 volume_milling.prt 作为参考零件模型，并将其打开，系统弹出"元件放置"操控板，如图 16.2.4 所示。

步骤03 在"元件放置"操控板中选择 默认 命令，然后单击 按钮，完成参考模型的放置，放置后如图 16.2.5 所示。

图 16.2.4 "元件放置"操控板

2. 创建工件

 工件可以通过创建或者装配的方法来引入，本例介绍手动创建工件的一般步骤。

手动创建图 16.2.6 所示的工件，操作步骤如下。

步骤01 选取命令。单击 制造 功能选项卡 元件▼ 区域中的 工件 按钮，然后在弹出的菜单中选择 创建工件 选项。

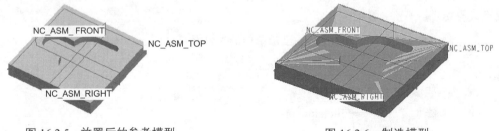

图 16.2.5 放置后的参考模型　　　　图 16.2.6 制造模型

步骤02 在系统 输入零件 名称 [PRT0001]: 的提示下，输入工件名称 volume_workpiece，然后在提示栏中选择"完成"按钮 ✓。

步骤03 创建工件特征。

（1）在 ▼ FEAT CLASS (特征类) 菜单中选择 Solid (实体) ➡ Protrusion (伸出项) 命令。在弹出的 ▼ SOLID OPTS (实体选项) 菜单中选择 Extrude (拉伸) ➡ Solid (实体) ➡

第 16 章 数控加工与编程

`Done（完成）`命令，此时系统显示"实体拉伸"操控板。

（2）创建实体拉伸特征。

① 定义拉伸类型。在出现的操控板中确认"实体"类型按钮 被按下。

② 定义草绘截面放置属性。在绘图区中右击，从弹出的快捷菜单中选择 `定义内部草绘...` 命令，系统弹出"草绘"对话框，如图 16.2.7 所示，在系统 `选取一个平面或曲面以定义草绘平面。` 的提示下，选择图 16.2.8 所示的参考模型表面 1 为草绘平面，接受图 16.2.8 中默认的箭头方向为草绘视图方向，采用系统默认的参考 RIGHT 平面和方向；单击 `草绘` 按钮进入草绘环境。

图 16.2.7 "草绘"对话框

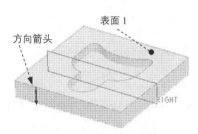

图 16.2.8 定义草绘平面

③ 绘制截面草图。进入截面草绘环境后，选取 NC_ASM_RIGHT 基准面和 NC_ASM_FRONT 基准面为草绘参考，使用 命令绘制图 16.2.9 所示的截面草图，完成特征截面的绘制后，选择工具栏中的"完成"按钮 。

④ 在操控板中选取深度类型 ，在其后的文本框中输入数值 30.0，单击 按钮调整拉伸方向，如图 16.2.10 所示。

⑤ 在操控板中选择"完成"按钮 ，完成工件的创建。

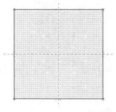

图 16.2.9 截面草图

图 16.2.10 创建拉伸

16.2.3 制造设置

制造设置即建立制造数据库。此数据库包含诸如可用机床、刀具、夹具配置、地址参数或刀具表等项目。用户也可以直接进入加工过程，然后在真正需要时定义上述任何项目。

制造设置的一般步骤如下。

步骤 01 选取命令。单击 制造 功能选项卡 工艺▼ 区域中的"操作"按钮 ，此时系统弹出图 16.2.11 所示的"操作"操控板。

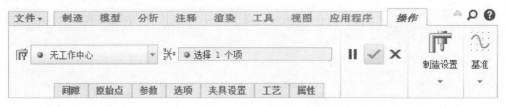

图 16.2.11 "操作" 操控板

步骤 02 机床设置。选择"操作"操控板中的"制造设置"按钮 ，在弹出的菜单中选择 铣削 命令，在 轴数(X) 下拉列表中选择 3轴，如图 16.2.12 所示。

对图 16.2.12 所示的"铣削工作中心"对话框中的各项说明如下。

- ◆ 名称：用于设置机床的名称，可以在读取加工机床信息时，作为一个标识，以区别不同的加工机床设置。

- ◆ 类型：显示所选择的机床类型。可选择的机床类型有铣削、车削、铣削-车削和线切割。

- ◆ CNC 控制：用于输入 CNC 控制器的名称。

- ◆ 后处理器：用于输入后处理器的名称。

- ◆ 轴数：用于选择机床的运动轴数。

- ◆ 输出 选项卡：可以进行后处理器的相关设置、刀具补偿的相关设置。
  - 目 下拉列表：用来指定将 FROM 语句输出到操作 CL 数据文件的方式。
  - LOADTL 下拉列表：用来控制操作 CL 数据文件中 LOADTL 语句的输出状态。
  - 冷却液/关闭 下拉列表：用来控制操作 CL 数据文件中 COOLNT/OFF 语句的输出。
  - 主轴/关闭 下拉列表：用来控制操作 CL 数据文件中 SPINDL/OFF 语句的输出。

● 输出点下拉列表：用来设定刀补的输出点类型，包含"刀具中心"、"刀具边"2个选项，选择"刀具边"后会激活相应的参数。

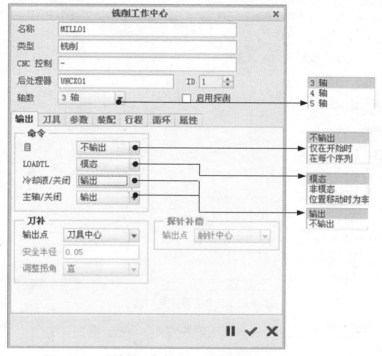

图 16.2.12 "铣削工作中心"对话框

步骤 03 刀具设置。在"铣削工作中心"对话框中单击 刀具 选项卡，然后单击 刀具... 按钮，系统弹出"刀具设定"对话框。

步骤 04 在弹出的"刀具设定"对话框中设置刀具参数，完成设置后如图 16.2.13 所示。设置完毕后单击 应用 按钮并单击 确定 按钮，返回到"铣削工作中心"对话框；在"设置：铣削工作中心"对话框中单击 ✓ 按钮，返回到"设置：操作"对话框。

图 16.2.13 所示的"刀具设定"对话框部分选项或按钮说明如下。

◆ 按钮：用于新刀具的创建。

◆ 按钮：用于从磁盘中打开刀具。

◆ 按钮：选择该按钮，保存刀具参数文件。

◆ 按钮：用于删除刀具。

◆ 按钮：用于刀具信息的显示。

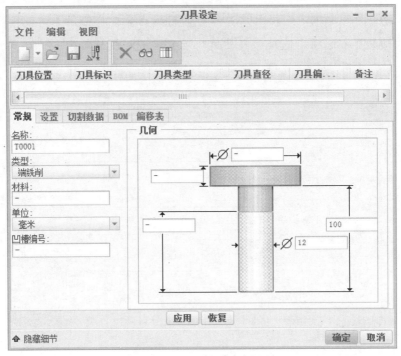

图 16.2.13 "刀具设定"对话框

- ◆ 应用 按钮:用于应用所选刀具或更改后的刀具。
- ◆ 恢复 按钮:用于恢复刀具的原设置。
- ◆ 名称:其后的文本框用于刀具名称的输入。
- ◆ 类型:用于设置所选加工类型使用的刀具。选择其右侧的下三角按钮,系统弹出加工类型的选项列表。不同的加工类型,其下拉列表中的选项也不同。
- ◆ 材料:用于设置刀具材料。
- ◆ 单位:用于设置所选刀具参数的单位。有英寸、英尺、毫米、厘米和米五项。
- ◆ 设置 选项卡:该选项卡主要用于设置车刀的参数,如刀具号、刀具偏置量或位置补偿量以及刀具信息的注释等。
- ◆ 切割数据 选项卡:该选项卡主要用于加工属性和切割数据的设置。
- ◆ BOM 选项卡:用于列出刀具名称、类型、数量以及注释等。
- ◆ 偏移表 选项卡:用于列出刀具的偏移编号、偏移距离以及注释。

步骤 05 机床坐标系设置。在"操作"操控板中单击 基准 按钮,在弹出的菜单中选择 命令,系统弹出图 16.2.14 所示的"坐标系"对话框;按住 Ctrl 键依次选择 NC_ASM_FRONT、NC_ASM_RIGHT 基准面和图 16.2.15 所示的模型表面作为创建坐标系的三个参考平面,单击 确定 按钮完成坐标系的创建;然后在"设置:操作"操控板单击 ▶ 按钮,此时系统自动选择新创建的坐标系作为加工坐标系。

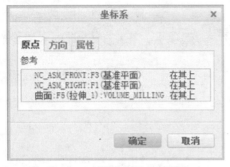

图 16.2.14 "坐标系"对话框

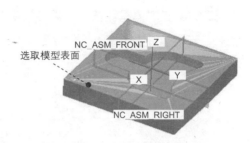

图 16.2.15 选取参考平面

步骤 06 退刀面的设置。在"操作"操控板中单击 间隙 按钮，系统弹出图 16.2.16 所示的设置界面。在 类型 下拉列表中选取 平面，选取坐标系 ACS0 为参考，在"值"文本框中输入 10.0，在 公差 文本框中输入数值 0.01，在图形区预览退刀平面如图 16.2.17 所示。

图 16.2.16 "退刀设置"对话框

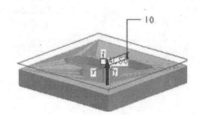

图 16.2.17 退刀平面

步骤 07 在"操作"操控板中单击 ✓ 按钮，完成操作的设置。

16.2.4 设置加工方法

在 Creo 3.0 的数控加工中，不同的数控加工机床和加工方法所对应的 NC 序列设置项目将有所不同，每种加工程序设置项目所产生的加工刀具路径参数形态及适用状态也有所不同，所以，用户可以根据零件图样及工艺技术状况，选择合理的加工方法。

设置加工方法的一般步骤如下。

步骤 01 单击 铣削 功能选项卡 铣削▼ 区域中的"粗加工"按钮，然后在弹出的菜单中选择 体积块粗加工 命令，此时系统弹出图 16.2.18 所示的"体积块铣削"操控板。

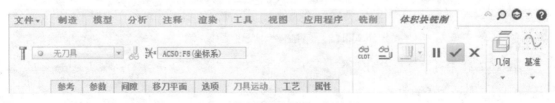

图 16.2.18 "体积块铣削"操控板

步骤02 选取刀具。在"体积块铣削"操控板的 无刀具 下拉列表中选择上一节创建的刀具选项。

步骤03 在"体积块铣削"操控板中单击 参数 选项卡，在 参数 选项卡中设置图 16.2.19 所示的加工参数。

切削进给	300
弧形进给	-
自由进给	-
退刀进给	-
移刀进给量	-
切入进给量	-
公差	0.01
跨距	5
轮廓允许余量	0.5
粗加工允许余量	0.5
底部允许余量	0.5
切割角	0
最大台阶深度	2
扫描类型	类型螺纹
切割类型	向上切割
粗加工选项	粗加工和轮廓
安全距离	5
主轴速度	1200
冷却液选项	开

图 16.2.19 "参数"选项卡

说明 激活某个参数后的文本框，即可输入数值，完成该参数设置。如果该参数的设置内容是可选择的，则会激活下拉列表，选择其中的选项即可完成参数设置。

步骤04 单击 铣削 功能选项卡 制造几何 区域中的"铣削体积块"按钮，系统弹出图 16.2.20 所示的"铣削体积块"操控板，单击操控板中的"聚合体积块工具"按钮，系统弹出图 16.2.21 所示的"聚合体积块"菜单，选中 ☑ Select（选择）和 ☑ Close（封闭）复选框，然后选择 Done（完成）命令。

图 16.2.20 "铣削体积块"操控板

图 16.2.21 中各命令的说明如下。

G1：选取要加工的曲面。

G2：如果要忽略某些外环或从体积去除某些选取的曲面，可使用该选项。

G3：如果已选取的平面包含要忽略的内环，可使用该选项。

G4：如果要自定义封闭体积的方法，可使用该选项。

步骤 05 在模型树中将工件模型 ▶ `VOLUME_WORKPIECE.PRT` 进行隐藏。在系统弹出的图 16.2.22 所示的 ▼ `GATHER SEL（聚合选取）` 菜单中依次选取 `Surfaces（曲面）` ➡ `Done（完成）` 命令，系统弹出图 16.2.23 所示的 ▼ `FEATURE REFS（特征参考）` 菜单，然后在图形区中选取图 16.2.24 所示的曲面组 1，完成后单击 ▼ `FEATURE REFS（特征参考）` 菜单中的 `Done Refs（完成参考）` 命令。

图 16.2.21　"聚合体积块"菜单

图 16.2.22　"聚合选取"菜单

图 16.2.23　"特征参考"菜单

步骤 06 在系统弹出的 ▼ `CLOSURE（封合）` 菜单中选中 ☑`Cap Plane（顶平面）` 和 ☑`All Loops（全部环）` 复选框，然后选择 `Done（完成）` 命令。

步骤 07 在系统弹出的"封闭环"菜单中选择 `Define（定义）` 命令，然后在图形区中选取图 16.2.25 所示的模型表面（曲面 2），系统自动返回到 ▼ `CLOSURE（封合）` 菜单中，在 ▼ `CLOSURE（封合）` 菜单中选中 ☑`Cap Plane（顶平面）` 和 ☑`Sel Loops（选取环）` 复选框，然后选择 `Done（完成）` 命令。

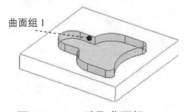
图 16.2.24　选取曲面组 1

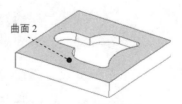
图 16.2.25　选取曲面 2

步骤 08 在"封闭环"菜单中选择 `Done/Return（完成/返回）` 命令，返回到

▼ VOL GATHER (聚合体积块) 菜单，选择 Show Volume (显示体积块) 命令，可以查看创建的体积块。

步骤 09 在 ▼ VOL GATHER (聚合体积块) 菜单中选择 Done (完成) 命令。

步骤 10 在"铣削体积块"操控板中单击"完成"按钮 ☑，完成体积块的创建。

16.2.5 演示刀具轨迹

在前面的各项设置完成后，要演示刀具轨迹，生成 CL 数据，以便查看和修改，生成满意的刀具路径。演示刀具路径的一般步骤如下。

步骤 01 在"体积块铣削"操控板中单击 参考 选项卡，选取图 16.2.24 所示的面作为加工参考，在"体积块铣削"操控板中单击"显示刀具路径"按钮 ⫼，此时系统弹出图 16.2.26 所示的"播放路径"对话框。

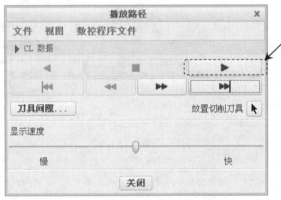

图 16.2.26 "播放路径"对话框

步骤 02 单击"播放路径"对话框中的 ▶ 按钮，观测刀具的行走路线，其刀具行走路线如图 16.2.27 所示，单击 ▶ CL 数据 栏可以打开窗口查看生成的 CL 数据。

步骤 03 演示完成后，选择"播放路径"对话框中的 关闭 按钮。

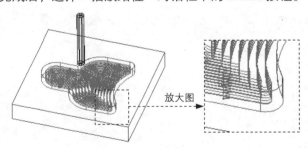

图 16.2.27 刀具行走路线

16.2.6 加工仿真

NC 检测是在计算机屏幕上进行对工件材料去除的动态模拟，通过此过程可以很直接地观察到刀具切削工件的实际过程。加工仿真的一般步骤如下。

说明 要进行 NC 检查，需要在安装 Creo 3.0 软件时选择安装 VERICUT（R）插件包。

步骤01 选择 视图 选项卡下 可见性 区域的 ⊙▾ 下拉列表中的 全部取消隐藏 命令，将隐藏的工件显示出来。

步骤02 在"体积块铣削"操控板中单击图 16.2.28 所示的按钮 ，系统弹出"VERICUT 7.1.5 by CGTech"窗口。

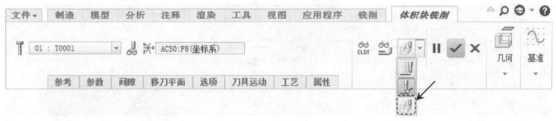

图 16.2.28　"体积块铣削"操控板

步骤03 在弹出的"VIEW 1 – Stock 1 (Workpiece)"窗口中单击 ▶ 按钮，观察刀具切割工件的运行情况。

步骤04 演示完成后，选择软件右上角的 ✕ 按钮，在弹出的"Save Changes Before Exiting VERICUT?"对话框中单击 Save Checked Files 按钮，关闭仿真软件。

步骤05 在"体积块铣削"操控板中单击"完成"按钮 ✓。

16.2.7　切减材料

材料切减属于工件特征，可创建该特征来表示依据加工序列来从工件切减所对应的材料部分。切减材料的一般步骤如下。

步骤01 选取命令。单击 铣削 功能选项卡中的 制造几何▾ 按钮，在弹出的菜单中选择 材料移除切削 命令，系统弹出图 16.2.29 所示的 ▾ NC序列列表 菜单，然后在此菜单中选择 1: 体积块铣削, 操作: OP010 ，此时系统弹出 ▾ MAT REMOVAL（材料移除）菜单，如图 16.2.30 所示。

图 16.2.29　"NC 序列列表"菜单

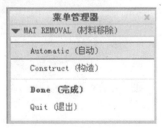

图 16.2.30　"材料移除"菜单

步骤02 在弹出的 ▼MAT REMOVAL（材料移除）菜单中选择 Automatic（自动） ➡ Done（完成）命令，系统弹出图16.2.31所示的"相交元件"对话框。

步骤03 在"相交元件"对话框中单击 自动添加 按钮，然后依次单击 ≡ 和 确定 按钮，完成材料切减，切减后的工件模型如图16.2.32所示（图中已隐藏体积块和参考模型）。

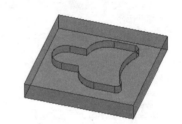

图16.2.31　"相交元件"对话框　　　　　图16.2.32　切减材料后的工件模型

16.2.8 遮蔽体积块

切减材料后的工件被所创建的体积块遮蔽，故在图形中看不到工件的材料被切除了，遮蔽体积块后，才能看见加工后工件的形状。遮蔽体积块的一般步骤如下。

单击 视图 功能选项卡 可见性 区域中的"遮蔽"按钮 ，系统弹出"选择"对话框，然后在工作区中选取图16.2.33所示的体积块，单击"选择"对话框中的 确定 按钮，完成体积块的遮蔽，如图16.2.34所示。

最后，选择下拉菜单 文件▼ ➡ 保存(S) 命令，保存文件。

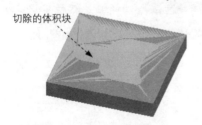

图16.2.33　选取铣削体积块　　　　　图16.2.34　遮蔽体积块

16.3 铣削加工

16.3.1 平面铣削

对于大面积的没有任何曲面或凸台的零件表面进行加工时，一般选用平底立铣刀或端铣刀。使用该加工方法，可以进行粗加工，也可以进行精加工。对于加工余量大又不均匀的表面，采用粗加工，其铣刀直径应较小，以减少切削转矩；对于精加工，其铣刀直径应较大，最好能包容整个待加工面。

下面以图 16.3.1 所示的零件介绍平面加工的一般过程。

a）参考模型　　　　　　b）工件　　　　　　c）加工结果

图 16.3.1　平面铣削

1. 新建一个数控制造模型文件

步骤01　设置工作目录。选择下拉菜单 文件 ➡ 管理会话(M) ➡ 选择工作目录(W)/更改工作目录... 命令，将工作目录设置至 D:\creoxc3\work\ch16.03.01。

步骤02　在工具栏中单击"新建"按钮 □，系统弹出"新建"对话框，选中 -类型- 选项组中的 ◉ 制造 选项，选中 -子类型- 选项组中的 ◉ NC装配 选项，在 名称 文本框中输入文件名 face_milling，取消选中 □ 使用默认模板 复选框，单击该对话框中的 确定 按钮。

步骤03　在系统弹出的"新文件选项"对话框的模板选项组中选取 mmns_mfg_nc 模板，然后在该对话框中单击 确定 按钮。

2. 建立制造模型

任务 1：引入参考模型

步骤01　选取命令。单击 制造 功能选项卡 元件▼ 区域中的"组装参考模型"按钮 📎（或单击 参考模型▼ 按钮，然后在弹出的菜单中选择 📎 组装参考模型 命令），系统弹出"打开"对话框。

步骤02　从弹出的"打开"对话框中选取三维零件模型 face_milling.prt 作为参考零件模型，并将其打开。

步骤03 在"放置"操控板中选择 默认 选项,然后单击 按钮,完成参考模型的放置,放置后如图16.3.2所示。

任务2:引入工件模型

步骤01 选取命令。单击 制造 功能选项卡 元件▼ 区域中的"组装工件"按钮,系统弹出"打开"对话框。

步骤02 从弹出的"打开"对话框中选取三维零件模型 face_workpiece.prt 作为工件,并将其打开。

步骤03 在"放置"操控板中选择 默认 选项,然后单击 按钮,完成工件的放置,放置后的效果如图16.3.3所示。

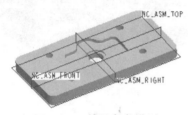
图 16.3.2 放置参考模型

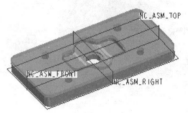
图 16.3.3 放置工件模型

3. 制造设置

步骤01 单击 制造 功能选项卡 工艺▼ 区域中的"操作"按钮,此时系统弹出"操作"操控板。

步骤02 机床设置。单击"操作"操控板中的"制造设置"按钮,在弹出的菜单中选择 铣削 命令,系统弹出"铣削工作中心"对话框,在 轴数(X) 下拉列表中选择 3轴 。

步骤03 刀具设置。在"铣削工作中心"对话框中单击 刀具 选项卡,然后单击 刀具... 按钮,系统弹出"刀具设定"对话框。

步骤04 在弹出的"刀具设定"对话框中设置刀具参数,完成设置后的结果如图16.3.4所示;设置完毕后单击 应用 按钮并单击 确定 按钮,返回到"铣削工作中心"对话框,在"铣削工作中心"对话框中单击 按钮。

步骤05 机床坐标系设置。在"操作"操控板中单击 基准 按钮,在弹出的菜单中选择 命令,系统弹出图16.3.5所示的"坐标系"对话框;按住 Ctrl 键依次选择 NC_ASM_RIGHT、NC_ASM_FRONT 基准面和图16.3.6所示的模型表面作为创建坐标系的三个参考平面,单击 方向 选项卡中的 反向 按钮,调整 X 轴坐标方向,单击 确定 按钮完成坐标系的创建,然后在"设置:操作"操控板单击 按钮,此时系统自动选择了新创建的坐标系作为加工坐标系。

第 16 章 数控加工与编程

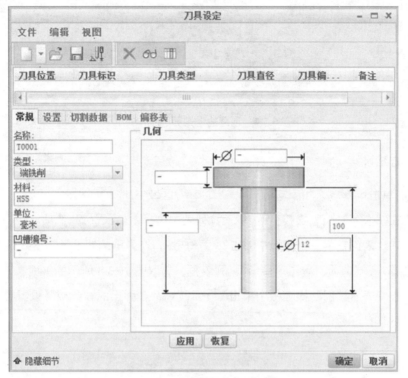

图 16.3.4 "刀具设定"对话框

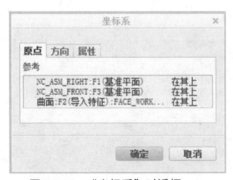

图 16.3.5 "坐标系"对话框

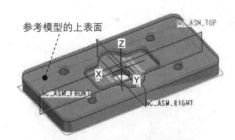

图 16.3.6 创建的坐标系

步骤06 退刀面的设置。在"操作"操控板中单击 间隙 按钮,在弹出的界面中 类型 下拉列表中选取 平面,单击 参考 文本框,选取坐标系 ACS0 为参考,在"值"文本框中输入数值 20.0,在 公差 文本框中输入数值 0.01,此时在图形区预览退刀平面如图 16.3.7 所示。

步骤07 在"操作"操控板中单击 ✓ 按钮,完成操作的设置。

333

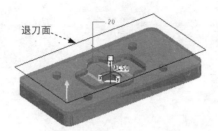

图 16.3.7 创建的退刀面

4．加工方法设置

步骤01 单击 铣削 功能选项卡 铣削▼ 区域中 表面 按钮。

步骤02 在"表面铣削"操控板的 下拉列表中选择 01：T0001 选项。

步骤03 在"表面铣削"操控板中单击 参考 按钮，在弹出的"参考"设置界面的 类型 下拉列表中选择 曲面 选项，单击 加工参考: 列表框，选取图 16.3.8 所示的平面。

步骤04 在"表面铣削"操控板中单击 参数 按钮，在弹出的"参数"设置界面中设置图 16.3.9 所示的切削参数值。

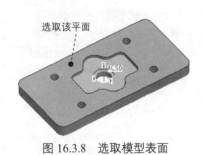

图 16.3.8 选取模型表面

图 16.3.9 设置切削参数

5．演示刀具轨迹

步骤01 在"表面铣削"操控板中单击 按钮，系统弹出"播放路径"对话框。

步骤02 单击"播放路径"对话框中的 按钮，观察刀具的行走路线，结果如图 16.3.10 所示；演示完成后，单击 关闭 按钮。

第 16 章　数控加工与编程

图 16.3.10　刀具行走路线

6. 进行过切检测

步骤 01 在"表面铣削"操控板中单击 按钮,系统弹出 ▼MFG CHECK(制造检测) 菜单和"选择"对话框,然后依次选择 Gouge Check(过切检测) ➔ Sel Surf(选取曲面) ➔ Add(添加) ➔ Surface(曲面) 命令。

步骤 02 选择图 16.3.8 所示参考模型的曲面 1,单击"选择"对话框中的 确定 按钮。

步骤 03 曲面选取完成后,依次选择 ▼SELECT SRFS(选取曲面) 菜单和 ▼SRF PRT SEL(曲面零件选择) 菜单中的 Done/Return(完成/返回) 命令。

步骤 04 在图 16.3.11 所示的 Gouge Check(过切检测) 菜单中选择 Run(运行) 命令,系统开始进行过切检测,检测后,系统提示 没有发现过切。,然后依次选择 Gouge Check(过切检测) 菜单和 ▼MFG CHECK(制造检测) 菜单下的 Done/Return(完成/返回) 命令。

7. 加工仿真

步骤 01 在"表面铣削"操控板中单击 按钮,系统弹出"VERICUT 7.1.5 by CGTech"窗口,单击 按钮,其运行结果如图 16.3.12 所示。

步骤 02 演示完成后,单击软件右上角的 按钮,在弹出的"Save Changes Before Exiting VERICUT?"对话框中单击 Save Checked Files 按钮。

步骤 03 在"表面铣削"操控板中单击 按钮完成操作。

图 16.3.11　"过切检测"菜单

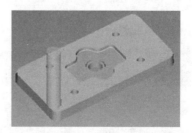

图 16.3.12　运行结果

16.3.2 轮廓铣削

轮廓铣削既可以用于加工垂直表面，也可以用于倾斜表面的加工，所选择的加工表面必须能够形成连续的刀具路径，刀具以等高方式沿着工件分层加工。下面通过图 16.3.13 所示的零件介绍创建直轮廓铣削的一般过程。

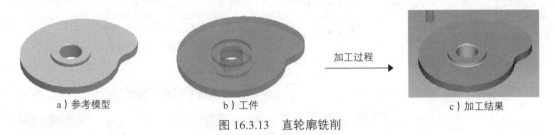

a）参考模型　　　　　b）工件　　　　　c）加工结果

图 16.3.13　直轮廓铣削

1. 调出制造模型

步骤 01　设置工作目录。选择下拉菜单 文件 → 管理会话(M) → 选择工作目录(W) 更改工作目录. 命令，将工作目录设置至 D:\creoxc3\work\ch16.03.02。

步骤 02　在工具栏中单击"打开文件"按钮，从弹出的"打开"对话框中选取零件模型 profile01.asm 并将其打开，此时工作区中显示图 16.3.14 所示的制造模型。

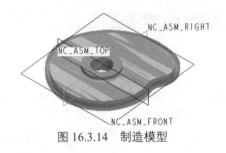

图 16.3.14　制造模型

2. 制造设置

步骤 01　选取命令。单击 制造 功能选项卡 工艺▼ 区域中的"操作"按钮，此时系统弹出"操作" 操控板。

步骤 02　机床设置。单击"操作" 操控板中的"制造设置"按钮，在弹出的菜单中选择 铣削 命令，系统弹出"铣削工作中心"对话框，在 轴数 下拉列表中选择 3轴 选项。

步骤 03　刀具设置。在"铣削工作中心"对话框中单击 刀具 选项卡，然后单击 刀具... 按钮，系统弹出 "刀具设定"对话框。

步骤 04　在弹出的"刀具设定"对话框中设置刀具一般参数，完成设置后如图 16.3.15 所示，设置完毕后单击 应用 按钮并单击 确定 按钮，返回到"铣削工作中心"

对话框。

步骤05 在"铣削工作中心"对话框中单击 ✓ 按钮，完成机床的设置，返回到"操作"操控板。

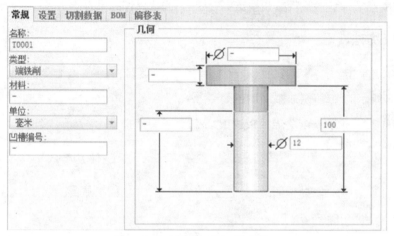

图 16.3.15　设置刀具一般参数

步骤06 机床坐标系设置。在"操作"操控板中单击 基准 按钮，在弹出的菜单中选择 ※ 命令，系统弹出图 16.3.16 所示的"坐标系"对话框；依次选择 NC_ASM_RIGHT、NC_ASM_TOP 基准面和图 16.3.17 所示的模型表面作为创建坐标系的三个参考平面，单击 确定 按钮完成坐标系的创建，返回到"操作"操控板；单击 ▶ 按钮，系统自动选中刚刚创建的坐标系作为加工坐标系。

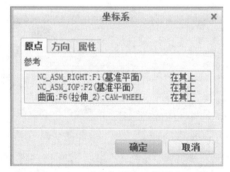

图 16.3.16　"坐标系"对话框

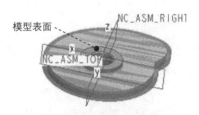

图 16.3.17　坐标系的建立

　　如有必要可在"坐标系"对话框中选择 方向 选项卡，改变 X 轴或者 Y 轴的方向。

步骤07 退刀面的设置。在"操作"操控板中单击 间隙 按钮，系统弹出"间隙"设置界面，然后在 类型 下拉列表中选取 平面 选项，单击 参考 文本框，在模型树中选取坐标系 ACS0 为参考，在 值 文本框中输入数值 10.0，公差 文本框中输入加工的公差值 0.01。

步骤08 在"操作"操控板中单击 ✓ 按钮，完成操作的设置。

3. 加工方法设置

步骤01 单击 铣削 功能选项卡 铣削 ▼ 区域中的 轮廓铣削 按钮，此时系统弹出图 16.3.18 所示的"轮廓铣削"操控板。

步骤02 在"轮廓铣削"操控板的 下拉列表中选择 01：T0001 选项。

图 16.3.18 "轮廓铣削"操控板

步骤03 在"轮廓铣削"操控板中单击 参考 按钮，在弹出的"参考"设置界面的 类型 下拉列表中选择 曲面 选项，选取图 16.3.19 所示的所有轮廓面（参考模型的所有侧面）。

步骤04 在"轮廓铣削"操控板中单击 参数 按钮，在弹出的"参数"设置界面中设置如图 16.3.20 所示的参数。

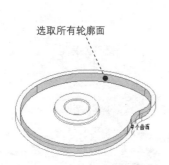

图 16.3.19 所选取的轮廓面

图 16.3.20 设置切削参数

4. 演示刀具轨迹

步骤01 在"轮廓铣削"操控板中单击 按钮，系统弹出"播放路径"对话框。

步骤 02 单击"播放路径"对话框中的 ▶ 按钮,观测刀具的行走路线,其刀具行走路线如图 16.3.21 所示。

步骤 03 演示完成后,单击"播放路径"对话框中的 关闭 按钮。

5. 加工仿真

步骤 01 在"轮廓铣削"操控板中单击 按钮,系统弹出"VERICUT 7.1.5 by CGTech"窗口,单击 按钮,运行结果如图 16.3.22 所示。

步骤 02 演示完成后,单击软件右上角的 ✕ 按钮,在弹出的"Save Changes Before Exiting VERICUT?"对话框中单击 Save Checked Files 按钮,关闭仿真软件。

步骤 03 在"轮廓铣削"操控板中单击 ✓ 按钮完成操作。

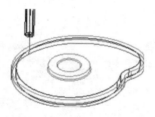
图 16.3.21 刀具行走路线

图 16.3.22 NC 检查

6. 切减材料

步骤 01 选取命令。单击 铣削 功能选项卡中的 制造几何 ▼ 按钮,在弹出的菜单中选择 材料移除切削 命令,系统弹出"NC 序列列表"菜单,然后在此菜单中选择 1: 轮廓铣削, 操作: OP010 ,此时系统弹出 ▼ MAT REMOVAL (材料移除) 菜单。

步骤 02 在 ▼ MAT REMOVAL (材料移除) 菜单中选择 Automatic (自动) ➡ Done (完成) 命令,系统弹出"相交元件"对话框和"选取"对话框,单击 自动添加 按钮和 ☰ 按钮,然后单击 确定 按钮,完成材料切减,切减后的模型如图 16.3.23 所示。

步骤 03 在下拉菜单 文件(F) 中选择 保存(S) 命令,保存文件。

a) 切减前

b) 切减后

图 16.3.23 切减材料

16.3.3 腔槽加工

腔槽加工主要用于各种不同形状的凹槽类特征的精加工，对于腔槽侧壁的加工类似于"轮廓铣削"，对于腔槽底面的加工则类似于"体积块铣削"中的底面铣削，该操作通常跟在"体积块铣削"后面。下面通过图 16.3.24 所示的零件介绍腔槽加工的一般过程。

1. 调出制造模型

步骤01 设置工作目录。选择下拉菜单 **文件** ➡ **管理会话(M)** ➡ **选择工作目录(W)/更改工作目录** 命令，将工作目录设置至 D:\creoxc3\work\ch16.03.03。

步骤02 在工具栏中单击"打开文件"按钮 ，从弹出的"打开"对话框中选取三维模型 cavity_milling.asm 并将其打开，此时工作区中显示图 16.3.25 所示的制造模型。

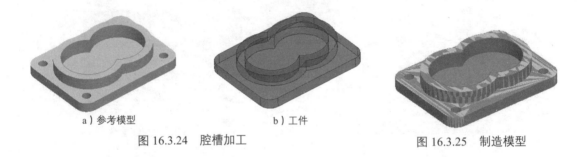

a) 参考模型　　　　　　　b) 工件

图 16.3.24　腔槽加工　　　　　　图 16.3.25　制造模型

2. 加工方法设置

步骤01 单击 **铣削** 功能选项卡中的 **铣削▼** 区域，在弹出的菜单中选择 **腔槽加工** 命令，此时系统弹出"序列设置"菜单。

步骤02 在打开的 **▼ SEQ SETUP (序列设置)** 菜单中勾选 **☑ Tool (刀具)**、**☑ Parameters (参数)** 和 **☑ Surfaces (曲面)** 复选项，然后选择 **Done (完成)** 命令。

步骤03 在弹出的"刀具设定"对话框中单击 按钮，然后设置图 16.3.26 所示的刀具参数，设置完毕后单击 **应用** 按钮并单击 **确定** 按钮，此时系统弹出编辑序列参数"腔槽铣削"对话框。

步骤04 在编辑序列参数"腔槽铣削"对话框中设置 **基本** 加工参数，完成设置后的结果如图 16.3.27 所示，单击 **确定** 按钮，完成参数的设置。

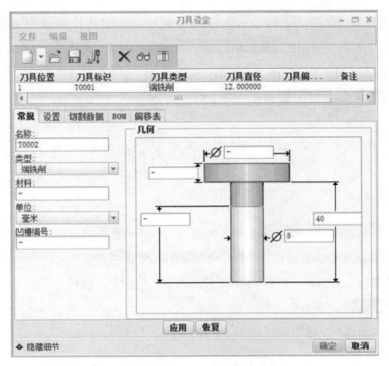

图 16.3.26 "刀具设定"对话框

图 16.3.27 编辑序列参数"腔槽铣削"对话框

步骤 05 在系统弹出的 ▼SURF PICK（曲面拾取）菜单中依次选择 Model（模型） ➡ Done（完成）命令，在系统弹出的 ▼SELECT SRFS（选取曲面）菜单中选择 Add（添加）命令，然后选择图 16.3.28 所示的凹槽侧面以及底面，选取完成后，在"选择"对话框中单击 确定 按钮，最后选择 Done/Return（完成/返回）命令，完成 NC 序列的设置。

 在选取凹槽的四周侧面以及其底面时，需要按住 Ctrl 键来选取。

3. 演示刀具轨迹

步骤 01 在 ▼NC SEQUENCE（NC序列）菜单中选择 Play Path（播放路径）命令，此时系统弹出 ▼PLAY PATH（播放路径）菜单；然后在 ▼PLAY PATH（播放路径）菜单中选择 Screen Play（屏幕播放）命令，单击"播放路径"对话框中的 ▶ 按钮，观测刀具的行走路线，如图 16.3.29 所示，单击 ▶CL数据 栏可以查看生成的 CL 数据。

步骤 02 演示完成后，单击"播放路径"对话框中的 关闭 按钮。

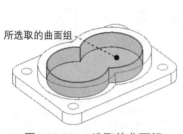

图 16.3.28　选取的曲面组　　　　　　　图 16.3.29　刀具的行走路线

4. 加工仿真

步骤 01 在 ▼PLAY PATH（播放路径）菜单中选择 NC Check（NC 检查）命令，进入刀具模拟环境，观察刀具切割工件的情况，在弹出的"VERICUT 7.1.5 by CGTech"对话框中单击 ● 按钮，运行结果如图 16.3.30 所示。

a）切削前　　　　　　　　　　　　b）切削后

图 16.3.30　NC 检查

第 16 章　数控加工与编程

步骤 02　演示完成后，单击软件右上角的 ⊠ 按钮，在弹出的"Save Changes Before Exiting VERICUT?"对话框中单击 Save Checked Files 按钮。

步骤 03　在 ▼ NC SEQUENCE (NC序列) 菜单中选择 Done Seq (完成序列) 命令。

5．切减材料

步骤 01　单击 铣削 功能选项卡中的 制造几何 ▼ 按钮，在弹出的菜单中选择 材料移除切削 命令，然后在弹出的 ▼ NC 序列列表 菜单中选择 1: 腔槽铣削, 操作: OP010 命令，依次选择 ▼ MAT REMOVAL (材料移除) → Automatic (自动) → Done (完成) 命令。

步骤 02　在弹出的"相交元件"对话框中单击 自动添加 按钮和 ☰ 按钮，最后单击 确定 按钮，完成材料切减。

步骤 03　选择下拉菜单 文件 ▼ → 🖫 保存(S) 命令，保存文件。

16.3.4　曲面铣削

曲面铣削（Surface Milling）可用来铣削水平或倾斜的曲面，在所选的曲面上，其刀具路径必须是连续的。加工曲面时，经常用球头铣刀进行加工。曲面铣削的走刀方式非常灵活，不同的曲面可以采用不同的走刀方式，即使是同一个曲面也可采用不同的走刀方式。

下面以图 16.3.31 所示零件为例介绍曲面铣削的加工方法。

1．调出制造模型

步骤 01　设置工作目录。选择下拉菜单 文件 ▼ → 管理会话(M) ▶ → 选择工作目录(W) 更改工作目录 命令，将工作目录设置至 D:\ creoxc3\work\ch16.03.04。

步骤 02　在工具栏中单击"打开文件"按钮 📂，从弹出的"打开"对话框中选取三维零件模型 Surface-Milling.asm 并将其打开，此时工作区中显示图 16.3.32 所示的制造模型。

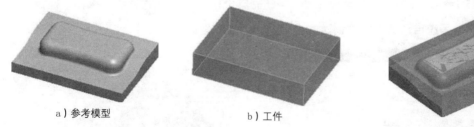

　　a）参考模型　　　　　　　　　b）工件

图 16.3.31　曲面铣削　　　　　　　　　　　图 16.3.32　制造模型

2. 制造设置

步骤01 单击 制造 功能选项卡 工艺▼ 区域中的"操作"按钮，此时系统弹出"操作"操控板，单击"制造设置"按钮，在弹出的菜单中选择 铣削 命令，系统弹出"铣削工作中心"对话框，在 轴数 下拉列表中选择 3轴 选项。

步骤02 刀具设置。在"铣削工作中心"对话框中单击 刀具 选项卡，然后单击 刀具… 按钮，系统弹出"刀具设定"对话框。

步骤03 在弹出的"刀具设定"对话框中设置刀具参数如图 16.3.33 所示，单击"刀具设定"对话框中的 应用 按钮，然后单击 确定 按钮，返回到"铣削工作中心"对话框。

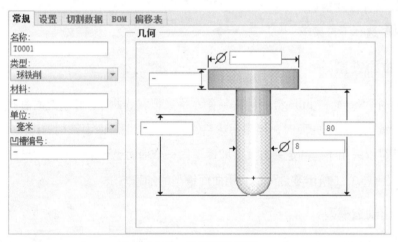

图 16.3.33 设置刀具参数

步骤04 在"铣削工作中心"对话框中单击 ✓ 按钮，返回到"操作"操控板。

步骤05 机床坐标系的设置。在"操作"操控板中单击 基准 按钮，在弹出的菜单中选择 命令，系统弹出图 16.3.34 所示的"坐标系"对话框，依次选择 NC_ASM_TOP、NC_ASM_RIGHT 和图 16.3.35 所示的模型顶面；单击 确定 按钮完成坐标系的创建，返回到"操作"操控板，单击 ▶ 按钮，系统自动选中刚刚创建的坐标系作为加工坐标系。

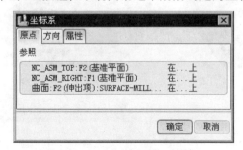

图 16.3.34 "坐标系"对话框

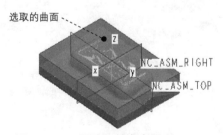

图 16.3.35 所选取的参考平面

步骤 06 退刀面的设置。在"操作"操控板中单击 间隙 按钮,在"间隙"设置界面的 类型 下拉列表中选取 平面 选项,单击 参考 文本框,在模型树中选取坐标系 ACS1 为参考,在 值 文本框中输入数值 20.0,在" 公差 文本框中输入加工的公差值 0.1。

步骤 07 单击"操作"操控板中的 ✓ 按钮,完成操作设置。

3. 曲面铣削工序(一)

步骤 01 单击 铣削 功能选项卡 铣削▼ 区域中的 曲面铣削 按钮。

步骤 02 在打开的 ▼SEQ SETUP(序列设置) 菜单中选择 ☑刀具 、☑参数 、☑曲面 、☑定义切削 复选框,然后选择 Done(完成) 命令,在弹出的"刀具设定"对话框中单击 确定 按钮。

步骤 03 在系统弹出的"编辑序列参数'曲面铣削'"对话框中设置 基本 加工参数,结果如图 16.3.36 所示,选择下拉菜单 文件(F) 中的 另存为 命令,接受系统默认的名称,单击"保存副本"对话框中的 确定 按钮,然后再次单击"编辑序列参数'曲面铣削'"对话框中的 确定 按钮,完成参数的设置。

图 16.3.36 "编辑序列参数'曲面铣削'"对话框

步骤 04 在系统弹出的 ▼SURF PICK(曲面拾取) 菜单中选择 Model(模型) ➡ Done(完成) 命令,如图 16.3.37 所示;在图 16.3.38 所示的 ▼SELECT SRFS(选取曲面) 菜单中选择

345

命令，然后在工作区中选取图 16.3.39 所示的曲面组；选取完成后，在"选取"对话框中单击 确定 按钮。

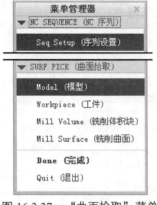  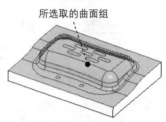

图 16.3.37　"曲面拾取"菜单　　图 16.3.38　"选取曲面"菜单　　图 16.3.39　所选取的曲面组

步骤 05 在 ▼ SELECT SRFS（选择曲面）菜单中选择 Done/Return（完成/返回）命令，此时系统弹出 "切削定义"对话框，设置图 16.3.40 所示的参数；单击 预览 按钮，在退刀平面上将显示刀具切削路径，如图 16.3.41 所示，完成后单击 确定 按钮。

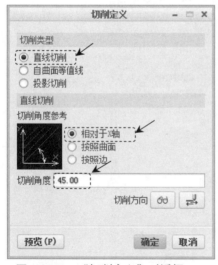 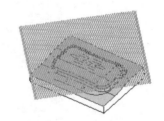

图 16.3.40　"切削定义"对话框　　　图 16.3.41　退刀平面上的刀具轨迹

4．演示刀具轨迹

步骤 01 在 ▼ NC SEQUENCE（NC序列）菜单中选择 Play Path（播放路径）命令。

步骤 02 在 ▼ PLAY PATH（播放路径）菜单中选择 Screen Play（屏幕播放）命令，此时系统弹出"播放路径"对话框。

步骤 03 单击"播放路径"对话框中的 ▶ 按钮，可以观察刀具的行走路线，如图 16.3.42 所示。演示完成后，单击"播放路径"对话框中的 关闭 按钮。

5. 加工仿真

步骤 01 在 ▼ PLAY PATH（播放路径）菜单中选择 NC Check（NC 检查）命令，进入刀具模拟环境；观察刀具切割工件的情况，在弹出的"VERICUT 6.2.6 by CGTech"对话框中单击 ▶ 按钮，运行结果如图 16.3.43 所示。

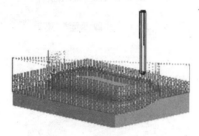
图 16.3.42　刀具行走路线

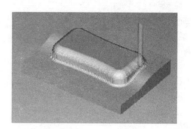
图 16.3.43　NC 检查

步骤 02 演示完成后，单击软件右上角的 ✕ 按钮，在弹出的"Save Changes Before Exiting VERICUT?"对话框中单击 Save Checked Files 按钮。

步骤 03 在 ▼ NC SEQUENCE（NC 序列）菜单中选择 Done Seq（完成序列）命令。

6. 曲面铣削工序（二）

步骤 01 单击 铣削 功能选项卡 铣削▼ 区域中的 曲面铣削 按钮。

步骤 02 在打开的 ▼ SEQ SETUP（序列设置）菜单中选择 ☑ Parameters（参数）、☑ Surfaces（曲面）和 ☑ Define Cut（定义切削）复选框，然后选择 Done（完成）命令。

步骤 03 在系统弹出的"编辑序列参数'曲面铣削'"对话框中设置 基本 加工参数，结果如图 16.3.44 所示，单击 确定 按钮。

步骤 04 在系统弹出的 ▼ SURF PICK（曲面拾取）菜单中选择 Model（模型）➡ Done（完成）命令，在图 16.3.45 所示的 ▼ SELECT SRFS（选取曲面）菜单中选择 Add（添加）命令，然后在工作区中选取图 16.3.46 所示的曲面组；选取完成后，在"选取"对话框中单击 确定 按钮。

步骤 05 在 ▼ NCSEQ SURFS（NC 序列 曲面）菜单中选择 Done/Return（完成/返回）命令，系统弹出"切削定义"对话框，选择 ⦿ 自曲面等值线 单选项，如图 16.3.47 所示。

步骤 06 在"曲线列表"中依次选中曲面标识，然后单击 ↕ 按钮，并调整切削方向如图 16.3.48 所示。

图 16.3.44 编辑序列参数"曲面铣削"对话框

图 16.3.45 "选取曲面"菜单

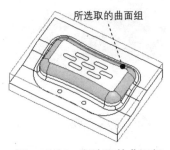

图 16.3.46 所选取的曲面组

图 16.3.47 "切削定义"对话框

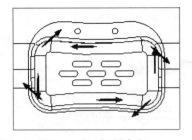

图 16.3.48 切削方向

步骤 07 单击 预览 按钮,在铣削曲面上显示图 16.3.49 所示的刀具轨迹,确认刀具轨迹后,单击 确定 按钮。

步骤 08　在弹出的 ▼ NC SEQUENCE (NC序列) 菜单中选择 Play Path (播放路径) 命令,此时系统弹出 ▼ PLAY PATH (播放路径) 菜单。

步骤 09　在 ▼ PLAY PATH (播放路径) 菜单中选择 Screen Play (屏幕播放) 命令,此时系统弹出"播放路径"对话框。

步骤 10　单击"播放路径"对话框中的 ▶ 按钮,可以观测刀具的行走路线,如图 16.3.50 所示。

步骤 11　演示完成后,单击"播放路径"对话框中的 关闭 按钮。

步骤 12　在 ▼ NC SEQUENCE (NC序列) 菜单中选取 Done Seq (完成序列) 命令。

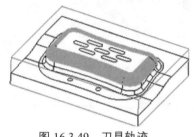
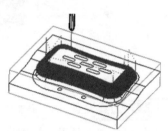

图 16.3.49　刀具轨迹　　　　　　　　　图 16.3.50　刀具行走路线

16.3.5　钻孔加工

下面通过图 16.3.51 所示的零件介绍钻孔加工的一般过程。

a) 参考模型　　　　　　b) 工件　　　　　　c) 加工结果

图 16.3.51　钻孔加工

1. 调出制造模型

步骤 01　设置工作目录。选择下拉菜单 文件 ▼ ➡ 管理会话(M) ▶ ➡ 选择工作目录(W) 更改工作目录。命令,将工作目录设置至 D:\creoxc3\work\ch16.03.05。

步骤 02　在工具栏中单击"打开文件"按钮,从弹出的"打开"对话框中选取三维模型 HOLE_DRILLING..asm 并将其打开,此时工作区中显示图 16.3.52 所示的制造模型。

2．制造设置

步骤01 选取命令。单击 制造 功能选项卡 工艺▼ 区域中的"操作"按钮，此时系统弹出"操作"操控板。

步骤02 机床设置。单击"操作"操控板中的"制造设置"按钮，在弹出的菜单中选择 铣削 命令，系统弹出"铣削工作中心"对话框，在 轴数 下拉列表中选择 3轴 选项。

图 16.3.52 制造模型

步骤03 刀具设置。在"铣削工作中心"对话框中单击 刀具 选项卡，然后单击 刀具... 按钮，系统弹出"刀具设定"对话框。

步骤04 在弹出的"刀具设定"对话框中设置刀具参数，完成设置后如图 16.3.53 所示。设置完毕后单击 应用 按钮并单击 确定 按钮，在"铣削工作中心"对话框中单击 ✓ 按钮。

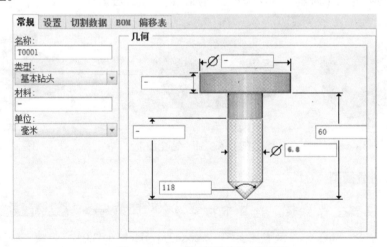

图 16.3.53 "刀具设定"对话框

步骤05 机床坐标系设置。在"操作"操控板中单击 基准 按钮，在弹出的菜单中选择 命令，系统弹出图 16.3.54 所示的"坐标系"对话框；依次选择 NC_ASM_RIGHT、NC_ASM_FRONT 基准面和图 16.3.55 所示的模型表面作为创建坐标系的三个参考平面；选

择 [方向] 选项卡，改变 Y 轴的方向，如图 16.3.55 所示；单击 [确定] 按钮完成坐标系的创建；单击 ▶ 按钮，系统自动选中刚刚创建的坐标系作为加工坐标系。

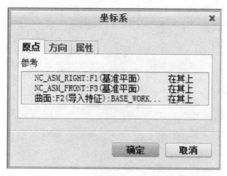
图 16.3.54 "坐标系"对话框

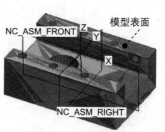
图 16.3.55 坐标系的建立

步骤06 退刀面的设置。在"操作"操控板中单击 [间隙] 按钮，在"间隙"设置界面的 [类型] 下拉列表中选择 [平面] 选项，单击 [参考] 文本框，在模型树中选取坐标系 ACS0 为参考，在"值"文本框中输入数值 10.0，在 [公差] 文本框中输入加工的公差值 0.01，单击"操作"操控板中的 ✓ 按钮，完成操作设置。

3. 加工方法设置

步骤01 单击 [铣削] 功能选项卡的 [孔加工循环▼] 区域中的"标准"按钮 ⛊ ，此时系统弹出图 16.3.56 所示的"钻孔"操控板。

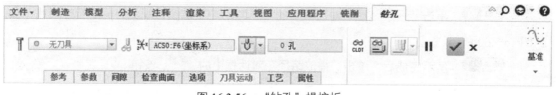
图 16.3.56 "钻孔"操控板

步骤02 在"钻孔"操控板的 下拉列表中选择 [01：T0001] 选项。

步骤03 在"钻孔"操控板中单击 [参考] 按钮，系统弹出"参考"设置界面，单击 [细节...] 按钮，系统弹出图 16.3.57 所示的"孔"对话框。

步骤04 在"孔"对话框的 [孔] 选项卡中选择 [规则：直径] 选项，在 [可用：] 列表中选择 6.8，然后单击 ≫ 按钮，将其加入到 [选定：] 列表中，然后单击 [确定] 按钮，系统返回到"参考"设置界面，此时如图 16.3.58 所示。

步骤05 在"钻孔"操控板中单击 [参数] 按钮，在弹出的"参数"设置界面中设置图 16.3.59 所示的切削参数。

图 16.3.57 "孔"对话框

图 16.3.58 "参考"设置界面

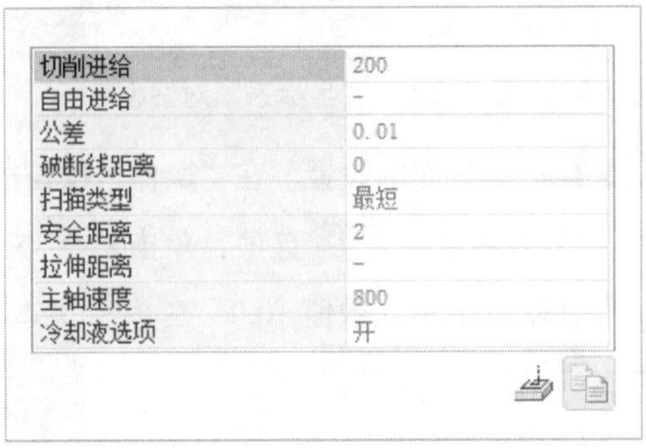

图 16.3.59 设置孔加工切削参数

4. 演示刀具轨迹

步骤01 在"钻孔"操控板中单击 按钮,系统弹出"播放路径"对话框。

步骤02 单击"播放路径"对话框中的 按钮,观测刀具的行走路线,如图 16.3.60 所示。

步骤03 演示完成后,单击"播放路径"对话框中的 关闭 按钮。

5. 加工仿真

步骤01 在"钻孔"操控板中单击 按钮,系统弹出 "VERICUT 7.1.5 by CGTECH"窗口,单击 按钮,观察刀具切割工件的情况,运行结果如图 16.3.61 所示。

图 16.3.60 刀具行走路线

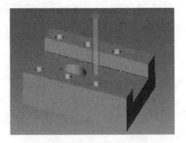

图 16.3.61 NC 检查

步骤 02 演示完成后，单击软件右上角的 ✖ 按钮，在弹出的"Save Changes Before Exiting VERICUT?"对话框中单击 `Save Checked Files` 按钮。

步骤 03 在"钻孔"操控板中单击 ✓ 按钮完成操作。

6．切减材料

步骤 01 选取命令。单击 `铣削` 功能选项卡中的 `制造几何▼` 按钮，在弹出的菜单中选择 `材料移除切削` 命令。

步骤 02 在弹出的 `▼ NC 序列列表` 菜单中选择 `1: 钻孔 1, 操作: OP010` 命令，然后依次选择 `▼ MAT REMOVAL（材料移除）` ➡ `Automatic（自动）` ➡ `Done（完成）` 命令。

步骤 03 系统弹出"相交元件"对话框和"选择"对话框，单击 `自动添加` 按钮和 ≡ 按钮，然后单击 `确定` 按钮，完成材料切减。

步骤 04 选择下拉菜单 `文件▼` ➡ `保存(S)` 命令，保存文件。

第 17 章 数控加工与编程综合实例

本案例通过对图 17.1 所示的一个简单模型的综合加工，让读者进一步熟悉使用 Creo 3.0 加工模块来完成零件数控编程的操作过程，其加工工艺路线如图 17.2 所示。

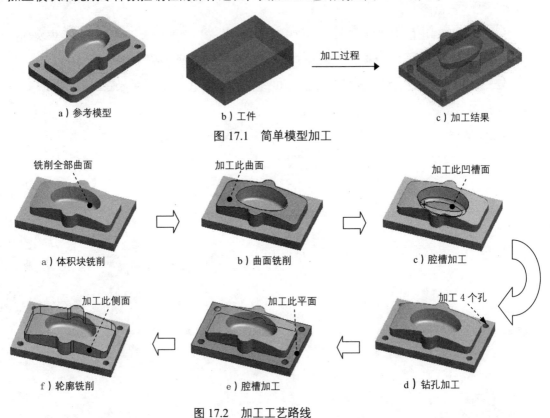

图 17.1 简单模型加工

图 17.2 加工工艺路线

本案例的详细操作过程请参见随书光盘中 video\ch17\文件下的语音视频讲解文件。模型文件为 D:\creoxc3\work\ch17\cavity.prt.2。

读者意见反馈卡

尊敬的读者：

感谢您购买电子工业出版社出版的图书！

我们一直致力于 CAD、CAPP、PDM、CAM 和 CAE 等相关技术的跟踪，希望能将更多优秀作者的宝贵经验与技巧介绍给您。当然，我们的工作离不开您的支持。如果您在看完本书之后，有好的意见和建议，或是有一些感兴趣的技术话题，都可以直接与我联系。

策划编辑：管晓伟

注：本书的随书光盘中含有该"读者意见反馈卡"的电子文档，您可将填写后的文件采用电子邮件的方式发给本书的责任编辑或主编。

E-mail：明济国 bookwellok@163.com ； 管晓伟 guanphei@163.com。

请认真填写本卡，并通过邮寄或 E-mail 传给我们，我们将奉送精美礼品或购书优惠卡。

书名：《Creo3.0 速成宝典》

1. 读者个人资料：
   姓名：_____ 性别：____ 年龄：____ 职业：_____ 职务：_____ 学历：_____
   专业：_____ 单位名称：_____ 电话：_____ 手机：_____
   邮寄地址：_____ 邮编：_____ E-mail：_____

2. 影响您购买本书的因素（可以选择多项）：
   □ 内容   □ 作者   □ 价格
   □ 朋友推荐   □ 出版社品牌   □ 书评广告
   □ 工作单位（就读学校）指定 □ 内容提要、前言或目录 □ 封面封底
   □ 购买了本书所属丛书中的其他图书   □ 其他

3. 您对本书的总体感觉：
   □ 很好   □ 一般   □ 不好

4. 您认为本书的语言文字水平：
   □ 很好   □ 一般   □ 不好

5. 您认为本书的版式编排：
   □ 很好   □ 一般   □ 不好

6. 您认为 Creo 其他哪些方面的内容是您所迫切需要的？
   _____

7. 其他哪些 CAD/CAM/CAE 方面的图书是您所需要的？
   _____

8. 认为我们的图书在叙述方式、内容选择等方面还有哪些需要改进的？

   如若邮寄，请填好本卡后寄至：
   北京市万寿路 173 信箱 1017 室，电子工业出版社工业技术分社　管晓伟（收）
   邮编：100036　　联系电话：（010）88254460　　传真：（010）88254397

   读者可以加入专业 QQ 群 273433049 来进行互动学习和技术交流。